"十四五"职业教育国家规划教材

U0791878

电子技术技能教程

主　编　李春菊　王　叙　曲国权

副主编　于肖薇　周　鑫　郭宏琦

電子工業出版社

Publishing House of Electronics Industry

北京 • BEIJING

内 容 简 介

本书根据"做中学、做中教"的教学理念，依据教育部颁布的《中等职业学校电子技术基础与技能教学大纲》，同时参考有关国家职业技能标准和行业职业技能鉴定规范编写而成。本书包含模拟电子技术与技能和数字电子技术与技能两个模块，面向机电电气维修方向，以基本技能操作为主线，在阐述基本概念和原理的基础上，选择与生活生产密切相关的实训任务，突出实用性；任务选择与设计多集声、光于一体，增强趣味性。

本书可作为职业院校机电专业、电气自动化、电气运行控制专业的教材，也可作为从事控制技术类工作的人员的培训教材。

图书在版编目（CIP）数据

电子技术技能教程 / 李春菊，王叙，曲国权主编. —北京：电子工业出版社，2019.11

ISBN 978-7-121-34569-2

Ⅰ. ①电… Ⅱ. ①李… ②王… ③曲… Ⅲ. ①电子技术－职业教育－教材 Ⅳ. ①TN

中国版本图书馆CIP数据核字（2018）第131542号

责任编辑：张　凌　　　特约编辑：田学清
印　　刷：北京盛通数码印刷有限公司
装　　订：北京盛通数码印刷有限公司
出版发行：电子工业出版社
　　　　　北京市海淀区万寿路173信箱　　　邮编　100036
开　　本：880×1230　1/16　印张：15　字数：403 千字
版　　次：2019 年 11 月第 1 版
印　　次：2025 年 2 月第 4 次印刷
定　　价：42.00 元

凡所购买电子工业出版社图书有缺损问题，请向购买书店调换。若书店售缺，请与本社发行部联系，联系及邮购电话：（010）88254888，88258888。

质量投诉请发邮件至zlts@phei.com.cn，盗版侵权举报请发邮件至dbqq@phei.com.cn。

本书咨询联系方式：（010）88254583，zling@phei.com.cn。

前言 Introduction

本书是根据中等职业教育机电类各专业培养目标，由大连市轻工业学校和大连华锐重工集团股份有限公司联合编写的综合应用型教材。本书根据“做中学、做中教”的教学理念，依据教育部颁布的《中等职业学校电子技术基础与技能教学大纲》，同时参考有关国家职业技能标准和行业职业技能鉴定规范编写而成。本书力求符合中职学生的学习特点，培养学生运用专业基础知识和技能解决问题的能力，充分体现“理实一体”的教学理念，为后续专业课的学习和职业生涯的发展奠定基础。

本书包含模拟电子技术与技能和数字电子技术与技能两个模块。根据专业应用技能的要求，采用项目教学的结构形式，将主要内容设置为“篇”，配置若干教学“项目”，“项目”下设相应教学“任务”，最后安排了“操作”内容。本书共配置十二个典型教学项目和相应的实训教学环节，以基本技能操作为主线，在阐述基本概念和原理的基础上，选择与生活生产密切相关的实训任务，突出实用性；图文并茂、通俗易懂、操作性强；内容组织安排既注重知识和逻辑顺序，又考虑学生的思维发展和技能形成规律；知识和技能点的选择既考虑了知识结构，又增加了制作和调试电路等实用性内容，强化学生与职业岗位的对接能力，激发学生的学习热情与兴趣，任务选择与设计多集声、光于一体，增强趣味性。

本书各部分内容自成体系，可采用单独考核的方式，参考学时数为56，可根据具体情况增减相关内容。通过对教学项目和教学任务的学习，以及实训环节的技能训练，可使学生掌握电子技术的基本知识和技能，为后续发展奠定良好的基础。

本书由大连市轻工业学校李春菊、王叙、曲国权担任主编，大连市轻工业学校于肖薇、周鑫、郭宏琦担任副主编，李力升、尹美容、刘晗、李成波参与编写，大连华锐重工集团股份有限公司黄力滨担任主审，李春菊拟定编写大纲并负责统稿。主审具有丰富的实践经验，对教学项目的制订提出了宝贵的建议。参编教师多年探索理实一体的教学模式，深入校企合作，进行项目教学。

由于时间仓促，编者水平、经验有限，书中难免存在疏漏之处，恳请读者予以批评指正。

编　　者

目录 Contents

第一篇　模拟电子技术与技能

第二篇　数字电子技术与技能

第一篇

模拟电子技术与技能

广播、电视拓宽了人们的视野，丰富了人们的生活，手机、可穿戴设备给人们的生活带来了方便，这些都与电子技术的发展密不可分。电子技术在工农业生产、国防科技、航空航天等领域的自动检测与控制方面做出的贡献是有目共睹的，也与我们的生活密切相关，让我们看看电子技术是如何具有如此强大的能量的。

项目一 整流、滤波电路

任务一 二极管识别、检测与选用

任务引入

打开手机充电器，可以看到变压器、二极管和电容器，其作用是将交流电变成平滑的直流电，其中起关键作用的是二极管，它是组成电子线路的主要元器件之一。

任务目标

1. 了解二极管的单向导电特性、主要参数和伏安特性。
2. 能用万用表检测二极管的极性，鉴别其品质好坏。
3. 能识别常用二极管的种类。

相关知识

一、半导体的特性

自然界中的物质根据其导电性能不同分为导体、半导体和绝缘体。半导体的导电性能介于导体和绝缘体之间，其对温度、光照、掺杂和电场反应敏感，常用的半导体材料有硅、锗等。

当温度升高时，半导体的导电性能显著增强，利用其对温度十分敏感的特性制成的热敏电阻，可以检测出万分之一摄氏度的温度变化；利用半导体有光照时像导体，无光照时像绝缘体的特性可制成光敏电阻、光电二极管、光敏三极管和光电池等光电元器件。

在纯净的半导体（硅或锗）中掺入适量的杂质（磷或硼），会使半导体的导电性能显著增强。按照掺入的杂质及所表现的性能不同，半导体可分为N型半导体和P型半导体。N型半导体的多数载流子是自由电子，P 型半导体的多数载流子是空穴。利用掺杂精确地控制半导体的导电能力，可制成各种性能、用途的半导体器件，如二极管、三极管、场效应晶体管、晶闸管及集成电路等。

二、二极管

1. 二极管的结构和符号

将P型半导体和N型半导体结合在一起，在交界处会形成一个具有特殊物理性质的带电薄层，称为PN结。普通二极管由一个PN结加上两条电极引线制成管芯，从P区和N区分别引出两个电极作为正、负极，并用塑料、玻璃或金属等管壳将PN结封装起来，如图1-1（a）所示，其图形符号如图1-1（b）所示，文字符号用“VD”表示。

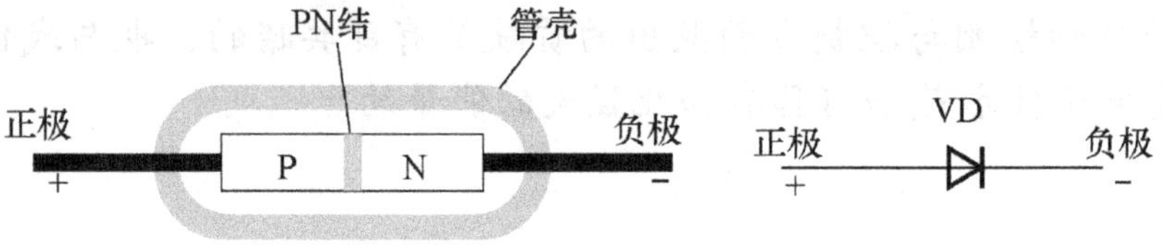

（a）二极管结构　（b）二极管图形符号

图1-1　二极管结构及图形符号

2. 二极管的单向导电性

如图1-2所示，电路由发光二极管、限流电阻和3V直流电源组成。按图1-2（a）连接电路，发光二极管的正极接电源的正极，负极通过限流电阻R接电源的负极，发光二极管亮，表明发光二极管导通；按图1-2（b）连接电路，发光二极管的正极接电源的负极，负极通过限流电阻R接电源的正极，发光二极管不亮，表明发光二极管不导通（截止）。

（1）单向导电性。

① 正向导通。在二极管的两端加正向电压（正极接高电位，负极接低电位），二极管处于正向偏置（正偏），此时二极管内部呈现较小的电阻，有较大的电流通过，称为正向导通。

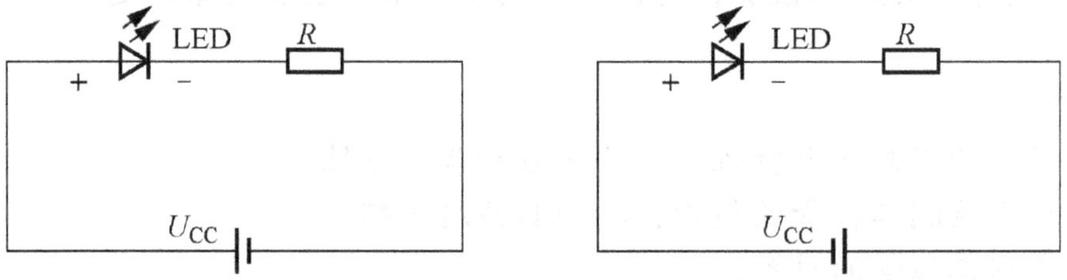

（a）发光二极管两端加正向电压　（b）发光二极管两端加反向电压

图1-2　发光二极管的导电特性

② 反向截止。在二极管的两端加反向电压（正极接低电位，负极接高电位），二极管处于反向偏置（反偏），此时二极管内部呈现很大的电阻，几乎没有电流通过，称为反向截止。

（2）二极管的伏安特性。

二极管的伏安特性描述了二极管两端电压与流过二极管的电流之间的关系，分为正向特性和反向特性。二极管伏安特性曲线如图 1-3 所示。

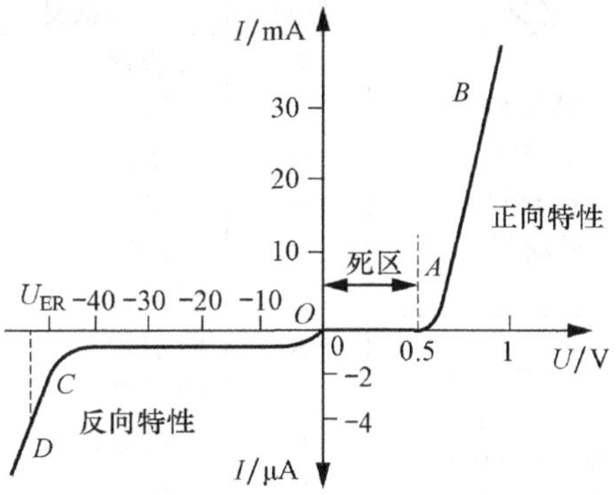

图 1-3　二极管伏安特性曲线

① 正向特性。

当二极管两端所加的正向电压由零开始增大时，在正向电压比较小的范围内，正向电流很小，二极管呈现很大的电阻，如图 1-3 中的 *OA* 段，通常把这个范围称为死区，相应的电压称为死区电压。硅二极管的死区电压约为 0.5 V，锗二极管的死区电压约为 0.2V。

外加电压超过死区电压以后，正向电流迅速增大，这时二极管处于正向导通状态，如图 1-3 中的 *AB* 段，此时二极管两端的压降变化不大，硅管约为 0.7V，锗管约为 0.3V。

② 反向特性。

当给二极管加反向电压时，形成的反向电流是很小的，而且在很大范围内基本不随反向电压的变化而变化，二极管处于反向截止状态。

当反向电压大到一定数值时，反向电流会突然增大，如图 1-3 中的 *CD* 段，这种现象称为反向击穿，相应的电压称为反向击穿电压。正常使用二极管时，应避免其在击穿区工作，否则会因电流过大而损坏二极管，使其失去单向导电性。

用不同的材料、结构和工艺制成的二极管，其伏安特性有一定的差别，但伏安特性曲线的形状基本相似。

从二极管伏安特性曲线可以看出，二极管的电压与电流变化不呈线性关系，其内阻不是常数，所以二极管属于非线性器件。

3．晶体管的型号和二极管的主要参数

（1）晶体管的型号。

① 型号命名的意义。

国产晶体管器件型号的命名由五部分组成，意义如图 1-4 所示。

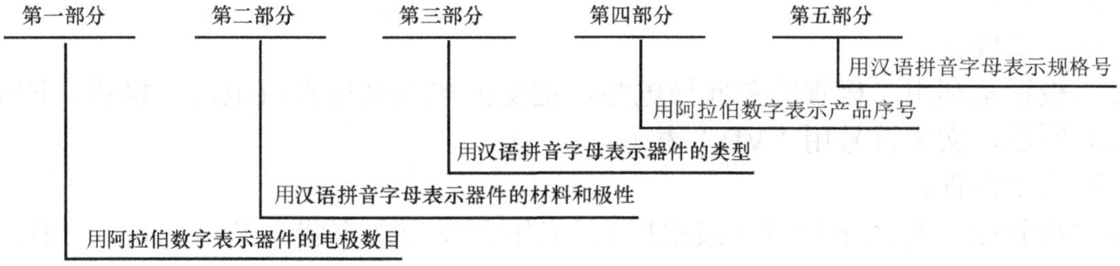

图 1-4　国产晶体管器件型号命名五部分意义

② 型号组成部分的符号及意义。

晶体管型号组成部分的符号及意义如表 1-1 所示。

表 1-1　晶体管型号组成部分的符号及意义

第一部分		第二部分		第三部分			
符号	意义	符号	意义	符号	意义	符号	意义
2	二极管	A	N 型、锗材料	P	普通管	D	低频大功率管
		B	P 型、锗材料	V	微波管	A	高频大功率管
		C	N 型、硅材料	W	稳压管	T	半导体闸流管
		D	P 型、硅材料	C	参量管	Y	体效应器件
				Z	整流管	B	雪崩管
				L	整流管	J	阶跃恢复管
3	三极管	A	PNP 型、锗材料	S	隧道管	CS	场效应晶体管
		B	NPN 型、锗材料	N	阻尼管	BT	半导体特殊器件
		C	PNP 型、硅材料	U	光电器件	FH	复合管
		D	NPN 型、硅材料	K	开关管	PIN	PIN 型管
		E	化合物材料	X	低频小功率管	JG	激光器件
				G	高频小功率管		

示例：2CZ31D 表示 N 型硅材料整流二极管，如图 1-5 所示。

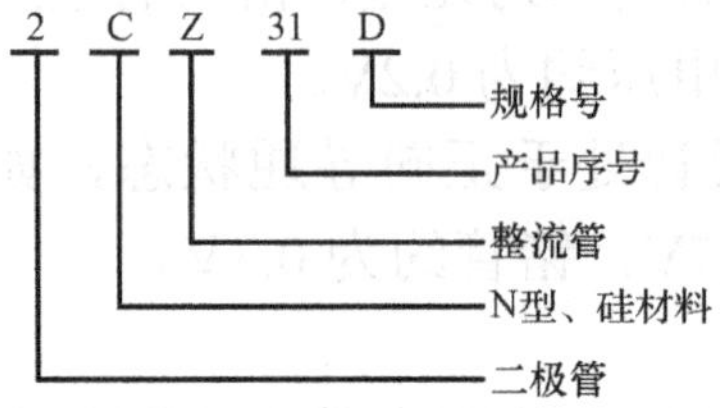

图 1-5　2CZ31D 型二极管型号意义

（2）二极管的主要参数。

为了安全使用二极管，必须考虑电流、电压、功率、温度等参数，使其不能超过规定的最大额定值。通过《半导体器件手册》可以查找正确使用二极管的技术参数。使用二极管时主要考虑以下参数。

① 最大整流电流 I_{FM}：二极管长时间工作时允许通过的最大正向电流。使用二极管时，应注意流过二极管的正向电流不能大于这个数值，否则可能损坏二极管。

② 最高反向工作电压 U_{RM}：二极管正常工作时能承受的最高反向电压。使用过程中施加在二极管两端的电压如果超过此值，二极管有可能因反向击穿而损坏。

③ 反向电流 I_R：二极管工作在反向截止状态未击穿时通过的反向电流。I_R 越小，二极管的单向导电性越好。

④ 最高工作频率 f_M：二极管能承受的最高工作频率。其主要受 PN 结的结电容限制，当通过 PN 结的交流电频率高于此值时，二极管不能正常工作。

二极管的应用十分广泛，替换时应遵守类型相同、特性相近、外形相似的原则，一般采用同型号法和特性相近的不同型号法替换。

4．其他类型的二极管

二极管的种类很多，按用途可分为整流二极管、稳压二极管、发光二极管、光电二极管和变容二极管等。

（1）整流二极管。

整流二极管是利用二极管的单向导电性，把交流电变换成直流电的二极管，图形符号如图 1-6（a）所示，文字符号用“VD”表示。

（2）稳压二极管。

稳压二极管是一种用于稳压（或限压），工作在反向击穿状态的二极管，其图形符号如图 1-6（b）所示，文字符号用“VZ”表示。

（3）发光二极管。

发光二极管是采用磷化镓（GaP）或磷砷化镓（GaAsP）半导体材料制成，直接将电能转换成光能的二极管，其图形符号如图 1-6（c）所示，文字符号用“VD”表示。当加以正向电压时，发光二极管就能发光，常见的颜色有红、绿、黄等，其工作电流一般为几毫安到几十毫安，正向电压一般在 1.5～2.5V 之间。发光二极管被广泛应用于电路的状态显示、信息显示、装饰工程、照明等领域。

（4）光电二极管。

光电二极管是能将光照强弱变化转换成电信号输出的二极管，其图形符号及文字符号如图 1-6（d）所示。光电二极管在反向电压下工作，没有光照时，反向电流很小；有光照时，反向电流很大。光照强度越大，反向电流也越大。它被广泛用于制造各种光敏传感器、光电控制器等。

（5）变容二极管。

变容二极管是利用反向偏压改变 PN 结的结电容大小的二极管（反向偏压升高，结电容变小），其图形符号及文字符号如图 1-6（e）所示。它已被广泛用于彩色电视机的电子调谐器、直流调频、自动频率控制及倍频器等微波电路中。

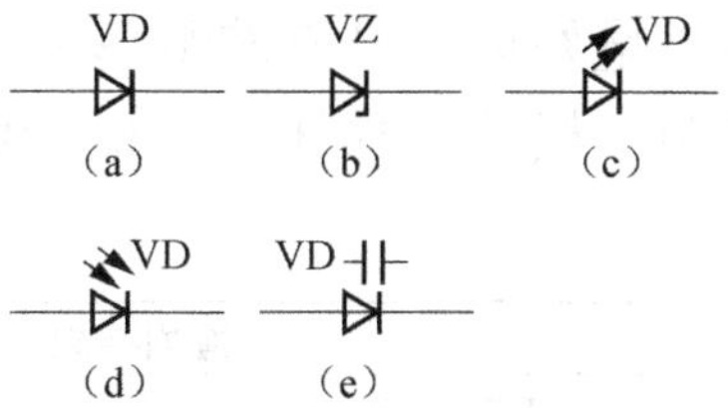

（a）整流二极管　（b）稳压二极管
（c）发光二极管　（d）光电二极管
（e）变容二极管

图 1-6　常见二极管的图形符号

此外，还有很多其他不同用途的二极管，如检波二极管、开关二极管、激光二极管等，不再赘述。

任务操作

二极管识别与检测

一、器材

万用表一块，普通二极管、稳压二极管、发光二极管和光电二极管各两个。

二、操作步骤

1．普通二极管的检测

（1）直观识别二极管。

二极管的正、负极一般都会在外壳上标注出来，常用图形符号、色点和色环等表示，如图 1-7 所示。

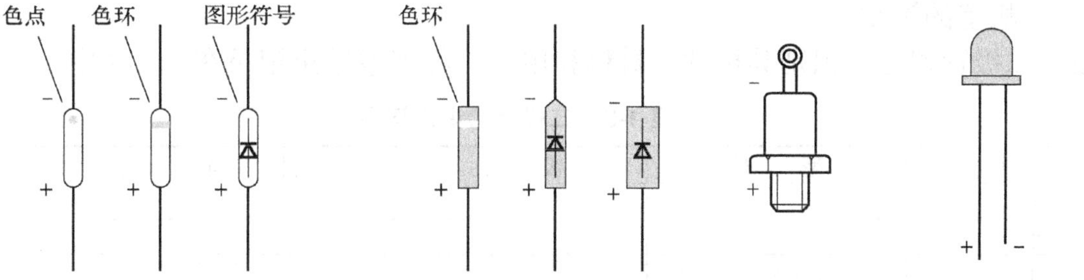

图 1-7　二极管极性的常用表示方法

（2）用万用表测试二极管的极性。

① 将万用表量程置于“R×100”或“R×1k”挡。

② 将万用表的红、黑表笔分别与二极管的两个引脚相接，记下万用表的阻值读数。注意人体电阻不要同时与二极管的两个引脚相接，以免影响测量结果。

③ 交换红、黑表笔再测量一次，记下阻值读数。以阻值读数较小的一次为参照，与黑表笔相接的引脚为二极管的正极，与红表笔相接的引脚为二极管的负极。测量中，较小的阻值称为二极管的正向电阻，较大的阻值称为二极管的反向电阻。

（3）用万用表鉴别二极管的质量。

将万用表的两次测量结果，即二极管的正向电阻与反向电阻进行比较，即可鉴别二极管的质量好坏。阻值差距越大，说明二极管的单向导电性越好，若两次测量结果均较大或较小，说明二极管已损坏。二极管状态及性能判断如表1-2所示。

表1-2　二极管状态及性能判断

检测结果		二极管状态	性能判断
正向电阻	反向电阻		
几百欧至几千欧	几十千欧至几百千欧以上	单向导电	正常
趋于无穷大	趋于无穷大	正、负极间已经断开	开路
趋于零	趋于零	正、负极间已经通路	短路
正向电阻增大	反向电阻减小	单向导电性变差	性能变劣

2．稳压二极管的判别

首先按普通二极管的检测方法判断出二极管的正、负极，稳压二极管的正向电阻比普通二极管的正向电阻要大些；然后用万用表的“$R\times10\text{k}$”挡测量二极管的反向电阻，若此时的阻值变得较小，则该二极管是稳压二极管。

3．发光二极管的检测

发光二极管的检测方法与普通二极管的检测方法相似，但由于发光二极管的正向导通电压一般在1.5V以上，故检测时用万用表的“$R\times10\text{k}$”挡测量其正、反向电阻，判断出其正、负极；若正向电阻小于50kΩ，反向电阻大于200kΩ，则表示其质量合格。

4．光电二极管的检测

光电二极管在反向电压下工作，故检测时着重观察反向电阻在有、无光照时的变化。将万用表置于“$R\times1\text{k}$”挡，当有光照时，反向电阻小；无光照时，反向电阻很大，表明光电二极管正常。若有、无光照时的反向电阻差距不大，则表明光电二极管的质量不好。

三、操作记录

1．二极管的识别

根据二极管型号，识别其极性、材料和用途。将观察结果记录在表1-3中。

表1-3　二极管的识别记录

序　号	型　号	极　性	材　料	用　途
1				
2				
3				
4				

2．判断二极管的极性及质量

用万用表测试二极管的正、反向电阻，判断二极管的类型、引脚极性和质量好坏。将检测结果填入表1-4。

表 1-4 二极管的测试记录

序号	型号	万用表挡位	正向电阻/kΩ	反向电阻/kΩ	二极管类型	引脚极性	质量
1							
2							
3							
4							

3. 任务评价（见表 1-5）

表 1-5 任务评价

项 目	配分/分	工艺标准	扣分标准	扣分记录	得分/分
直观识别	10	能正确识读标志符号，判别二极管的极性	1. 识读标志符号错误，每处扣 1 分 2. 极性判别错误，每处扣 2 分		
万用表检测	70	能正确使用万用表测量二极管的正、反向电阻，判断其极性和质量；正确区分稳压二极管和普通二极管	1. 测量结果错误，每处扣 5 分；误差大，每处扣 1 分 2. 极性判断错误，每处扣 5 分 3. 不能正确区分稳压二极管和普通二极管，扣 5 分 4. 万用表使用不当，每次扣 2 分		
查阅手册	10	正确查阅主要参数	1. 参数错误，每处扣 3 分 2. 不会查阅，扣 10 分		
安全文明操作	10	安全操作、文明生产	1. 违反安全操作规程，扣 10 分 2. 违反文明生产要求，扣 10 分		

任务二 单相桥式整流电路装配与调试

任务引入

电子电路想要正常工作需要稳定的直流电源提供能量，整流电路就是能把交流电转换成直流电的电路。它的原理是利用二极管的单向导电性，将输入的交流电转换成脉动的直流电。常用的整流电路有单相半波整流电路和单相桥式整流电路。

任务目标

1. 理解单相半波整流电路和单相桥式整流电路的原理。
2. 学会手工焊接的技能。
3. 会用万用表测量单相桥式整流电路的输入、输出电压及用示波器观察其波形。
4. 能完成单相桥式整流电路的装配与调试。

相关知识

一、单相半波整流电路

1. 电路组成

单相半波整流电路由电源变压器 Tr、整流二极管 VD 及负载电阻 R_L 构成，如图 1-8（a）所示。变压器的作用是将电网电压 u_1（交流 220V/50Hz）变换成所需要的交流电压 u_2。这里利用整流二极管 VD 的单向导电性，即交流正半周导通，负半周截止，将输入的交流电转换成脉动的直流电压。R_L是需要直流供电的负载，u_L是脉动的输出电压。

做中学

用示波器观察单相半波整流电路电压和输出电压的波形

按图 1-8（a）连接电路（Tr：220V/12V，VD：1N4001，R_L：1kΩ），将示波器输出探头分别接在变压器二次侧和负载两端，接入电源后，观察电压u_2和输出电压u_L的波形。

2．工作过程

（1）当电压u_2在正半周时，a 端电位高于 b 端电位，整流二极管 VD 正向偏置而导通，电流i_L由 a 端→VD→R_L→b 端，自上而下流过R_L，在R_L上得到一个极性为上正下负的电压u_L。若不计整流二极管的正向压降，此期间负载上的电压$u_L= u_2$，如图 1-8（b）所示。

（2）当电压u_2在负半周时，b 端电位高于 a 端电位，整流二极管 VD 反向偏置而截止，若不计整流二极管的反向漏电流，此期间无电流流过R_L，负载上的电压$u_L=0V$，如图 1-8（c）所示。

由此可见，在交流电的一个周期内，整流二极管有半个周期导通，另半个周期截止，在负载R_L上的脉动输出电压波形是交流电压u_2的一半，如图 1-8（d）所示，故此电路称为单相半波整流电路。

输出电压的极性取决于整流二极管在电路中的连接方式，如果将图 1-8（a）所示电路中整流二极管的极性反接，则输出电压的极性将会如何变化？请同学们自行分析。

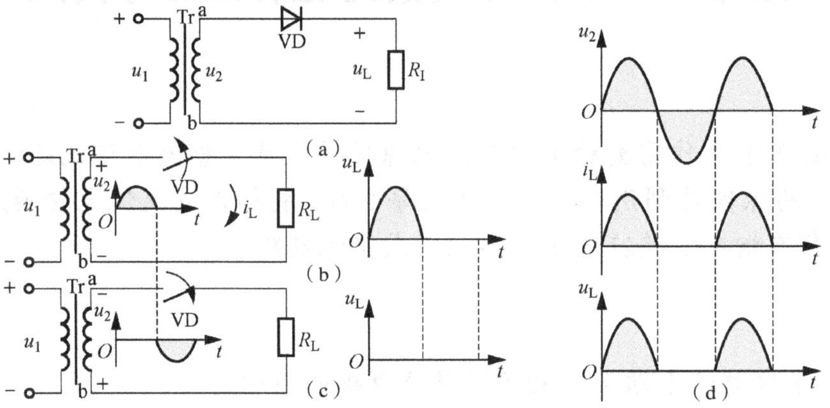

图 1-8　单相半波整流电路

3．输出直流电压和直流电流

（1）输出直流电压U_L。

电阻性负载R_L上的直流电压U_L是单相半波整流电路输出脉动电压的平均值。若

$$u_2 = \sqrt{2}U_2 \sin \omega t$$

则

$$U_L = 0.45U_2 \quad (1\text{-}1)$$

（2）直流电流I_L。

流过负载电阻R_L的直流电流为

$$I_L = \frac{U_L}{R_L} = 0.45\frac{U_2}{R_L} \quad (1\text{-}2)$$

4. 整流二极管的选择

由图 1-8（a）可知，流过整流二极管的正向整流电流I_D和流过负载R_L的电流I_L相等，即

$$I_D = I_L = 0.45\frac{U_2}{R_L} \tag{1-3}$$

整流二极管截止时所承受的最高反向工作电压U_{RM}是u_2的最大值，即

$$U_{RM} = \sqrt{2}U_2 \tag{1-4}$$

可见，选择整流二极管时，其允许的最高反向工作电压应大于承受的反向电压峰值，允许的最大整流电流应大于流过整流二极管的实际工作电流。

【例 1-1】有一个直流负载，其阻值为 1.5kΩ，要求工作电流为 10mA，如果采用单相半波整流电路，试求电源变压器的二次电压，并选择适当的整流二极管。

【解】

$$U_L = I_L R_L = 10\times10^{-3}\times1.5\times10^3 = 15\text{V}$$

由

$$U_L = 0.45U_2$$

得

$$U_2 = \frac{U_L}{0.45} = \frac{15}{0.45} \approx 33\text{V}$$

整流二极管承受的最高反向工作电压为

$$U_{RM} = \sqrt{2}U_2 \approx 1.41\times33 \approx 47\text{V}$$

根据求得的参数，查阅《半导体器件手册》，选择$I_{FM} = 100\text{mA}$，$U_{RM} = 50\text{V}$的 2CZ82B 型整流二极管，或选用符合条件的其他型号的整流二极管，如 1N4001、1N4002 等。

可以看出，单相半波整流电路输出电压波动很大，输出电压的平均值较小，电源利用率较低，主要用于小电流且对电压稳定性要求不高的场合。

二、单相桥式整流电路

1. 电路组成

单相桥式整流电路由电源变压器 Tr 和 4 个同型号的整流二极管VD_1～VD_4和负载电阻R_L组成，如图 1-9（a）所示。图 1-9（b）所示为单相桥式整流电路的简化画法，在这个简化电路中，要注意整流二极管图形符号的极性与输出电压u_L正负极性的关系。

做中学

用示波器观察单相桥式整流电路电压和输出电压的波形

按图 1-9（a）连接电路（元器件型号、规格与单相半波整流电路相同），将示波器输出探头分别接在变压器二次侧和负载两端，接入电源后，观察电压u_2和输出电压u_L的波形。

2. 工作过程

（1）当电压u_2在正半周时，a 端电位高于 b 端电位，整流二极管VD_1、VD_3导通，VD_2、VD_4截止，电流i_L由 a 端→VD_1→R_L→VD_3→b 端，此电流流经负载R_L时，在R_L上形成了极性为上正下负的输出电压u_L。

（2）当电压u_2在负半周时，b 端电位高于 a 端电位，整流二极管VD_2、VD_4导通，VD_1、VD_3截止，电流i_L由 b 端→VD_2→R_L→VD_4→a 端，该电流i_L流经R_L的方向与u_2在正半周时

的流向一致，同样在R_L上形成了极性为上正下负的输出电压u_L。

由此可见，无论u_2处于正半周还是负半周，都有电流分别流过两对整流二极管，并以相同的方向流过负载R_L，输出电压的波形是单方向的全波脉动波形，如图1-9（c）所示。

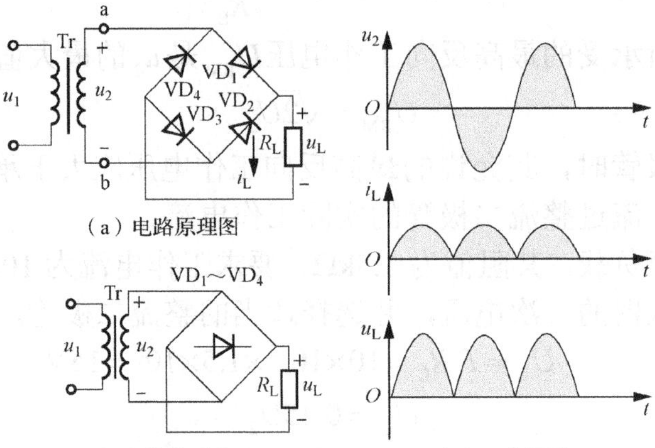

（a）电路原理图

（b）简化画法

（c）工作波形

图1-9　单相桥式整流电路

3. 输出直流电压和直流电流

由上述分析可知，单相桥式整流电路中负载所获得的直流电压比单相半波整流电路提高了一倍。

（1）输出直流电压U_L为

$$U_L = 0.9U_2 \tag{1-5}$$

（2）直流电流I_L为

$$I_L = \frac{U_L}{R_L} = 0.9\frac{U_2}{R_L} \tag{1-6}$$

4. 整流二极管的选择

在单相桥式整流电路中，每个整流二极管在电压变化的一个周期内只导通半个周期，因此流过每个整流二极管的平均电流I_D是输出电流I_L的一半，即

$$I_D = \frac{1}{2}I_L = 0.45\frac{U_2}{R_L} \tag{1-7}$$

整流二极管截止时所承受的最高反向工作电压U_{RM}是u_2的最大值，即

$$U_{RM} = \sqrt{2}U_2 \tag{1-8}$$

【例1-2】有一个直流负载需直流电压6V，直流电流0.4A，如果采用单相桥式整流电路，试求电源变压器的二次电压，并选择适当的整流二极管。

【解】由$U_L = 0.9U_2$可得，变压器二次电压的有效值为

$$U_2 = \frac{U_L}{0.9} = \frac{6}{0.9} \approx 6.7\text{V}$$

流过整流二极管的平均电流为

$$I_D = \frac{1}{2}I_L = \frac{1}{2}\times 0.4 = 0.2\text{A} = 200\text{mA}$$

整流二极管承受的最高反向工作电压为

$$U_{RM} = \sqrt{2}U_2 \approx 1.41\times 6.7 \approx 9.4\text{V}$$

根据求得的参数，查阅《半导体器件手册》，选择 $I_{FM}=300mA$，$U_{RM}=10V$ 的 2CZ56A 型整流二极管，或选用符合条件的其他型号的整流二极管，如 1N4001 等。

单相桥式整流电路与单相半波整流电路相比，具有电源利用率高、平均直流电压高、脉动小的优点。

三、手工焊接技术

1．元器件布局

元器件布局是指将元器件放置在通用印制电路板的布线区域内。元器件布局应避免安装时相互影响；元器件排布整齐，疏密均匀；电路走向基本与电路原理图一致，一般由输入端开始向输出端“一字形排列”，逐步确定元器件的位置，互相连接的元器件就近安放；元器件应水平或垂直放置；发热元器件尽量布放在印制电路板的边缘，不能贴板安装，以便于元器件散热；元器件外壳与引线要保证 0.5～1mm 的安全间隙，无法避免接触时，应套绝缘套管。通常把通用印制电路板上安装元器件的面称为电路板元器件面。

2．元器件的插装

（1）元器件引脚的成形。

通常使用尖嘴钳、镊子、模板和螺钉旋具等工具完成元器件引脚的手工成形。轴向引脚型元器件有电阻、整流二极管、稳压二极管等，它们的安装方法有卧式安装和立式安装，如图 1-10 所示，具体视印制电路板空间和安装位置而定。

① 卧式安装的元器件引脚加工：用镊子（或尖嘴钳）在离元器件封装点 2～3mm 处夹住某一引脚；适当用力将元器件引脚弯成一定弧度，如图 1-11 所示；用同样的方法对该器件另一引脚进行成形加工。

引脚的尺寸根据印制电路板上具体的安装孔距确定，且一般两引脚的尺寸要一致。

弯折引脚时，不要采用直角弯折，用力要均匀，尤其要防止玻璃封装的二极管壳体破裂，造成二极管报废。

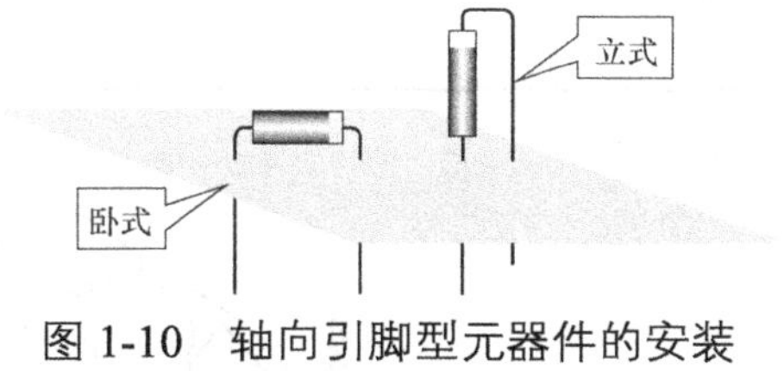

图 1-10　轴向引脚型元器件的安装

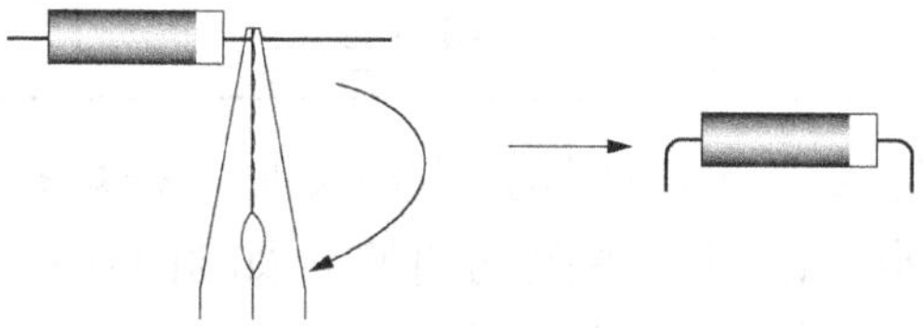

图 1-11　卧式安装的元器件引脚加工

② 立式安装的元器件引脚加工：对立式安装的元器件引脚进行加工时，可以选用合适的螺钉旋具或镊子，在元器件的某引脚（一般选元器件有标记端）离元器件封装点 3～4mm 处将该引脚弯成半圆形状（注意：阻值色环向上），如图 1-12 所示。

实际引脚的尺寸要视印制电路板上的安装位置及安装孔距而定。

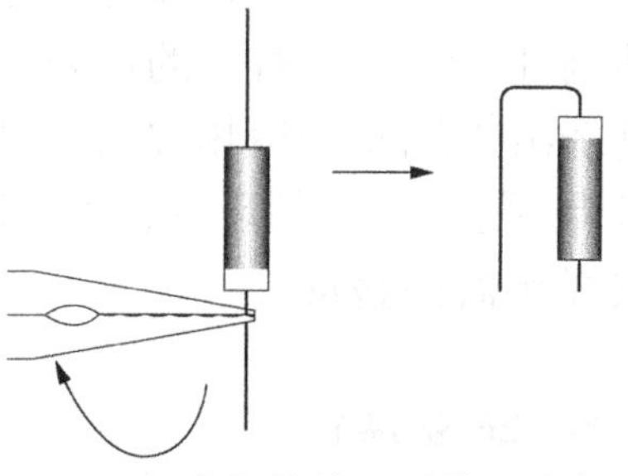

图 1-12　立式安装的元器件引脚加工

（2）元器件的安装。

安装顺序一般为先低后高，先轻后重，先易后难，先一般元器件后特殊元器件。有安装高度的元器件要符合规定要求，统一规格的元器件尽量安装在同一高度上。

电路中的二极管、电阻均采用贴紧印制电路板卧式安装，有多个色环电阻时，色环方向应

图 1-13　印制电路板的装配工艺要求

一致，印制电路板的装配工艺要求如图 1-13 所示。

3．元器件的焊接

（1）印制电路板上元器件的焊接。

印制电路板上元器件的引脚与焊盘往往采用插焊通孔技术直接焊接。一般手工焊接采用五步焊接操作法：准备→加热焊接部位→供给焊锡→移开焊锡→移开电烙铁。五步焊接操作法的具体操作步骤如表 1-6 所示。

表 1-6　五步焊接操作法的具体操作步骤

操作步骤	操作示意图	说　明
准备	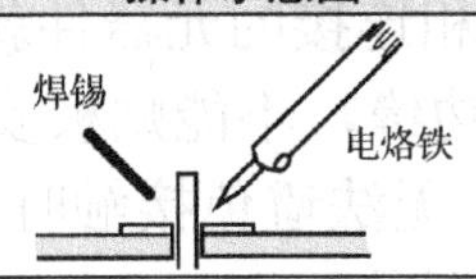	使焊接点处于焊接状态
加热焊接部位	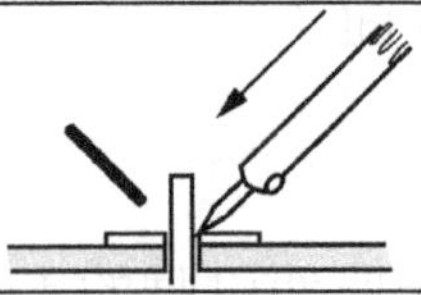	使用电烙铁头加热焊接部位，将焊接点温度提高到焊接需要的温度。加热时，电烙铁头和焊接点要有一定的接触面和压力
供给焊锡	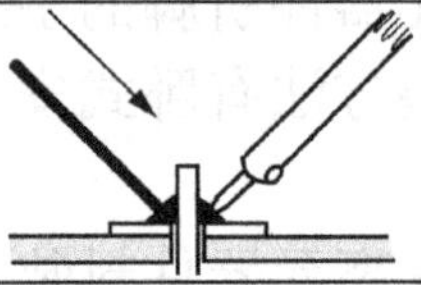	在电烙铁头和焊接点的接触部位加上适量的焊锡，并熔化焊锡使焊锡浸润被焊金属
移开焊锡	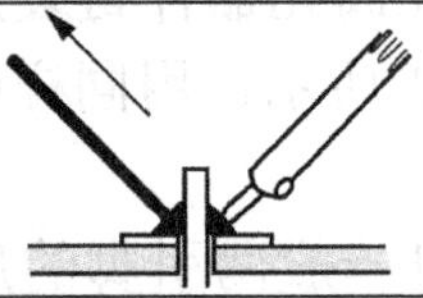	待焊锡适量熔化后，迅速将其移开
移开电烙铁	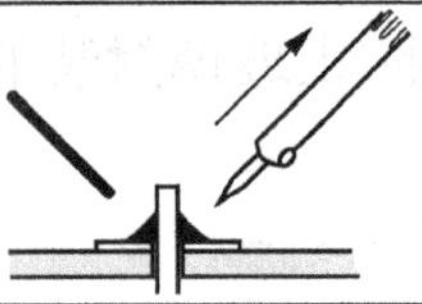	当焊接点上的焊锡流散接近饱满，焊接点中有青烟冒出，助焊剂尚未完全挥发时，迅速移开电烙铁

焊接完成，待焊接点冷却后，在焊接点上方 1～2mm 处用偏口钳剪去多余的引脚，如图 1-14 所示。

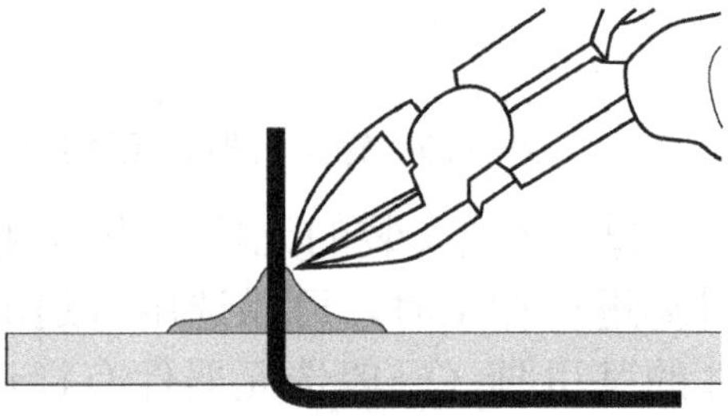

图 1-14　剪去多余引脚

（2）焊接质量检查。

对完成装配、焊接的元器件仔细检查，重点是装配的准确性，包括元器件的位置、电源变压器的一次侧、二次侧绕组接线及绝缘恢复等；焊接点应无虚焊、假焊、漏焊、搭焊、孔隙和毛刺现象；没有其他影响安全性指标的缺陷；做好元器件整形。

任务操作

单相桥式整流电路装配与调试

一、器材

常用电子组装工具一套，万用表一块，示波器一台，配套元器件若干。

二、操作步骤

1．元器件的识别与检测

1）元器件的识别

图 1-9（a）所示单相桥式整流电路的元器件识别与检测表如表 1-7 所示，对应电路原理图逐一对元器件进行识别。

表 1-7　单相桥式整流电路的元器件识别与检测表

符　号	名　称	实　物　图	规　格	检测结果
$VD_1 \sim VD_4$	整流二极管		1N4001	正向电阻：
				反向电阻：
R_L	色环电阻		1.5kΩ	实测值：
Tr	电源变压器	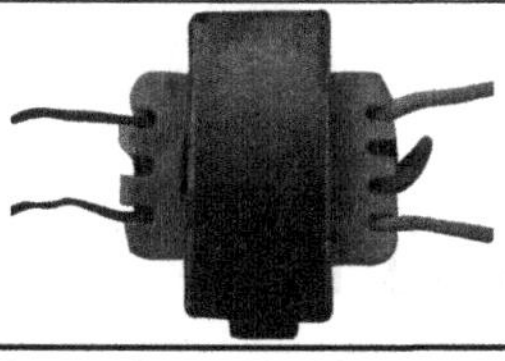	AC 220V/12V 10W	一次绕组阻值：
				二次绕组阻值：

2）元器件的检测

对应表 1-7 对元器件逐一进行检测，同时记录检测结果于表 1-7 中。

（1）色环电阻的识别与检测。

色环电阻的识别与检测要求是会识读其标称值并用万用表测量其实际阻值。

（2）整流二极管的检测。

用万用表测量其正、反向电阻，判断其正、负极及质量好坏。

（3）电源变压器的检测。

用万用表检测其绕组的阻值，若电源变压器是降压变压器，则一次绕组的阻值为几百欧，二次绕组的阻值为几欧。

2．电路制作

按图 1-9 所示的桥式整流电路在通用印制电路板上进行元器件布局，完成单相桥式整流电路的元器件插装与焊接，如图 1-15 所示。

图 1-15　单相桥式整流电路的装接图

三、操作记录

1．测试

电路检查无误后，接通电源。用万用表测量输入电压 u_2、输出电压 u_L；用示波器观察输入电压 u_2、输出电压 u_L 的波形，将结果记录在表 1-8 中。

2．分析

用万用表测量输出电压，若测得的输出电压为 5.4V 左右，是什么原因？

3. 任务评价

任务评价表见附录 A。

表 1-8　单相桥式整流电路的测试观察记录表

输入电压 u_2		输出电压 u_L	
有效值/V	波形	有效值/V	波形
	u_2 轴，O，t		u_L 轴，O，t

知识拓展

色 环 电 阻

色环电阻采用色标法，即用不同颜色的色环或色点在电阻表面标示出标称值和阻值偏差。色环的意义如表 1-9 所示。

表 1-9　色环的意义

颜　色	有效数字	倍　率	允许偏差/%	颜　色	有效数字	倍　率	允许偏差/%
黑色	0	10^0	—	紫色	7	10^7	± 0.1
棕色	1	10^1	± 1	灰色	8	10^8	—
红色	2	10^2	± 2	白色	9	10^9	—
橙色	3	10^3	—	金色	—	10^{-1}	± 5
黄色	4	10^4	—	银色	—	10^{-2}	± 10
绿色	5	10^5	± 0.5	无色	—		± 20
蓝色	6	10^6	± 0.25				

色标法分为四色环标注和五色环标注两种。

如图 1-16 所示，四色环电阻用四色环标示其标称值及阻值偏差，第一环和第二环表示标称值的两位有效数字，第三环表示倍率，第四环表示阻值偏差。则

四色环电阻的标称值 = 第一、二环的两位有效数字 × 第三环的倍率（10^n）

若四色环电阻的色环颜色依次为红、紫、红、金，则该电阻的标称值和阻值偏差分别为 2700Ω、±5%。

如图 1-17 所示，五色环电阻用五色环标示其标称值及阻值偏差，前三环表示有效数字，后两环分别表示倍率和阻值偏差。则

五色环电阻的标称值 = 第一、二、三环的三位有效数字 × 第四环的倍率（10^n）

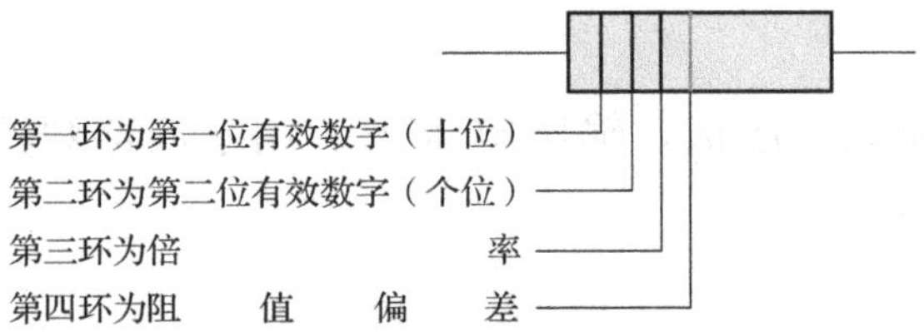

图 1-16　四色环电阻的标注说明

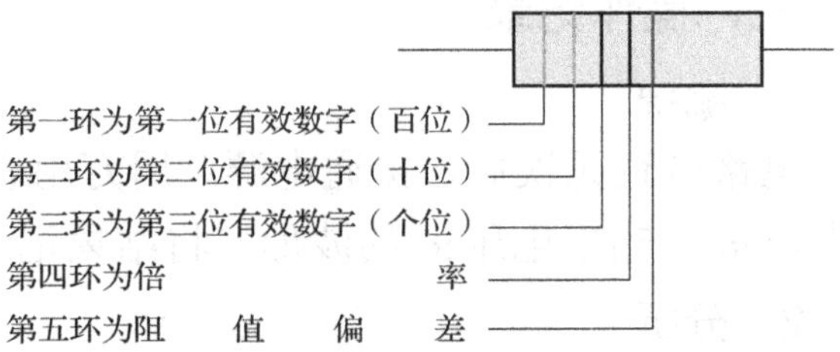

图 1-17　五色环电阻的标注说明

若五色环电阻上的色环颜色依次为橙、橙、红、红、棕，则该电阻的标称值和阻值偏差分别为33200Ω、±1%。

任务三　滤波电路装配与调试

任务引入

整流电路输出的是脉动的直流电，其极性方向虽然不变，但大小是波动的，即其平滑性差，仅能用于电焊机、电池充电器等要求不高的设备中，而电子仪器、自动控制等设备要求直流电压平滑、稳定。假如用9V电池供电的收录机改由单相桥式整流电路输出的9V左右的直流电压供电，收录机会产生令人烦躁的交流噪声。为了获得平滑的直流电压，需要在整流电路和负载之间加装滤波电路，以滤除直流脉动电压的交流成分。常见的滤波电路有电容滤波电路、电感滤波电路和复式滤波电路等。

任务目标

1. 了解滤波电路的作用、种类和特点。
2. 进一步掌握手工焊接的操作技能。
3. 学会单相桥式整流电容滤波电路的装配与调试。
4. 会用万用表测量单相桥式整流电容滤波电路的输入、输出电压，用示波器观察其波形。

相关知识

一、电容滤波电路

1. 单相半波整流电容滤波电路

（1）电路组成。

图1-18（a）所示为具有滤波功能的单相半波整流电容滤波电路，其结构是在单相半波整流电路的负载两端并联一个较大容量的电解电容器，利用电容器的充放电功能使输出电压趋于平滑。

（2）工作过程。

电容器C接入电路后，假设开始时电容器上的电压u_C为零，在u_2处于正半周时，$u_2 > u_C$，整流二极管VD导通，整流输出的电压在向R_L供电的同时，也给电容器C充电。由于充电回路的电阻很小，因而充电很快，u_C基本和u_2同步变化。

做中学

用示波器观察单相半波整流电容滤波电路的波形

按图1-18（a）连接电路（Tr：220V/12V，VD：1N4001，C：470μF/25V，R_L：1kΩ），将示波器输出探头分别接在变压器二次侧和负载两端，接入电源后，观察在有、无电容器C的不同条件下，电压u_2和输出电压u_L的波形。

当充电电压达到最大值$\sqrt{2}U_2$后，u_2开始下降，整流二极管 VD 因$u_2 < u_C$而截止，于是电容器 C 开始对负载R_L放电，由于放电时间常数较大，故放电速度较慢，当u_2进入负半周时，VD 仍处于截止状态，电容器 C 继续放电，使负载两端电压缓慢下降。

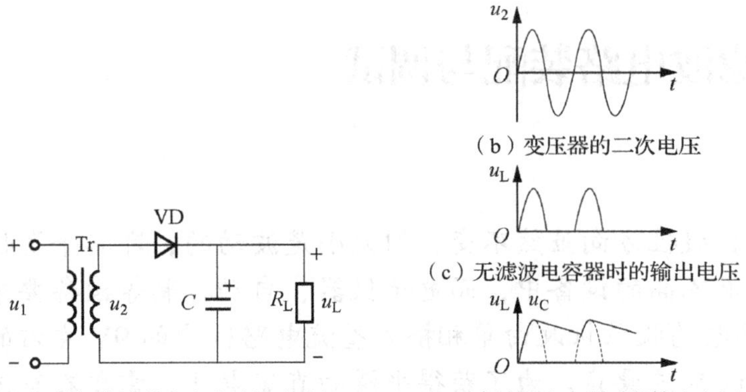

（a）单相半波整流电容滤波电路　（b）变压器的二次电压　（c）无滤波电容器时的输出电压　（d）有滤波电容器时的输出电压

图 1-18　单相半波整流电容滤波电路原理图

当u_2的下一个正半周到来时，电容器 C 仍在放电，直到$u_2 > u_C$，VD 导通，电容器 C 再次充电，如此周而复始，输出电压比无电容器时平滑多了，如图 1-18（d）所示。

2. 单相桥式整流电容滤波电路

在单相桥式整流电路的负载两端并联一个大容量的电解电容器，构成单相桥式整流电容滤波电路，其滤波原理类似于单相半波整流电容滤波电路中电容器的滤波过程。不同的是无论输入电压处于正半周还是负半周，电容器 C 都有充放电过程，输出电压更加平滑，平均电压值自然升高。单相桥式整流电容滤波电路及滤波前、后输出电压的波形如图 1-19 所示。

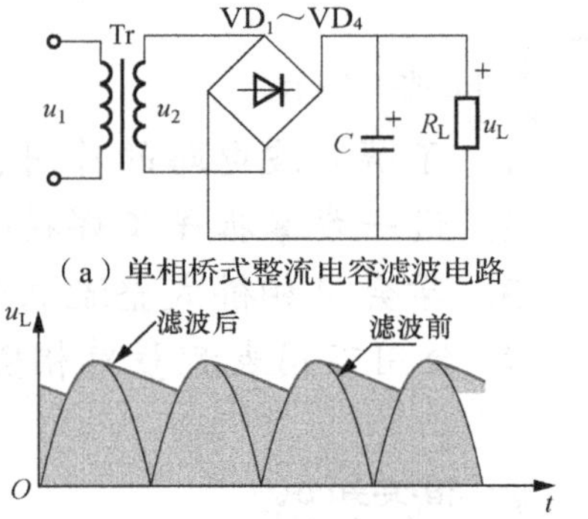

（a）单相桥式整流电容滤波电路　（b）滤波前、后输出电压的波形

图 1-19　单相桥式整流电容滤波电路原理图

做中学

用示波器观察单相桥式整流电容滤波电路的波形

按图 1-19（a）连接电路（元器件型号、规格与单相半波整流电容滤波电路相同），将示波器的输出探头分别接在变压器二次侧和负载两端，接入电源后，观察在有、无电容器 C 的不同条件下，电压u_2和输出电压u_L的波形。

3. 输出直流电压的估算与整流二极管的参数

整流电路接入滤波电容器后，整流电容滤波电路的输出电压及整流二极管的参数如表 1-10 所示。

表 1-10　整流电容滤波电路的输出电压及整流二极管的参数

整流电路类型	输入电压有效值	整流电容滤波电路的输出电压 U_L		整流二极管的参数	
		负载开路	带负载	最高反向工作电压	通过的电流
单相半波整流电路	U_2	$\sqrt{2}U_2$	U_2	$2\sqrt{2}U_2$	I_L
单相桥式整流电路	U_2	$\sqrt{2}U_2$	$1.2U_2$	$\sqrt{2}U_2$	$\frac{1}{2}I_L$

4. 滤波电容器的选择

电容器的选择应从耐压和容量两个方面考虑。

（1）耐压：电容器的耐压值要大于负载开路时整流电路的开路电压。

（2）电容器容量：滤波电容器 C 的容量选择与电路中的输出电流 I_L 有关，当负载电流加大后，要相应地增大电容器容量。表 1-11 中所列数据供选择滤波电容器时参考。

表 1-11　输出电流与电容器容量对照表

输出电流 I_L/A	2	1	0.5～1	0.1～0.5	0.05～0.14	＜0.05
电容器容量 C/μF	4 700	2 200	1 000	470	200～500	200

注：此表应用电路为单相桥式整流电容滤波电路，U_L= 12～36V。

【例 1-3】在图 1-19（a）所示的单相桥式整流电容滤波电路中，电源由 220V/50Hz 的交流电经变压器降压供电，负载电阻的阻值 R_L 为 40Ω，输出直流电压为 20V。试求变压器的二次电压，并估算滤波电容器的耐压值和容量。

【解】（1）由式 $U_L \approx 1.2U_2$ 可得，变压器二次电压的有效值为

$$U_2 = \frac{U_L}{1.2} = \frac{20}{1.2} \approx 17\text{V}$$

（2）空载时电容器承受最大电压，所以电容器的耐压值为

$$U_{RM} \geqslant \sqrt{2}U_2 = \sqrt{2} \times 17 \approx 24\text{V}$$

电容器的容量应满足 $R_L C = (3\sim5)\frac{T}{2}$，取 $R_L C = 2T$，$T = \frac{1}{f}$，因此

$$C = \frac{2T}{R_L} = \frac{2}{40 \times 50} = 1000\mu\text{F}$$

选用 1000μF/50V 的电解电容器。

二、电感滤波电路

在大电流负载情况下，负载 R_L 的阻值很小，若采用电容滤波电路，电容器容量势必很大，同时通过整流二极管的短时冲击电流（也称浪涌电流）非常大，使整流二极管和滤波电容器的选择比较困难，此时应采用电感滤波电路。

1. 电路组成及工作过程

图 1-20（a）所示为电感滤波整流电路，在单相桥式整流电路和负载之间串联一个电感器（有铁芯的线圈，称为扼流圈）。由式 $X_L = 2\pi fL$ 可知，电感器对交流电呈现很大的感抗，对直流电的阻抗则很小，能有效地阻止交流电通过，使直流电容易通过。因此，交流成分大多降落在电感器 L 上，而直流成分则顺利地通过电感器 L 流到负载 R_L 上，于是负载上获得了交流成分很小的输出电压 u_L，如图 1-20（b）所示。电感器的电感越大，滤波作用越强。

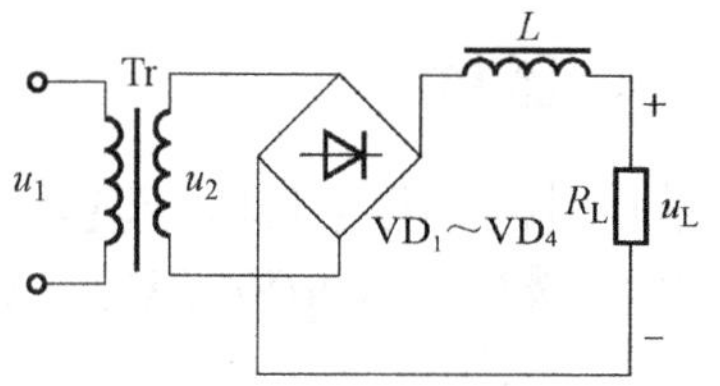

（a）电感滤波整流电路

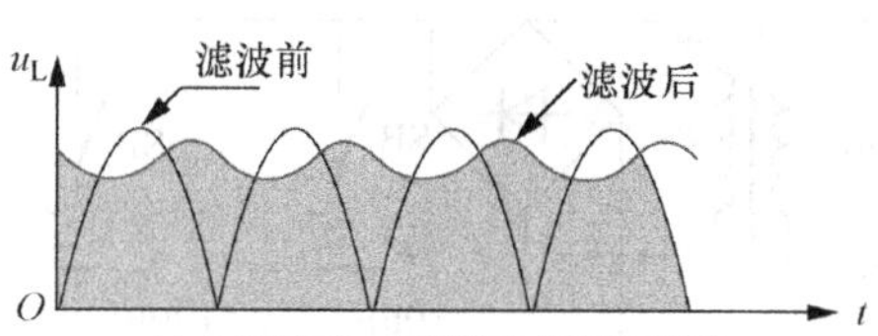

（b）滤波前、后输出电压的波形

图 1-20　电感滤波整流电路的原理图

2. 输出直流电压

输出直流电压 U_L 为

$$U_L \approx 0.9U_2$$

三、复式滤波电路

当单独使用电容器或电感器的滤波效果不理想时，可采用复式滤波电路。复式滤波电路的基本滤波元件是电感器和电容器，利用它们对直流电和交流电呈现不同阻抗的特点，合理地接入电路就可以达到滤波的目的。常见的复式滤波电路有 LC 型、LC-π 型、RC-π 型等，如图 1-21 所示。

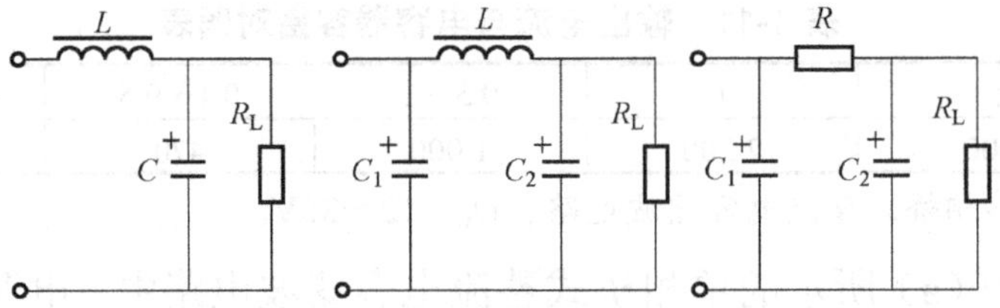

图 1-21　复式滤波电路

1．LC 型滤波电路

整流后的脉动直流电压经过电感器 L，交流成分被削弱，再经电容器 C 滤波，在负载上获得更加平滑的直流电压。

2．LC-π 型滤波电路

脉动直流电压经过滤波电容器C_1后，又经电感器 L 和电容器C_2的滤波，使脉动成分大大降低，在负载上获得平滑的直流电压。

3．RC-π 型滤波电路

用电阻 R 取代电感器 L，这时 R 对交、直流分量同样降压。电路中利用C_1的充放电功能先得到一个比较平滑的电压，再经 R 和C_2进一步平滑，只要C_2的电容足够大，其交流阻抗就很小，C_2对交流成分起旁路作用，在负载R_L上的交流电压进一步减小。负载R_L上的直流电压是由电阻 R 和R_L分压供给的，R 的阻值取值过大，其直流压降也大，降低了直流输出电压，R 的阻值取值过小，滤波效果差，一般 R 的阻值取几十至几百欧。

任务操作

单相桥式整流电容滤波电路装配与调试

一、器材

常用电子组装工具一套，万用表一块，示波器一台，任务二完成的单相桥式整流电路及电解电容器C_1（10μF/25V）、C_2（100μF/25V）。

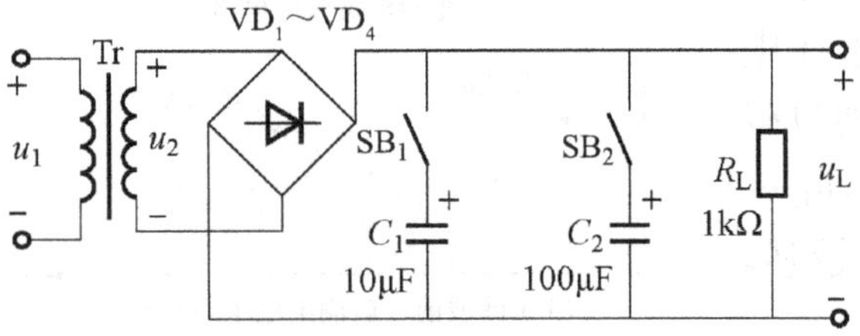

图 1-22　单相桥式整流电容滤波电路

二、操作步骤

1．元器件的识别与检测

1）元器件的识别

图 1-22 所示单相桥式整流电容滤波电路的元器件识别检测表如表 1-12 所示，对照电路图逐一对元器件进行识别。

表 1-12　单相桥式整流电容滤波电路的元器件识别检测表

符　号	名　称	实　物　图	规　格	检测结果
$VD_1 \sim VD_4$	整流二极管		1N4001	正向电阻： 反向电阻：
R_L	色环电阻		1.5kΩ	实测值：
Tr	电源变压器		AC 220V/12V　10W	一次绕组阻值： 二次绕组阻值：
C_1、C_2	电解电容器	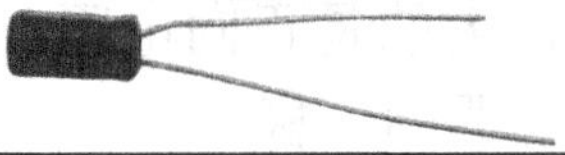 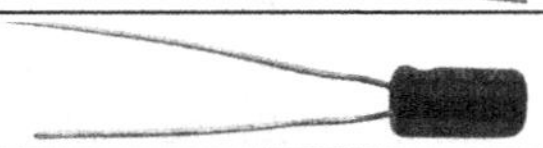	C_1：10μF/25V C_2：100μF/25V	正、负极性： 质量： 正、负极性： 质量：
SB_1、SB_2	按钮开关		自锁	动合与动断端： 质量：

2）元器件的检测

对照表 1-12 对元器件逐一进行检测，同时将检测结果记录于表 1-12 中。

（1）电容器的识别与检测。

固定电容器的检测方法如下。

利用万用表的电阻挡测量固定电容器两引脚间的漏电阻，根据指针摆动情况判断其质量。固定电容器的检测情况如表 1-13 所示。

表 1-13　固定电容器的检测情况

可选量程	固定电容器的容量	<1μF	1～47μF	>47μF
	万用表的相应量程	R×10k	R×1k	R×100
检　测	常见现象	检测现象		说明
	正常	指针先向右偏转，再向左回转		在同一电阻挡： 1．万用表指针向右偏转幅度越大，固定电容器的容量越大； 2．万用表指针回转幅度越大，漏电流越小，固定电容器的性能越好； 3．电解电容器的反向漏电阻略小于正向漏电阻
	容量太小或消失	指针不动		
	击穿短路	指针不回转		
	漏电现象	指针回转幅度小		

① 检测容量为 1μF 以下的固定电容器时，可选用万用表的“R×10k”挡，两表笔分别接触固定电容器的两引脚。正常情况下，阻值为无穷大；若阻值小或为零，则表明电容器漏电或短路。

② 检测容量为 1μF 以上的固定电容器时，可选用万用表的“R×1k”挡测试固定电容器是否有充电过程及漏电情况，并估算固定电容器的容量。

两表笔分别接触固定电容器的两引脚，调换表笔再次触碰固定电容器的两引脚，若固定电容器性能良好，则万用表的指针会向右摆动一下，然后迅速向左回转到无穷大位置。

电解电容器的检测方法如下。

电解电容器有正、负极性，使用前应先正确识别其正、负极性再进行质量检测。

① 正、负极性的识别。

电解电容器有两个引脚，一般长引脚为正极，短引脚为负极；另外电解电容器的外壳上也标有正、负极符号。

② 质量检测。

根据电解电容器的不同容量选用合适的量程。将万用表的红表笔接电解电容器负极，黑表笔接正极，刚接通的瞬间，万用表的指针立即向右偏转较大幅度，然后逐渐向左回转，直到停在某一位置。此时的阻值为电解电容器的正向电阻，此值越大，说明漏电阻越小，电解电容器性能越好。将红、黑表笔对调重复上述测量过程，此时的阻值为电解电容器的反向电阻。电解电容器的漏电阻一般应在几百千欧以上，且反向电阻略小于正向电阻。

若电解电容器正、负极标记不清，可以通过测量漏电阻来判断电解电容器的极性。如果电解电容器的性能良好，则两次测量中阻值大的是正向电阻，即红表笔所接的引脚为电解电容器的负极，黑表笔所接的引脚为电解电容器的正极。

○ 注意

a. 检测时，应反复调换表笔触碰电解电容器的两引脚，以确认电解电容器有无充电现象。

b. 重复检测电解电容器时，每次应将被测电解电容器短路一次。

c. 检测时，手指不要同时接触到电解电容器的两个引脚，以免万用表指针回不到无穷大位置，从而误认为被测电解电容器漏电。

d. 在实际使用时，电解电容器必须按极性要求连接到电路中，否则可能造成电解电容器击穿或爆炸。

（2）按钮开关的识别与检测。

用万用表检测按钮开关的质量并区分其动合与动断端。

2. 电路制作与调试

1）电路制作

按图 1-22 所示的单相桥式整流电容滤波电路在通用印制电路板上进行元器件布局布线，完成单相桥式整流电容滤波电路中电解电容器的插装与焊接（任务二已完成单相桥式整流电路的制作）。

电解电容器采用立式安装，电解电容器底部距离印制电路板 5mm，注意正、负极的安装方向，如图 1-23 所示。

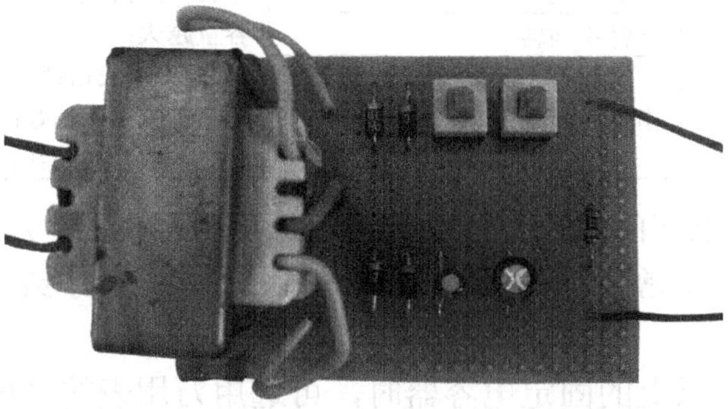

图 1-23 单相桥式整流电容滤波电路的装接图

2）电路调试

电路制作完毕，检查无误后，接通电源，用万用表测量整流电路两端的输出电压，其参考值若为 17.2V，则电路工作正常。若电路工作不正常，则可能出现的情况如下。

① 若输出电压只有 7V 左右，则某个整流二极管开路且滤波电容器虚焊。

② 若输出电压只有 11～12V，则某个整流二极管开路。

三、操作记录

1. 测试

（1）SB_1、SB_2 断开，用万用表测量输入电压和输出电压，用示波器观察输入电压 u_2、输出电压 u_L 的波形。

（2）SB_1 闭合、SB_2 断开，用万用表测量输入电压和输出电压，观察输入电压 u_2、输出电压 u_L 的波形。

（3）SB_1 断开、SB_2 闭合，用万用表测量输入电压和输出电压，观察输入电压 u_2、输出电压 u_L 的波形，将结果记录在表 1-14 中。

表 1-14　单相桥式整流电容滤波电路的测量观察记录表

测试任务	输入电压 u_2		输出电压 u_L	
	有效值/V	波形	有效值/V	波形
SB_1、SB_2 断开				
SB_1 闭合、SB_2 断开				
SB_2 闭合、SB_1 断开				

2. 分析

为什么电容器的容量增大时，输出波形会变得更平滑？

3. 任务评价

任务评价表见附录 A。

知识拓展

倍压整流电路

当需要一个电压高而负载电流小的直流电源时，可利用滤波电容器的电能存储功能，由多个电容器和二极管组成倍压整流电路，获得几倍于输入电压的输出电压，图 1-24 所示为二倍压整流电路。

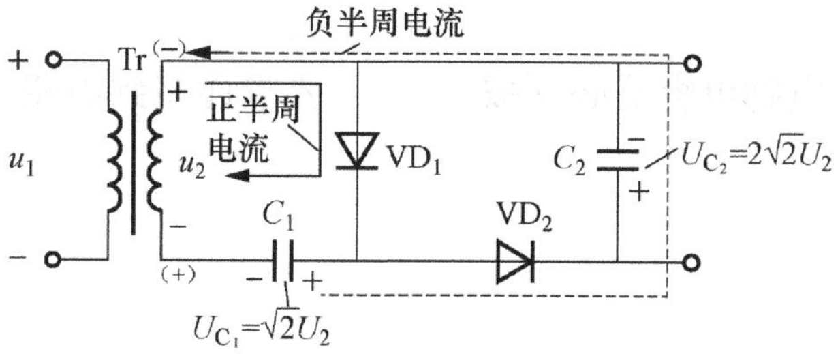

图 1-24　二倍压整流电路

在 u_2 处于正半周时，电动势上正下负，二极管 VD_1 导通，VD_2 截止，电容器 C_1 充电，电压极性为右正左负，最大值可达 $\sqrt{2}U_2$。

在 u_2 处于负半周时，电动势下正上负，与 C_1 上的电压叠加，二极管 VD_2 导通，VD_1 截止，电容器 C_2 充电，电压极性为下正上负，最大值可达 $2\sqrt{2}U_2$。由此可见，利用电容器的电能存储功能，可以得到所需要倍数的输出电压。

自我检测

1. 判断题

(1) 二极管具有单向导电性。 ( )

(2) 稳压二极管应工作在正向导通状态。 ( )

(3) 整流二极管所允许的最高反向工作电压应大于承受的反向电压峰值。 ( )

(4) 整流输出电压加电容滤波后，电压脉动减小了，输出电压也下降了。 ( )

2. 选择题（单选，将正确的选项填在括号内）

(1) 二极管两端加正向电压时，( )。

A. 二极管立即导通

B. 若正向电压超过击穿电压，则二极管导通

C. 若正向电压超过 0.2V，则二极管导通

D. 若正向电压超过死区电压，则二极管导通

(2) 能将交流电转换为直流电的电路是 ( )。

A. 整流电路　B. 稳压电路　C. 滤波电路　D. 放大电路

(3) 在进行元器件布局时，外壳与引线的安全间隙是 ( )。

A. 1.5～2mm　B. 0.5～1mm　C. 1.0～2mm　D. 1.0～1.5mm

(4) 单相半波整流电容滤波电路中输出直流电压 U_L 为 ( )。

A. $\sqrt{2}U_2$　B. U_2　C. $0.45U_2$　D. $1.2U_2$

(5) 单相桥式整流电路带电阻负载，输出电压的平均值最高是变压器二次电压的 ( )。

A. 0.5　B. 0.9　C. 1 倍　D. 1.2 倍

3. 填空题

(1) 当外加电压超过死区电压以后，二极管处于正向导通状态，硅管的开启电压约为 ( )，锗管的开启电压约为 ( )。

(2) 使用二极管时，流过二极管的正向最大电流不能大于 ( )；所承受的反向电压不能超过 ( )，否则可能损坏二极管。

(3) 电容滤波电路中滤波电容器容量越大，负载电阻的阻值 R_L 越大，电容器放电速度越 ( )，输出电压越 ( )。

(4) 在实际使用时，电解电容器必须按 ( ) 要求连接到电路中，否则可能造成电解电容器 ( ) 或爆炸。

项目二 基本放大电路

任务一 三极管识别、检测与选用

任务引入

扩音机是一种常见的放大器。各种声音通过话筒转换成随声音强弱而发生变化的电压和电流，它们携带着原来声音中的全部信息，通常称为电信号。由话筒输出的电信号是很微弱的，把这些微弱的电信号送入扩音机，经过电压放大和功率放大后，才能输出较强的电信号，通过扬声器把放大了的电信号转换成比原来响亮得多的声音。电子门铃、对讲机及收音机等，也都是通过其中的放大电路使扬声器发出较大声音的。放大电路的核心放大器件是三极管。

任务目标

1. 了解三极管的结构和分类、特性曲线和主要参数。
2. 理解三极管的电流放大作用。
3. 会用万用表检测三极管的电极、导电类型，能估测其放大能力并判断其性能。

相关知识

一、三极管的结构与分类

图 2-1 所示为三极管的结构示意图及图形符号。它由两个 PN 结组成，将整个基片分成三个区域：发射区、基区和集电区。由这三个区各引出一个电极，分别称为发射极 e、基极 b 和集电极 c。基区与发射区之间的 PN 结称为发射结；基区与集电区之间的 PN 结称为集电结。

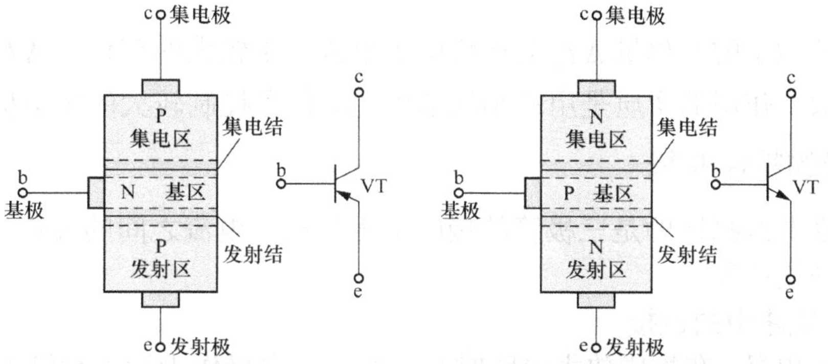

（a）PNP 型　　（b）NPN 型

图 2-1　三极管的结构示意图及图形符号

按两个 PN 结组合方式的不同，三极管可分为 PNP 型和 NPN 型两大类。三极管种类很多，按功率划分，可分为小功率管、中功率管和大功率管；按工作频率划分，可分为低频管、高频管和超高频管；按管芯所用半导体材料划分，可分为硅管与锗管；按结构工艺划分，主要可分为合金管和平面管；按用途划分，可分为放大管和开关管等。

二、三极管的电流放大作用

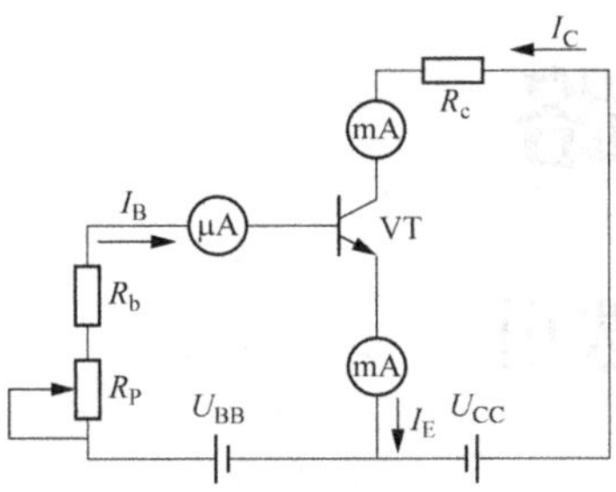

图 2-2　NPN 型三极管电流测试电路

图 2-2 所示为 NPN 型三极管电流测试电路。图中U_{BB}为基极电源，通过基极电阻R_b和电位器R_P将正向电压加到基极和发射极之间（发射结），集电极电源电压U_{CC}应高于U_{BB}，即发射结正偏，集电结反偏，这是三极管具有电流放大作用的基本条件。

按图 2-2 接通电路，调节电位器R_P的阻值，改变基极电流I_B的大小。每取一个I_B的确定值，就从电流表上读取该值下集电极电流I_C和发射极电流I_E的数值，记录于表 2-1 中。

表 2-1　三极管的电流测试数据

电　流	次　数					
	1	2	3	4	5	6
I_B /mA	0	0.01	0.02	0.03	0.04	0.05
I_C /mA	0.01	0.56	1.14	1.74	2.33	2.91
I_E /mA	0.01	0.57	1.16	1.77	2.37	2.96

分析表 2-1 中的数据，可以得出以下结论。

1．电流分配关系

发射极电流等于基极电流和集电极电流之和，即

$$I_E = I_B + I_C \tag{2-1}$$

由于$I_B \ll I_C$，故

$$I_E \approx I_C$$

如果将三极管看成节点，则这三个电流的关系正好符合节点电流定律。

2．电流放大作用

（1）集电极电流I_C受基极电流I_B的控制，或者说很小的基极电流I_B能产生很大的集电极电流I_C。

（2）基极电流微小的变化量ΔI_B会使集电极电流产生较大的变化量ΔI_C。

三极管电流放大作用的实质是用较小的基极电流信号控制较大的集电极电流信号。

三、三极管的特性曲线

三极管的特性曲线描述的是三极管的极间电压与相关电流之间的关系，主要有输入特性曲线和输出特性曲线两种。

1．三极管在电路中的连接

三极管有三个电极，在构成放大电路时必然有一个电极作为输入和输出的公共端，据此，就有三种基本连接方式，即以发射极作为公共端的共发射极电路、以基极为公共端的共基极电路和以集电极为公共端的共集电极电路，如图 2-3 所示。

三极管在电路中的连接方式不同，特性曲线也不同，最常用的是共发射极特性曲线，其测试电路如图 2-4 所示。

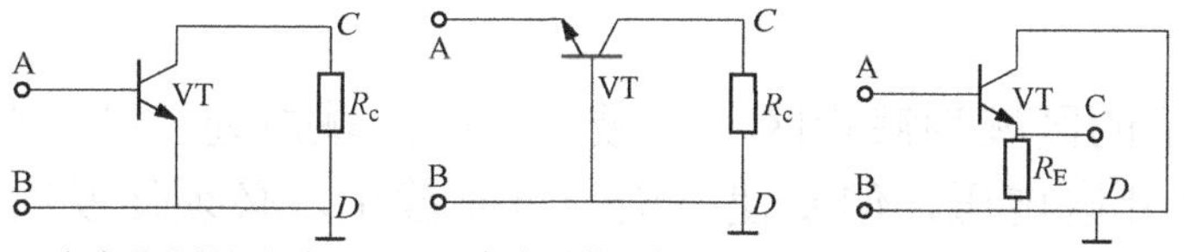

（a）共发射极电路　（b）共基极电路　（c）共集电极电路

图 2-3　三极管在电路中的连接方式

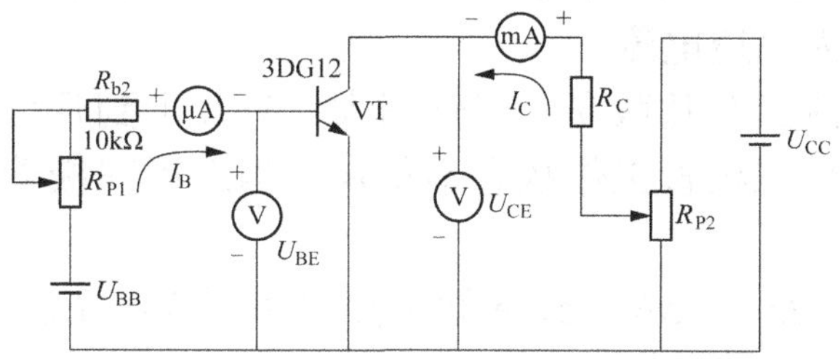

图 2-4　三极管共发射极特性曲线测试电路

2. 输入特性曲线

输入特性曲线是指当U_{CE}为某一定值时，基极电流I_B随基-射极电压U_{BE}变化的关系曲线。

按图 2-4 接通电路，调节R_{P2}的阻值，使U_{CE}分别为 0V、0.5V、1V、1.5V，再调节R_{P1}的阻值，使U_{BE}从零开始增加，记下相应的I_B值，根据这些数据在以U_{BE}为横轴、I_B为纵轴的直角坐标系中，绘制出该三极管共发射极输入特性曲线，如图 2-5 所示。

当$U_{CE}=0$ V 时，输入特性曲线与二极管伏安特性曲线的正向特性十分相似。随着U_{CE}的增加，曲线向右移，但当$U_{CE}>1$V 后，曲线右移不明显，与$U_{CE}=1$V 时的输入特性曲线基本重合，所以$U_{CE}>1$V 时的输入特性曲线皆可用$U_{CE}=1$V 时的输入特性曲线表示。

从三极管共发射极输入特性曲线可以看出，当U_{BE}小于死区电压时，$I_B=0\mu A$，三极管截止，硅管的死区电压约为 0.5V，锗管的死区电压约为 0.1V；当U_{BE}大于死区电压时，才有基极电流I_B，基-射极电压U_{BE}变化不大，其中硅管为 0.6～0.7V，锗管为 0.2～0.3V。

3. 输出特性曲线

输出特性曲线是指当I_B为某一定值时，集电极电流I_C与集-射极电压U_{CE}的关系曲线。

按图 2-4 接通电路，调节R_{P1}的阻值，取I_B分别为 0μA、20μA、40μA、60μA、80μA、100μA，再调节R_{P2}的阻值，使U_{CE}从零开始增加，记下相应的I_C值，根据这些数据在以U_{CE}为横轴、I_C为纵轴的直角坐标系中，绘制出三极管共发射极输出特性曲线，如图 2-6 所示。

可见三极管的输出特性曲线是一组曲线族，这组曲线可分为 3 个区域来分别表示三极管的三种工作状态。

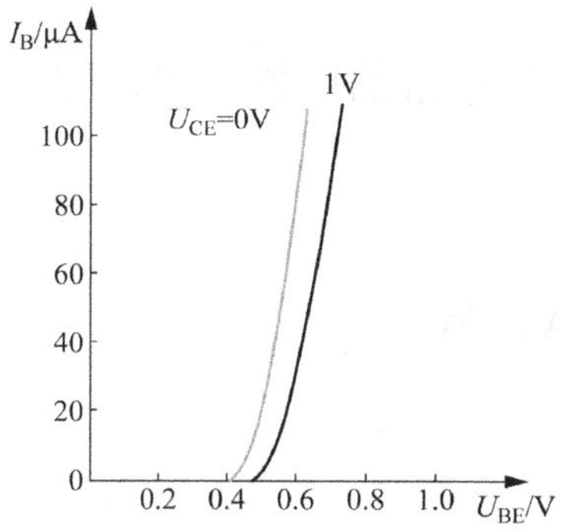

图 2-5　三极管共发射极输入特性曲线

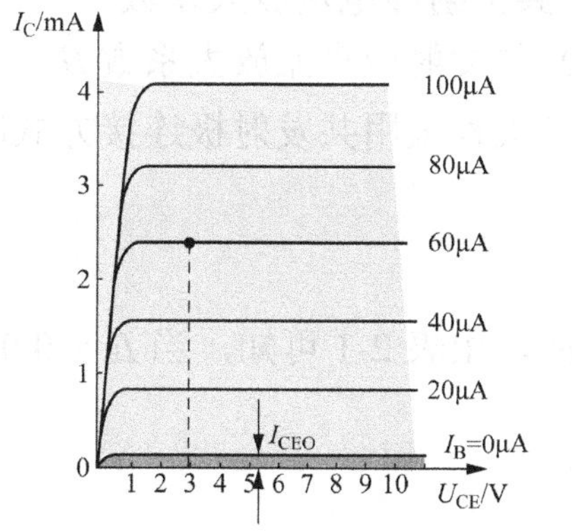

图 2-6　三极管共发射极输出特性曲线

（1）截止区。

$I_B = 0\mu A$ 曲线以下的区域为截止区。三极管在此区域内处于截止状态。三极管工作在截止区时，U_{BE}必须小于死区电压，但要使三极管可靠截止，必须使发射结反偏，即 $U_{BE} < 0V$，以保证 $I_B = 0\mu A$，且集电结反偏。即三极管工作在截止区的条件是发射结反偏，集电结反偏。

当 $I_B = 0\mu A$ 时，还有很小的集电极电流 I_{CEO}，这是由发射区的少数载流子穿越基区到达集电区形成的，通常把它称为穿透电流。

小功率硅管的穿透电流只有几微安；锗管稍大，有几十到几百微安。穿透电流会随着温度的升高而迅速增大，致使三极管工作状态不稳定。当选用三极管时，应选穿透电流小的三极管。

三极管工作在截止区，$I_C \approx 0mA$，c、e 间呈高阻态，$U_{CE} \approx U_{CC}$，集-射极间相当于一个断开的开关。

（2）饱和区。

当 U_{CE}较小（$U_{CE} < U_{BE}$）时，靠近左边曲线的上升和弯曲部分与纵轴之间的区域为饱和区。三极管在此区域内处于饱和状态。三极管工作在饱和区时，发射结和集电结都处于正向偏置。在饱和区内，I_C不随 I_B的增大而线性增大，基本保持不变。

三极管处于饱和状态时的 U_{CE}值称为饱和压降，用 U_{CES}表示，小功率硅管的饱和压降约为 0.3V，锗管约为 0.1V。

三极管工作在饱和区时，U_{CE}很小，c、e 间呈低阻态，集-射极间相当于一个闭合的开关。

（3）放大区。

饱和区和截止区外各条曲线的平直部分组成的区域为放大区。在放大区内，U_{CE}足够大，三极管发射结正偏，集电结反偏，I_C受 I_B控制而发生变化，即 $\Delta I_C = \beta \Delta I_B$，三极管具有电流放大作用，三极管处于放大状态。这个区域内的曲线与横轴平行，当 U_{CE}大于 1 V 后，只要 I_B一定，I_C就不随 U_{CE}的变化而变化，即 I_C保持恒定，这表明三极管具有恒流特性。

放大区的曲线越平坦，三极管的线性越好。

由此可知，三极管不仅具有电流放大作用，还具有开关特性。三极管工作在放大状态时，可在模拟电路中作为放大管，用来控制电流的大小；三极管工作在饱和与截止状态时，常作为开关用在自动控制和传感装置中。

四、三极管的主要参数

三极管的参数是表示三极管性能和适用范围的参考数据，主要参数如下。

1．共发射极电流放大系数

（1）共发射极直流放大系数$\overline{\beta}$。

当三极管采用共发射极连接方式时，若 U_{CE}一定，则 I_C与 I_B的比值为$\overline{\beta}$，即

$$\overline{\beta} = \left.\frac{I_C}{I_B}\right|_{U_{CE}=\text{常数}} \tag{2-2}$$

例如，由表 2-1 可知，当 $I_B = 0.02mA$ 时，$I_C = 1.14mA$，则

$$\overline{\beta} = \frac{I_C}{I_B} = \frac{1.14}{0.02} = 57$$

（2）共发射极交流放大系数 β 。

当三极管采用共发射极连接方式时，若 U_{CE} 一定，则集电极电流变化量 ΔI_C 与基极电流变化量 ΔI_B 的比值为 β，即

$$\beta = \left.\frac{\Delta I_C}{\Delta I_B}\right|_{U_{CE}=常数} \tag{2-3}$$

例如，由表 2-1 可知，当基极电流 I_B 从 0.01mA 变化到 0.02mA 时，集电极电流 I_C 从 0.56 mA 变化到 1.14mA，则

$$\beta = \frac{\Delta I_C}{\Delta I_B} = \frac{1.14 - 0.56}{0.02 - 0.01} = 58$$

可见，同一个三极管在同等条件下，$\overline{\beta} \approx \beta$，故通常用 β 表示三极管的放大能力。选用三极管时，β 值应恰当，若 β 值太小，则三极管放大能力差；若 β 值太大，则三极管工作稳定性差。

2．极间反向饱和电流

极间反向饱和电流是三极管中少数载流子形成的电流，电流大小反映了三极管工作的稳定性。

（1）集-基极反向饱和电流 I_{CBO}。

I_{CBO} 是当发射极开路时，集电极和基极之间的反向电流。

（2）集-发射极反向饱和电流 I_{CEO}（又称穿透电流）。

I_{CEO} 是当基极开路时，集电极和发射极之间的反向电流。

I_{CEO} 和 I_{CBO} 存在如下关系：

$$I_{CEO} = (1+\beta)I_{CBO} \tag{2-4}$$

I_{CBO} 与 I_{CEO} 都随温度的升高而增大。在选用三极管时，应选反向饱和电流小的三极管。

3．极限参数

三极管的极限参数是三极管在正常工作时所允许的最大电流、最大电压和最大功率的数值。

（1）集电极最大允许电流 I_{CM}。

集电极最大允许电流是指三极管正常工作时集电极所允许的最大电流，用 I_{CM} 表示。I_C 过大时，β 值将下降。一般规定 β 下降到正常值的 2/3 时的集电极电流为集电极最大允许电流。在实际使用过程中，必须使 $I_C < I_{CM}$，否则 β 值将明显下降。

（2）集-射极反向击穿电压 $U_{(BR)CEO}$。

集-射极反向击穿电压是指基极开路时，集电极与发射极之间所能承受的最高反向电压，用 $U_{(BR)CEO}$ 表示。若 $U_{CE} > U_{(BR)CEO}$，则三极管将会击穿。

（3）集电极最大允许耗散功率 P_{CM}。

集电极最大允许耗散功率是指三极管正常工作时，集电极所允许的最大功耗，用 P_{CM} 表示。在实际使用过程中，必须使 $I_C U_{CE} \leqslant P_{CM}$，否则会使三极管性能变坏或烧毁。

从有关器件手册中查到的大功率三极管的 P_{CM} 值，通常是带散热器时的数值，使用时要保证管壳和散热器的紧密接触，以便散热。

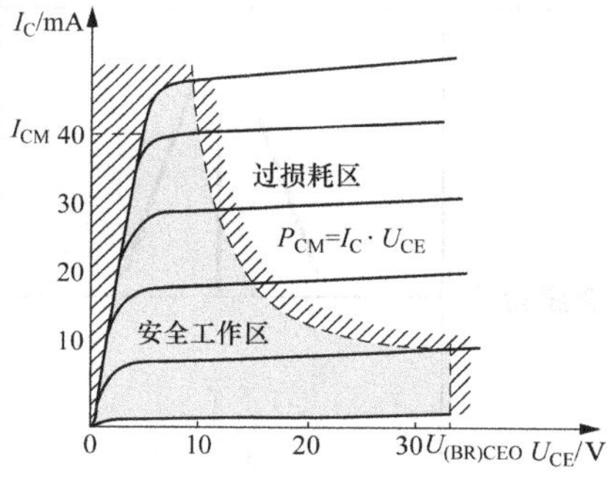

图 2-7　三极管安全工作区

三个极限参数将三极管限制在图 2-7 所示的三极管安

全工作区内，以确保三极管能正常工作。

任务操作

三极管识别与检测

一、器材

万用表一块，各种类型三极管若干。

二、操作步骤

1. 直观识别三极管的 3 个电极

一般来说，三极管引脚的排列是有一定规律的，可以通过引脚的分布特征直接分辨出三极管的 3 个电极。表 2-2 所示为常见三极管封装形式的引脚分布。

表 2-2 常见三极管封装形式的引脚分布

封装形式	外　形	引脚排列位置	分布特征说明
塑料封装	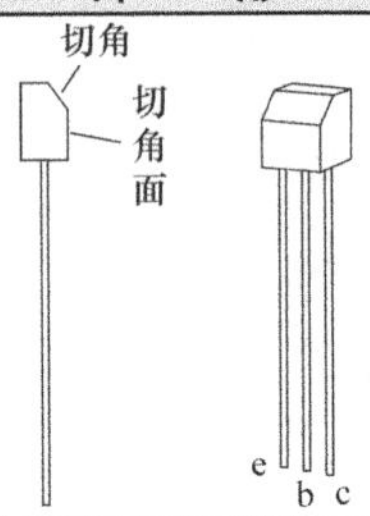	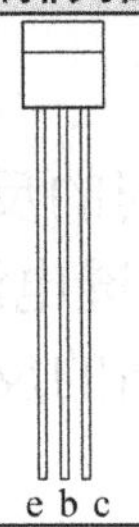	面对切角面，引出线向下，从左至右，引脚依次为 e、b、c
	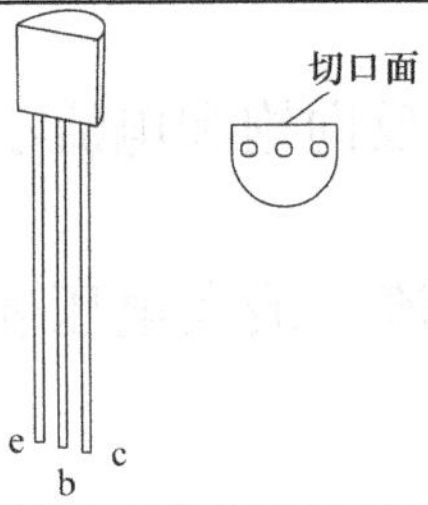	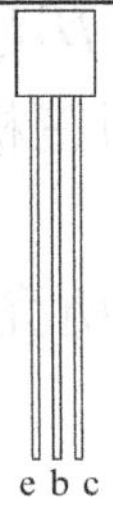	面对平面，引出线向下，从左至右，引脚依次为 e、b、c
	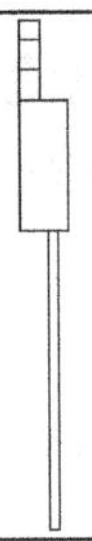	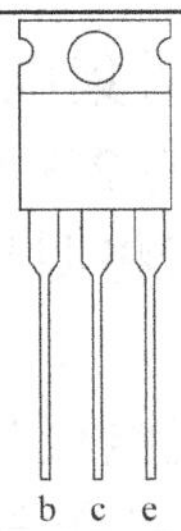	面对打印面，散热片为背面，引出线向下，从左至右，引脚依次为 b、c、e
金属封装	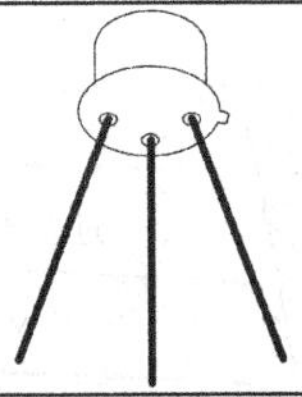	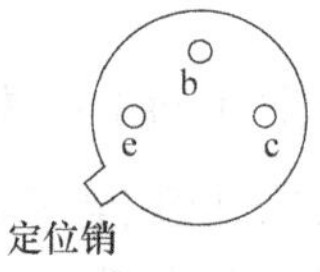	面对管底，由定位标志起，顺时针方向，引脚依次为 e、b、c、d（接地线），其中 d 引脚与金属外壳相连，在电路中接地，起屏蔽作用
	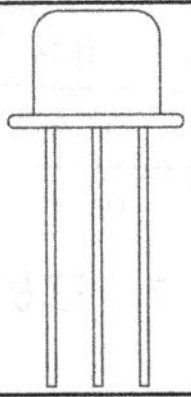	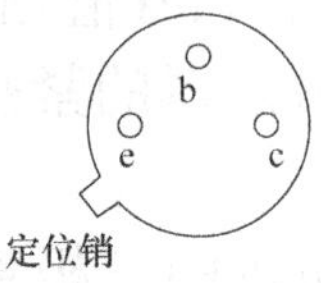	面对管底，由定位标志起，顺时针方向，引脚依次为 e、b、c

续表

封装形式	外　形	引脚排列位置	分布特征说明
金属封装	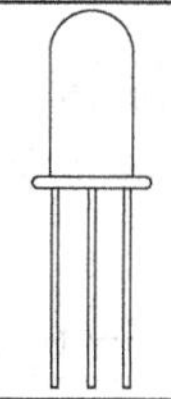	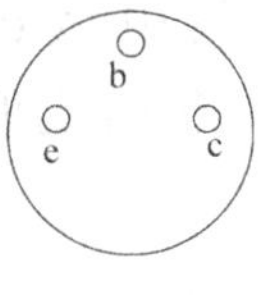	面对管底，带引脚的半圆在上，顺时针方向，从左至右，引脚依次为 e、b、c
	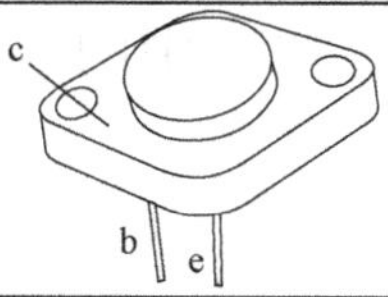	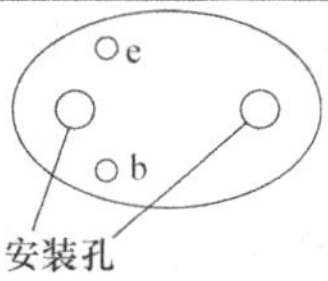	面对管底，引脚位于左侧；抬起三极管，面对引脚，下面的引脚是 b，上面的引脚是 e，管壳是 c，管壳上的两个安装孔用来固定三极管

○ 注意

三极管的引脚排列有很多种形式，当不知其引脚排列时，应查阅产品手册或相关资料，不可凭经验主观臆断。

2．使用万用表检测中、小功率三极管

如果不知道三极管的型号和引脚排列，那么一般可用下列方法进行检测及判断。

（1）判断基极 b 和管型。

① 将万用表置于“R×100”或“R×1k”挡。

② 将黑表笔与任意一个引脚（假设的基极 b）相接，红表笔分别与另外两个引脚相接，测量其阻值，如图 2-8（a）所示。如果两次测得的阻值均很小，则黑表笔所接引脚就是基极 b，并且该管是 NPN 型管。如果两次测得的阻值一大一小，则假设的基极不正确，需将黑表笔更换一个引脚重新测试。用红表笔与任一引脚相接，黑表笔分别与另两个引脚相接，如果两次测得的阻值都很小，则红表笔所接引脚就是 PNP 型管的基极。

（2）判断集电极 c 和发射极 e。

当基极 b 确定后，若是 NPN 型管，黑表笔和红表笔分别与另两个引脚相接，再用手指捏紧黑表笔和基极（两极不能直接相碰，即相当于接入一个人体电阻），如图 2-8（b）所示。然后对调黑、红表笔重测一次。比较两次指针的摆动幅度，摆动幅度大的一次（阻值小的一次）黑表笔所接引脚为集电极 c，红表笔所接引脚为发射极 e。

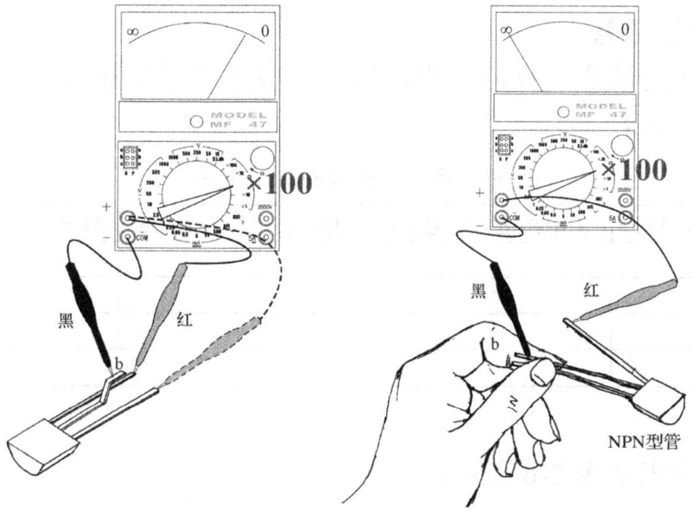

（a）基极b和管型的判别　　（b）集电极c与发射极e的判别

图 2-8　三极管引脚的判别

若为 PNP 型管，则将上述方法中黑、红表笔对换即可。

（3）估测三极管的放大能力及检测三极管质量。

① 在集电极 c 和发射极 e 的判断中，当集电极 c 正确时，指针偏转角度越大，三极管的放大能力越强，即放大系数 β 越大；若指针不动或偏转角度小，表明三极管已损坏或放大能力不佳。

② 在判断基极时，若出现两次或两次以上阻值较小的情况，说明三极管已损坏。

③ 简易判断三极管性能时，将测得的三极管各极间的阻值与表 2-3 中的数据对照，大致可判断出三极管的质量。

表 2-3　三极管各极间的正常阻值

类　型	测量电极	正向电阻	反向电阻	正向电阻	反向电阻
硅	b-c	几百欧至几千欧	大于 500kΩ	几百欧至几千欧	小于 500kΩ
	b-e	几百欧至几千欧	大于 500kΩ	几百欧至几千欧	小于 500kΩ
	c-e	大于 2MΩ		大于 2MΩ	
	判断	正常		三极管漏电流大	
锗	b-e	几百欧至 1kΩ	大于 400kΩ	几百欧至 1kΩ	小于 400kΩ
	b-c	几百欧至 1kΩ	大于 400kΩ	几百欧至 1kΩ	小于 400kΩ
	c-e	大于几千欧		大于几千欧	
	判断	正常		三极管漏电流大	

三、操作记录

1．直观识别三极管

根据三极管型号，借助有关器件手册，识别其导电类型、材料、引脚排列及电极、主要参数和用途，将观察结果填入表 2-4。

表 2-4　三极管的识别记录

序　号	型　号	导电类型	材　料	引脚排列及电极	主要参数	用　途
1					I_{CM}:　$U_{(BR)CEO}$:　P_{CM}:	
2						
3						
4						

2．用万用表检测三极管

用万用表测量三极管的正、反向电阻，判断三极管的引脚排列及电极、管型、放大能力及质量，将检测结果填入表 2-5。

表 2-5　三极管的测试记录

序号	型号	引脚排列及电极	集电结正向电阻/kΩ	发射结正向电阻/kΩ	集电结反向电阻/kΩ	管型	质量
1							
2							
3							
4							

3．任务评价

本任务的任务评价表如表 2-6 所示。

表 2-6　任务评价表

项　目	配分/分	工艺标准	扣分标准	扣分记录	得分/分
直观识别	20	能正确识读标志符号，判别三极管的极性	1. 识读标志符号错误，每处扣 1 分 2. 电极判别错误，每处扣 2 分		
万用表检测	50	能正确使用万用表测量正、反向电阻，判断 3 个电极、导电类型和质量	1. 测量结果错误，每处扣 5 分；误差大，每处扣 1 分 2. 三极管电极、导电类型判断错误，每处扣 5 分 3. 三极管质量判断错误，每次扣 5 分 4. 万用表使用不当，每次扣 2 分		
查阅手册	20	正确查阅主要参数	1. 参数错误，每处扣 3 分 2. 不会查阅，扣 10 分		
安全文明操作	10	安全操作、文明生产	1. 违反安全操作规程，扣 10 分 2. 违反文明生产要求，扣 10 分		

任务二　单管低频放大电路装配与调试

任务引入

利用三极管的电流放大作用可以构成各种放大电路，单级放大电路是基本的放大电路，所有较复杂的放大电路都是由单级放大电路组合或演变而来的。

任务目标

1. 了解单级共射极放大电路的构成及构成元器件的作用。
2. 理解电路的工作原理、静态工作点的概念及意义。
3. 会估算共射极放大电路的静态工作点、电压放大倍数、输入电阻和输出电阻。
4. 了解射极输出器的特点和应用。
5. 能进行单管低频放大电路的装配与调试。

相关知识

一、基本共射极放大电路

单级放大电路是指由一个放大元器件（三极管或场效应晶体管）构成的简单放大电路。

1. 电路组成及元器件作用

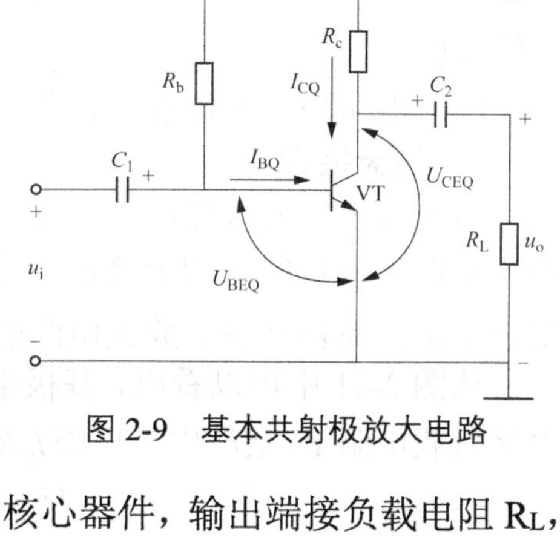

图 2-9　基本共射极放大电路

图 2-9 所示为基本共射极放大电路，输入信号从三极管的基极和发射极之间输入，放大后的信号从三极管的集电极和发射极之间输出，发射极是输入、输出回路的公共端，故称为基本共射极放大电路。三极管 VT 是放大电路的核心器件，输出端接负载电阻 R_L，电路中各元器件的名称和作用如表 2-7 所示。

表 2-7　基本共射极放大电路中各元器件的名称和作用

符　号	元器件名称	元器件作用
U_{CC}	直流电源	给电路提供能量，为三极管提供合适的直流偏置（发射结正偏，集电结反偏）
VT	三极管	电流放大
R_b	基极偏置电阻	与 U_{CC} 共同作用，提供基-射极电压 U_{BE}
R_c	集电极负载电阻	提供集电极电流通路，将放大的集电极电流的变化量转换成集电极电压的变化量
C_1、C_2	输入、输出耦合电容	利用其"隔直通交"的作用，隔断信号源与放大电路之间、放大电路与负载之间的直流通路，使交流信号顺利通过

在分析电路时，用大写字母带大写下标表示直流分量，如 I_B；用小写字母带小写下标表示交流分量，如 i_b；用小写字母带大写下标表示直流分量与交流分量的叠加，即总量，如 i_B。

2．放大电路的静态工作点

（1）静态工作点。

① 静态：放大电路无信号输入时的直流工作状态叫作静态。

图 2-9 所示的基本共射极放大电路在没有输入信号（$u_i = 0V$）时，直流电源 U_{CC} 通过 R_b 提供基-射极电压 U_{BE}，从而产生基极电流 I_B、集电极电流 I_C 及集-射极电压 U_{CE}。静态时电路的电流、电压值分别用 I_{BQ}、U_{BEQ}、I_{CQ}、U_{CEQ} 表示。

② 静态工作点：静态情况下，电流、电压参数在三极管输入、输出特性曲线上对应一个确定的点，习惯称为静态工作点，用 Q 表示。

（2）设置静态工作点的原因。

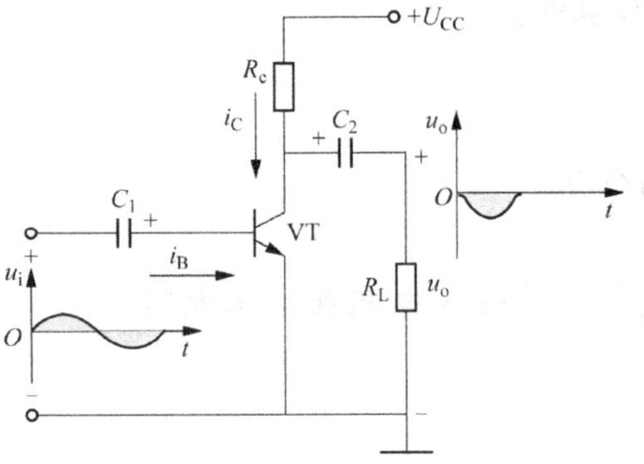

图 2-10　无 R_b 的放大电路工作情况

假设图 2-9 所示电路的基极无偏置电压（基极电阻 R_b 开路），如图 2-10 所示，这时如果在输入端直接加上正弦交流信号 u_i，在信号处于负半周时发射结因反偏而截止，没有 i_B；只有信号处于正半周且大于三极管发射结的死区电压时，才有基极电流 i_B，这样在输出端只能得到放大信号不完整的一半，出现严重失真。要克服这种失真，必须设置合适的静态工作点，这样输入信号 u_i 叠加在 U_{BEQ} 上，无论信号处于正半周还是负半周，都会使发射结正偏而导通，保证放大电路不失真地放大输入信号。

放大电路静态工作点的设置是否合适，是放大电路能否正常工作的重要条件。

3．放大原理

当放大电路输入交流信号时，输入信号 u_i 经过 C_1 耦合加至三极管 b、e 极后，各极电压、电流均在直流量的基础上叠加一个随 u_i 变化而变化的交流量，这时电路处于交流状态或动态工作状态，简称动态。放大电路的工作波形如图 2-11 所示。

从图 2-11 中可以看出，基极电流 i_B 经三极管放大后，集电极获得的电流 $i_C = \beta i_B$，i_C 在集电极负载电阻 R_c 上产生了压降 $i_C R_c$。由图 2-11（b）可知，$u_{CE} = U_{CC} - i_C R_c$，则

$$u_{CE} = U_{CC} - i_C R_c = U_{CC} - I_{CQ} R_c - i_c R_c = U_{CEQ} + u_{ce}$$

式中，$u_{ce} = -i_c R_c$，负号表明 u_{ce} 的变化方向与 i_c 相反。

u_{CE} 经过输出耦合电容器 C_2，直流成分 U_{CEQ} 被隔断，交流成分 u_{ce} 被顺利地传送到输出端成为输出电压 u_o。

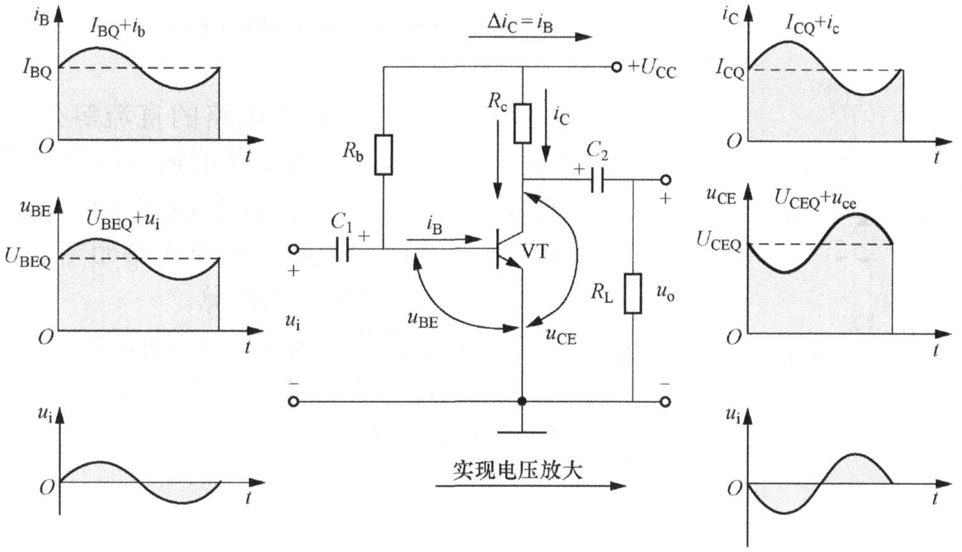

（a）输入回路波形　　（b）基本共射极放大电路　　（c）输出回路波形

图 2-11　放大电路的工作波形

由于输出电压u_o与输入电压u_i反相，所以该放大电路通常也称为反相放大器。

做中学

电路参数对静态工作点的影响

按图 2-12 在通用实训台上连接电路，在放大电路的输入端送入f= 1kHz，幅度适当的正弦信号，用示波器观察输出端的电压波形。

（1）调节 R_P 的阻值，使输出端输出一个不失真的电压波形。

（2）保持u_i不变，逐渐增大 R_P 的阻值，直至输出电压的波形顶部被削平。

（3）保持u_i不变，逐渐减小 R_P 的阻值，直至输出电压的波形底部被削平。

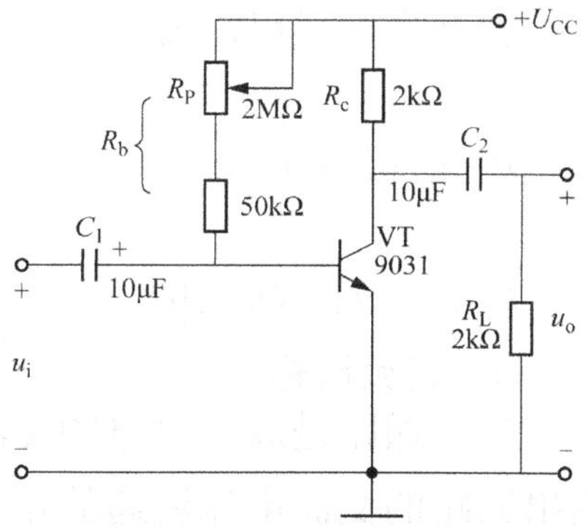

图 2-12　基本共射极放大电路的 Q 点调整

由此可见，若电路参数发生变化，则静态工作点随之改变；静态工作点设置得不合适，将会导致输出电压的波形失真。如果 R_b（R_P）的阻值太大，则基极电流 I_{BQ}就会过小，导致在u_i负半周的一段时间内，三极管进入截止区，在i_C的负半周、u_{CE}的正半周出现削波，这种波形失真称为截止失真；如果 R_b（R_P）的阻值太小，则基极电流 I_{BQ}就会过大，导致在u_i正半周的一段时间内，三极管进入饱和区，这时u_{CE}无法随i_B的增大而增大，于是在i_C的正半周、u_{CE}的负半周出现削波，这种波形失真称为饱和失真。

4．放大电路的分析

要了解放大电路静态工作点的设置是否恰当及放大倍数的大小，需要对放大电路进行分析，也就是求解放大电路的直流参数（静态工作点）和交流参数（输入、输出电阻，放大倍数）。常见的分析方法有图解法、估算法和等效电路法，下面用估算法对放大电路进行分析。

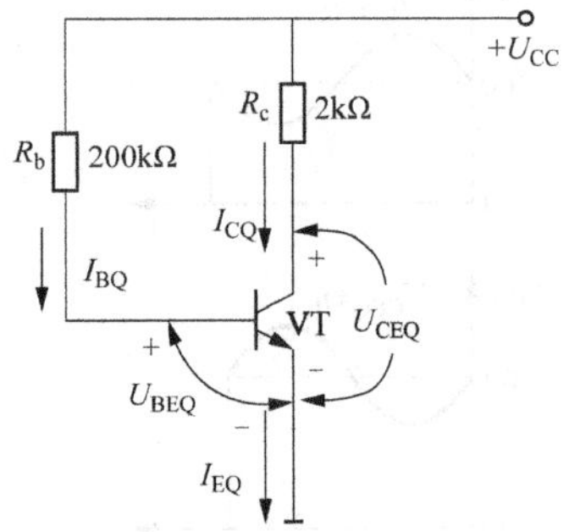

图 2-13 基本共射极放大电路的直流通路

（1）静态工作点的分析。

① 直流通路。

直流通路是放大电路的直流等效电路，即静态（$u_i = 0V$）时，放大电路的输入回路和输出回路的直流电流流通的路径。此时电路中的电容器相当于开路，图 2-9 所示电路的直流通路如图 2-13 所示。

② 静态工作点的估算。

由直流通路可得：$U_{CC} = I_{BQ} R_b + U_{BEQ}$。

经整理可得，静态工作点为

$$\begin{aligned} I_{BQ} &= \frac{U_{CC} - U_{BEQ}}{R_b} \approx \frac{U_{CC}}{R_b} \\ I_{CQ} &\approx \beta I_{BQ} \\ U_{CEQ} &= U_{CC} - I_{CQ} R_c \end{aligned} \qquad (2\text{-}5)$$

可见，基本共射极放大电路的偏流 I_{BQ} 只与 U_{CC} 和 R_b 有关，一般是固定的，因此基本共射极放大电路又称为固定偏置电路。

【例 2-1】 基本共射极放大电路如图 2-9 所示，已知 $U_{CC} = 6$ V，$R_b = 200$ kΩ，$R_c = 2$ kΩ，$\beta = 50$。试估算该放大电路的静态工作点。

【解】 根据式（2-5）可得，静态基极电流为

$$I_{BQ} = \frac{U_{CC} - U_{BEQ}}{R_b} \approx \frac{U_{CC}}{R_b} = \frac{6}{200} = 0.03\text{mA}$$

静态集电极电流为

$$I_{CQ} = \beta I_{BQ} = 50 \times 0.03 = 1.5\text{mA}$$

集-射极电压为

$$U_{CEQ} = U_{CC} - I_{CQ} R_c = 6 - 1.5 \times 2 = 3\text{V}$$

（2）交流性能分析。

① 交流通路。

交流通路是放大电路的交流等效电路，是指动态（$u_i \neq 0V$）时，放大电路的输入回路和输出回路的交流电流流通的路径。在交流通路中，直流电压源相当于短路，耦合电容也视为短路。

图 2-9 所示电路的交流通路如图 2-14 所示。

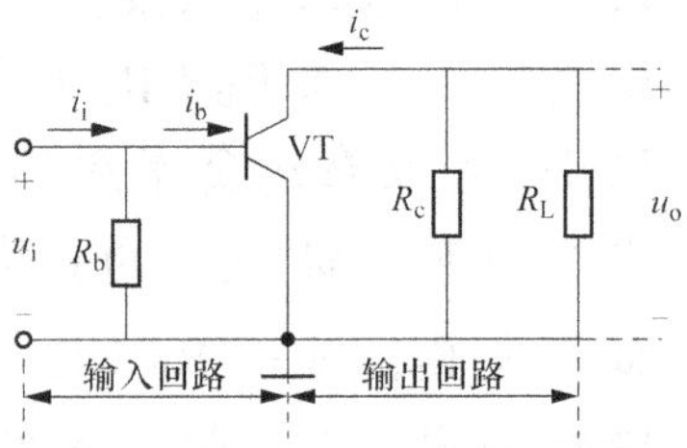

图 2-14 基本共射极放大电路的交流通路

从图 2-14 中可看到，当交流信号电压 u_i 加在三极管的输入端基极和发射极之间时，在其基极上将产生相应的基极变化电流 i_b，这反映了三极管的 b、e 之间存在一个等效电阻，称其为三极管的输入电阻 r_{be}。

② 三极管的输入电阻 r_{be}。

$$r_{be} \approx 300 + (1+\beta)\frac{26(\text{mV})}{I_E(\text{mA})} \qquad (2\text{-}6)$$

式中，300Ω 是在小电流（I_{EQ} 约为几毫安）工作的情况下，三极管的基区电阻。

③ 放大电路的输入电阻 R_i。

输入电阻 R_i 是从放大电路的输入端看进去的等效电阻。其大小反映了放大电路从信号源索取电压的大小。R_i 越大，进入放大电路的信号越多。

由图 2-14 可知，R_i 为 R_b 和 r_{be} 的并联值，即

$$R_i = R_b // r_{be}$$

当 $R_b \gg r_{be}$ 时

$$R_i \approx r_{be} \tag{2-7}$$

④ 放大电路的输出电阻 R_o。

输出电阻 R_o 是从放大电路的输出端（负载 R_L 之前）看进去的等效电阻。其大小反映了放大电路的带负载能力。R_o 越小，放大电路的带负载能力越强。

由图 2-14 可知，输出电阻 R_o 为三极管集-射极间等效电阻 r_{ce} 与 R_c 的并联值，即

$$R_o = R_c // r_{ce} \approx R_c \tag{2-8}$$

⑤ 电压放大倍数 A_u。

电压放大倍数 A_u 定义为输出电压与输入电压之比，它是衡量放大电路放大能力的指标，可表示为

$$A_u = \frac{u_o}{u_i}$$

由图 2-14 可得

$$u_i = i_i(R_b // r_{be}) \approx i_b r_{be}$$
$$u_o = -i_c(R_c // R_L) \approx -i_c R_L' = -\beta i_b R_L'$$

故电压放大倍数为

$$A_u = \frac{u_o}{u_i} = -\frac{\beta i_b R_L'}{i_b r_{be}} = -\frac{\beta R_L'}{r_{be}} \tag{2-9}$$

空载时

$$A_{u0} = -\frac{\beta R_c}{r_{be}} \tag{2-10}$$

【例 2-2】 在图 2-9 所示的基本共射极放大电路中，已知 $R_c = 3\ \text{k}\Omega$，$I_E = 2.6\ \text{mA}$，$\beta = 45$。试求：

① 输出端不带负载时，放大电路的电压放大倍数 A_{u0}；

② 输出端带负载电阻 $R_L = 6\ \text{k}\Omega$ 时的电压放大倍数 A_{u0}；

③ 放大电路的输入电阻 R_i；

④ 放大电路的输出电阻 R_o。

【解】 由式（2-6）可得

$$r_{be} = 300 + (1+\beta)\frac{26}{I_E} = 300 + (1+45)\times\frac{26}{2.6} = 760\Omega$$

根据式（2-10）可得

$$A_{u0} = -\frac{\beta R_c}{r_{be}} = -\frac{45\times 3000}{760} \approx -178$$

根据式（2-9）可得

$$A_u = -\frac{\beta R_L'}{r_{be}} = -\frac{45\times 3000 // 6000}{760} \approx -118$$

根据式（2-7）得

$$R_i = R_b // r_{be} \approx r_{be} = 760\Omega$$

根据式（2-8）得

$$R_o = R_c // r_{ce} \approx R_c = 3k\Omega$$

二、分压式偏置共射极放大电路

放大电路的静态工作点对其放大性能有重要的影响，因此设置合适的静态工作点，并使之保持稳定是保证放大电路正常工作的关键。但三极管的特性受温度影响很大，当温度变化时，三极管的 β、I_{CEQ} 等参数都会随之改变，从而引起静态工作点的变动，严重时甚至使放大电路不能正常工作。而分压式偏置共射极放大电路则能在外界因素变化时，自动稳定静态工作点，保证尽可能大的输出动态范围并避免输出信号失真。

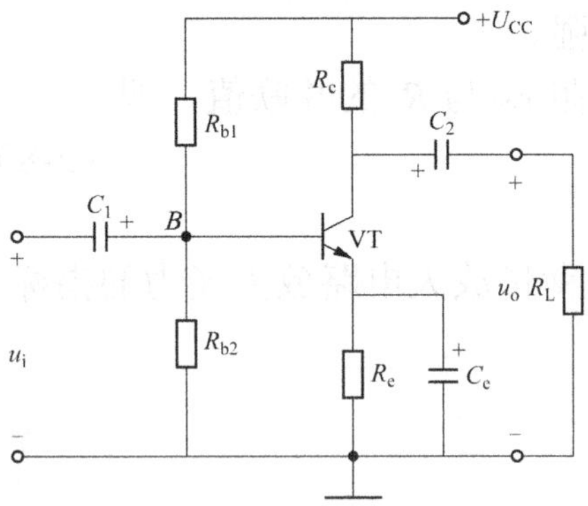

图 2-15　分压式偏置共射极放大电路

1. 电路组成及元器件作用

分压式偏置共射极放大电路如图 2-15 所示。图中上、下偏置电阻 R_{b1}、R_{b2} 串联分压，为三极管提供固定的静态基极偏置电压；发射极电阻 R_e 起稳定静态工作点的作用；电容器 C_e 称为旁路电容，其容量较大，对交流信号相当于短路，使电阻 R_e 对电路交流工作无影响。

2. 静态工作点 Q 的计算

分压式偏置共射极放大电路的直流通路如图 2-16（a）所示。为稳定静态工作点，通常电路参数选取应满足 $I_1 \gg I_{BQ}$，这样 $I_1 \approx I_2$，即 R_{b1} 和 R_{b2} 为串联关系，则

$$U_{BQ} \approx \frac{R_{b2}}{R_{b1}+R_{b2}} U_{CC} \tag{2-11}$$

$$I_{CQ} \approx I_{EQ} = \frac{U_E}{R_e} = \frac{U_{BQ}-U_{BEQ}}{R_e} \tag{2-12}$$

$$I_{BQ} = \frac{I_{CQ}}{\beta} \tag{2-13}$$

$$U_{CEQ} = U_{CC} - I_{CQ}(R_c + R_e) \tag{2-14}$$

由上述分析可知，分压式偏置共射极放大电路的 U_{BQ} 仅由 R_{b1}、R_{b2} 和 U_{CC} 决定，而与三极管的参数无关。

3. 稳定静态工作点的原理

实验证明，当温度升高时，三极管的穿透电流 $I_{CEO}=(1+\beta)I_{CBO}$ 将大幅度增加，使 I_{CQ} 增大。分压式偏置共射极放大电路能使 I_{CQ} 的增大受到抑制，自动稳定静态工作点。

当温度升高时，静态工作点的稳定过程可表示为

温度 $T\uparrow \rightarrow I_{CQ}\uparrow \rightarrow I_{EQ}\uparrow \rightarrow U_{EQ}$（$I_{EQ}R_e$）$\uparrow \rightarrow U_{BEQ}$（$U_{BQ}-U_{EQ}$）$\downarrow \rightarrow I_{BQ}\downarrow \rightarrow I_{CQ}\downarrow$

当温度下降时，静态工作点的稳定原理请同学们自行分析。

4. 交流参数的计算

该分压式偏置共射极放大电路的交流通路如图 2-16（b）所示，与基本共射极放大电路的交流通路相似，所以输入电阻、输出电阻及电压放大倍数的计算与基本共射极放大电路类似。

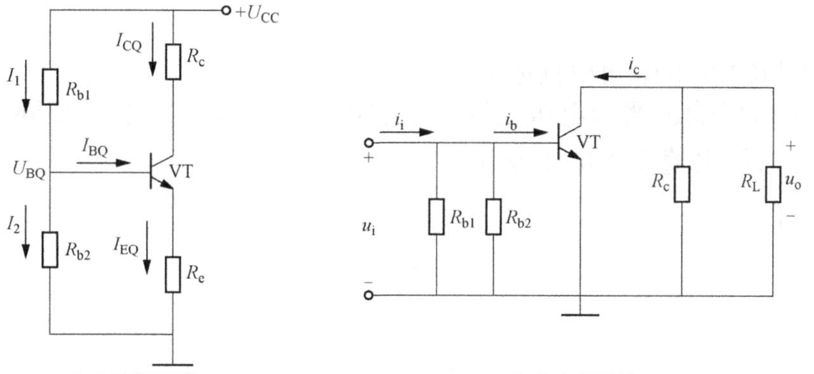

图 2-16　分压式偏置共射极放大电路的交直流通道

【例 2-3】在图 2-15 所示的分压式偏置共射极放大电路中，已知 $R_{b1}=20k\Omega$，$R_{b2}=10k\Omega$，$R_c=R_e=2k\Omega$，$R_L=4k\Omega$，$U_{CC}=12V$，$\beta=50$，试计算：① 静态工作点；② 电压放大倍数 A_u、输入电阻 R_i 和输出电阻 R_o。

【解】① 静态工作点。

$$U_{BQ}=\frac{R_{b2}}{R_{b1}+R_{b2}}U_{CC}=\frac{10}{20+10}\times 12=4V$$

$$I_{EQ}\approx I_{CQ}=\frac{U_{BQ}-U_{BEQ}}{R_e}=\frac{4-0.7}{2}=1.65mA$$

$$I_{BQ}=\frac{I_{CQ}}{\beta}=\frac{1.65}{50}=0.033mA$$

$$U_{CBQ}=U_{CC}-I_{CQ}(R_c+R_e)=12-1.65\times(2+2)=5.4V$$

② 计算 A_u、R_i、R_o。

$$r_{be}=300+(1+\beta)\frac{26}{I_{EQ}}=300+51\times\frac{26}{1.65}\approx 1.1\,k\Omega$$

$$R_L'=R_c\,//\,R_L=\frac{R_c\cdot R_L}{R_c+R_L}=\frac{2\times 4}{2+4}\approx 1.33\,k\Omega$$

$$A_u=-\frac{\beta R_L'}{r_{be}}=-\frac{50\times 1.33}{1.1}\approx -60.5$$

$$R_{i?}=R_{b1}\,//\,R_{b2}\,//\,r_{be}\approx 20\,//\,10\,//\,1.1\approx 0.94k\Omega$$

$$R_o\approx R_c=2k\Omega$$

三、射极输出器

1．电路组成

射极输出器如图 2-17 所示。由其交流通路可知，输入信号 u_i 从基极和集电极之间输入，输出信号 u_o 从发射极和集电极之间输出，集电极为输入信号与输出信号的公共端，所以该电路称为共集电极放大电路。被放大的信号从发射极输出，所以又称射极输出器。

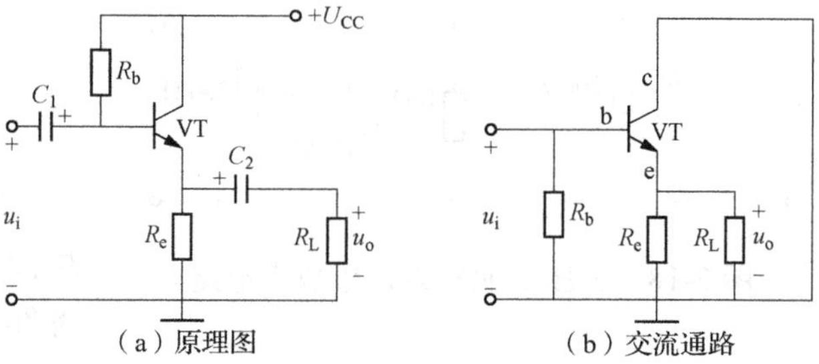

图 2-17　射极输出器

2. 电路特点

（1）输出电压与输入电压同相且近似相等。

从图 2-17 所示射极输出器的电压极性可以看出，u_o 与 u_i 瞬时极性相同，即 u_o 与 u_i 同相位变化。输出电压 u_o 总是跟随输入电压变化。

在输入回路，有

$$u_i = u_{be} + u_o$$

或

$$u_o = u_i - u_{be}$$

因 $u_i \gg u_{be}$，故 $u_o \approx u_i$，即输出电压略小于输入电压。电压放大倍数略小于 1 但近似为 1。电路虽无电压放大作用，但对电流而言，i_e 仍为基极电流的（1+β）倍，即具有电流放大及功率放大作用。

（2）输入电阻大，可减少放大电路从信号源索取电流，从而降低信号源的功率容量，在放大电路中多用作输入级。

在图 2-17（b）所示的交流通路中，射极输出器的负载电阻 $R_L' = R_e // R_L$。

如果将射极电阻 R_e 折合到基极回路中，即认为流过它的电流也是 i_B，那么，折合过来的电阻应是 R_e 的（1+β）倍。因此，射极输出器的输入电阻为

$$R_i = r_{be} + (1+\beta) R_L'$$

（3）输出电阻小，带负载能力强。

根据电路计算，射极输出器的输出电阻只有共射极放大电路输出电阻的 1/β，一般只有几欧到几十欧。当放大电路接入负载或负载变化时，对放大电路的影响小，可以保持输出电压稳定，所以可用作多级放大电路的输出级。

射极输出器还可以作为两级放大电路之间的隔离级，以降低前、后级的相互影响，并在隔离前、后级的同时，起到阻抗匹配作用。

任务操作

单管低频放大电路装配与调试

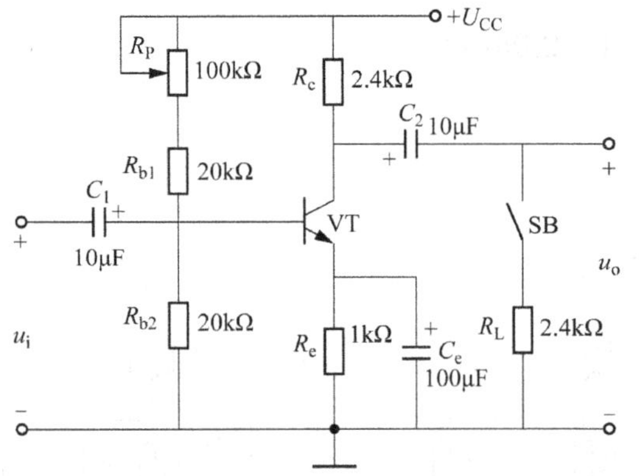

图 2-18　分压式偏置共射极放大电路

一、器材

常用电子组装工具一套，万用表一块，交流毫伏表一块，双踪示波器一台，实训台（信号源）一个，配套元器件若干。

二、操作步骤

1. 元器件的识别与检测

1）元器件的识别

图 2-18 所示分压式偏置共射极放大电路的元器件识别与检测表如表 2-8 所示，对照电路图逐一对元器件进行识别。

表 2-8　分压式偏置共射极放大电路的元器件识别与检测表

符　　号	名　　称	实　物　图	规　　格	检测结果
VT	三极管		9013	类型： 引脚排列： 质量及放大倍数：
R_{b1}	色环电阻		20kΩ	实测值：
R_{b2}			20kΩ	实测值：
R_c			2.4kΩ	实测值：
R_L			2.4kΩ	实测值：
R_e			1kΩ	实测值：
R_P	微调电位器		100 kΩ	实测值： 质量：
C_1	电解电容器	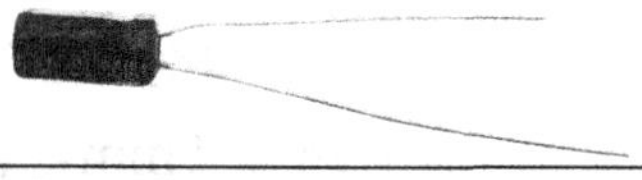	10μF	正、负极性： 质量：
C_2			10μF	正、负极性： 质量：
C_e		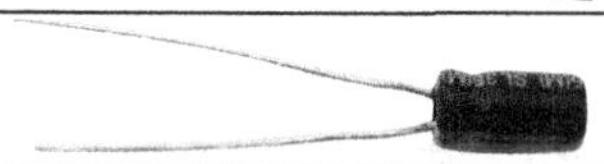	100μF	正、负极性： 质量：
SB	按钮开关		自锁	动合与动断端： 质量：

2）元器件的检测

（1）三极管、色环电阻、电解电容器的检测请参阅前文中的相关内容。

① 色环电阻：识读其标称值，并用万用表测量其实际阻值。

② 电解电容器：判断其正、负极，并用万用表检测其质量。

③ 三极管：识别其类型与引脚排列，并用万用表检测其质量。

（2）微调电位器的检测。

① 万用表选用“R×1k”挡。

② 按图 2-19 所示方法测量微调电位器的 1、3 两端，其读数应为微调电位器的标称值，若万用表指针不动或测得的阻值与标称值相差很多，则表明该微调电位器已损坏。

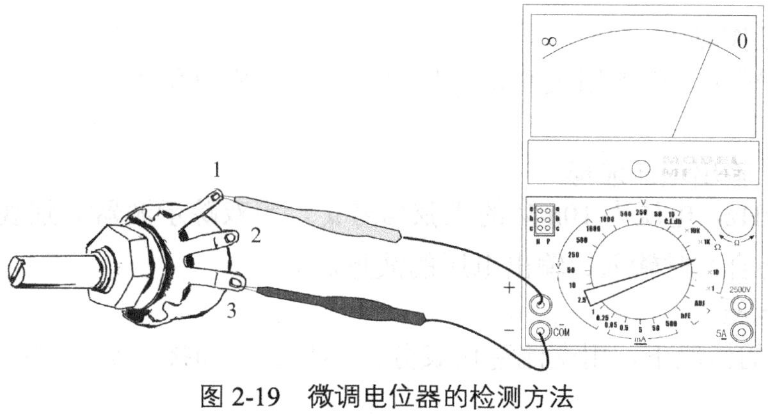

图 2-19　微调电位器的检测方法

③ 检测微调电位器 1、2 或 2、3 两端的阻值，先将微调电位器的旋柄逆时针旋转，阻值逐渐减小，当旋至位置“1”时，阻值越小表明微调电位器质量越好；再顺时针旋转，阻值应

逐渐增大，当旋柄旋至位置“3”时，阻值应接近微调电位器的标称值。在检测过程中，万用表的指针应平滑移动，如果指针有跳动现象，则说明微调电位器有活动触点接触不良或阻值变化不均的问题。

图 2-20　分压式偏置共射极放大电路的装接图

2．电路的制作与调试

1）电路制作

根据图 2-18 所示电路和元器件实物，按工艺要求对元器件的引脚进行成形加工，在通用印制电路板上进行元器件布局，完成电路元器件的插装与焊接，如图 2-20 所示。

① 电阻卧式安装，电阻贴紧印制电路板，色标电阻的色环标志方向一致。

② 电容器立式安装，电容器底部距离印制电路板 5mm，注意正、负极的安装方向。

③ 三极管立式安装，三极管的底部距离印制电路板 10mm，注意引脚极性的安装方向。

④ 微调电位器贴紧印制电路板安装，不得歪斜。

2）电路调试

电路装接完毕，检查无误后，接通 12V 电源。

（1）静态工作点调试。

调节微调电位器 R_P 的阻值，使三极管发射极电位 U_E 为 2V，集电极负载 R_c 两端的电压 U_{Rc} 为 4.8V，使三极管工作在放大状态。

（2）动态调试。

输入频率为 1kHz、电压为 10mV 的正弦信号 u_i，用双踪示波器观察输出波形是否失真。可能出现的情况如下。

① 无信号输出。检查信号源、双踪示波器探头的连接是否可靠；直流供电电压是否正常；测量三极管各电极的工作点电压，判断故障部位。

② 输出信号产生非线性失真。测量三极管各电极的工作点电压，判断三极管是否工作在放大区；观察输出电压的波形，主要检查电容器是否漏电。

三、操作记录

1．测量静态工作点

输入端与地端短接，用万用表测量三极管 VT 的各极电位 U_B、U_E、U_C，估算集电极电流 I_C。

2．观察输入、输出电压波形

输入频率为 1kHz，电压为 10mV 的正弦信号 u_i，用双踪示波器分别观察空载（SB 断开）和接入负载（SB 闭合）时输入、输出电压的波形。

3．测量输出电压

在波形不失真的情况下，用交流毫伏表分别测量空载和接入负载时的值，计算电压放大倍数。

将测量值记录在表 2-9 中。

表 2-9　静态工作点及输入、输出的测量记录表（$I_C=2mA$）

<table>
<tr><th colspan="5">测　量　值</th><th>计　算　值</th></tr>
<tr><th>U_B/V</th><th>U_E/V</th><th>U_C/V</th><th>U_{BE}/V</th><th>U_{CE}/V</th><th>I_C/mA</th></tr>
<tr><td></td><td></td><td></td><td></td><td></td><td></td></tr>
</table>

<table>
<tr><th colspan="3">输入、输出电压波形</th><th>U_o/mV</th><th>A_u</th></tr>
<tr><td>SB 断开</td><td rowspan="2">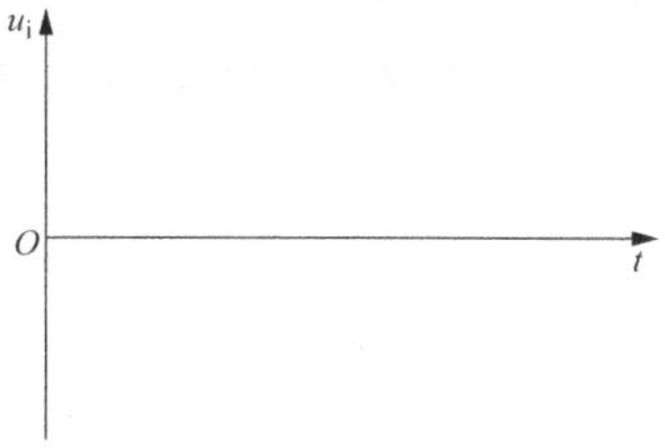</td><td>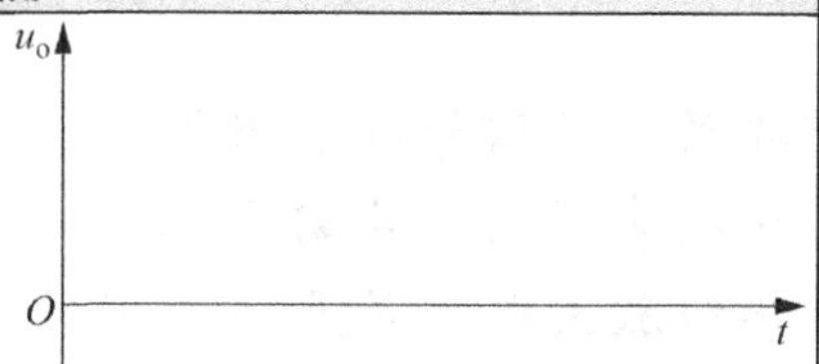</td><td></td><td></td></tr>
<tr><td>SB 闭合</td><td>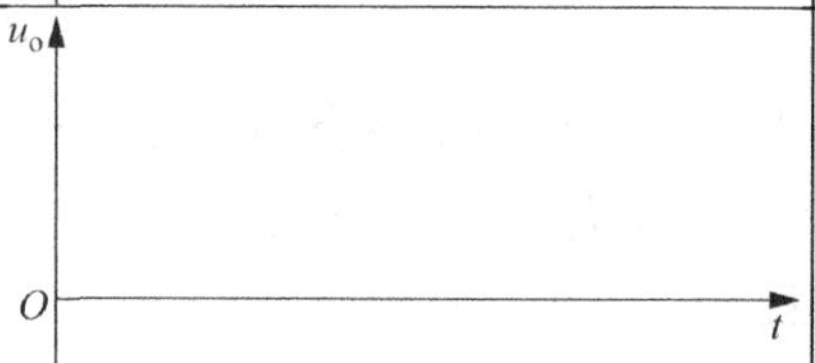</td><td></td><td></td></tr>
</table>

4．观察静态工作点对输出电压的波形的影响（$R_c=2.4k\Omega$，$R_L=2.4k\Omega$）

① 当 $u_i=0V$ 时，调节 R_P 的阻值，使 $U_E=2V$。

② 接入输入信号 u_i 并逐渐加大至输出电压 u_o 的波形足够大且不失真。保持 u_i 不变，调节 R_P 的阻值，使输出电压 u_o 的波形失真。将结果填入表 2-10，绘制出不同情况下 u_o 的波形。

表 2-10　静态工作点对输出波形影响的记录表

<table>
<tr><th colspan="2">u_o 波形</th><th>分析判断</th></tr>
<tr><td>R_P 减小</td><td>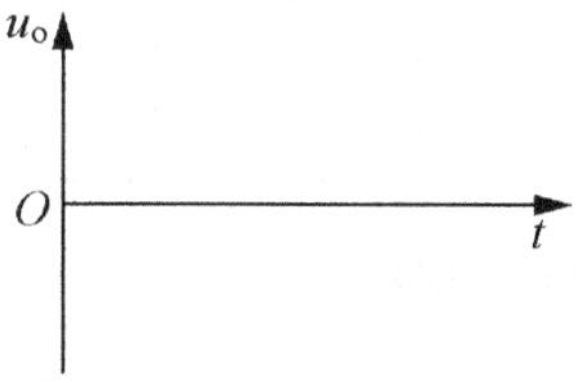</td><td></td></tr>
<tr><td>$U_E=2V$</td><td>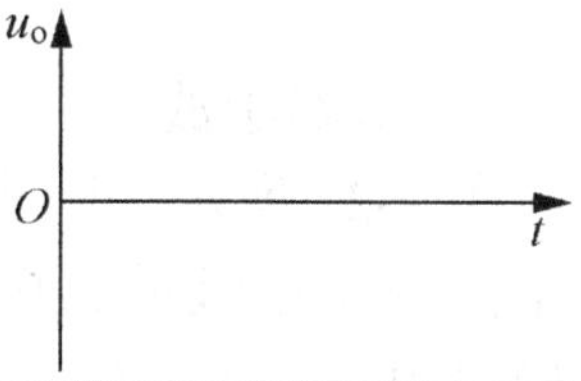</td><td></td></tr>
<tr><td>R_P 增大</td><td>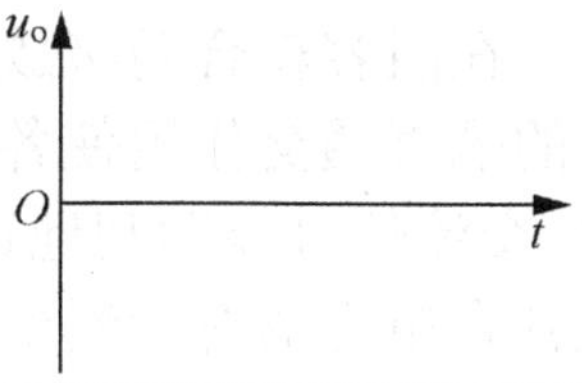</td><td></td></tr>
</table>

5．任务评价

任务评价表见附录 A。

任务三　多级放大电路装配与调试

任务引入

在实际应用中，需要放大的信号往往很微弱，如扩音机从话筒获取的信号仅有几十毫伏，甚至更低，而推动扩音机扬声器的信号需要几十伏，甚至更高，这就要求扩音机达到 10^3 以上的放大倍数，显然仅靠单级放大电路是无法实现的。为提高放大倍数并改善电路的性能指标，实际电路一般都是由几级单级放大电路及它们的改进型电路组合构成的多级放大电路。

任务目标

1. 能辨别多级放大电路的级间耦合方式，并了解各种放大电路的特点。
2. 了解阻容耦合多级放大电路的电压放大倍数、输入电阻、输出电阻的概念。
3. 理解通频带的概念。
4. 能进行多级放大电路（声控闪光灯电路）的装配与调试。

相关知识

图 2-21 所示为多级放大电路的组成框图。输入级和中间级的任务是电压放大，为输出级提供足够大的信号，输出级一般为功率放大电路，驱动负载动作。对放大信号而言，多级放大电路的前一级为后一级的信号源，后一级为前一级的负载，级与级之间的连接及信号传递方式称为耦合。耦合方式一般有阻容耦合、变压器耦合和直接耦合。

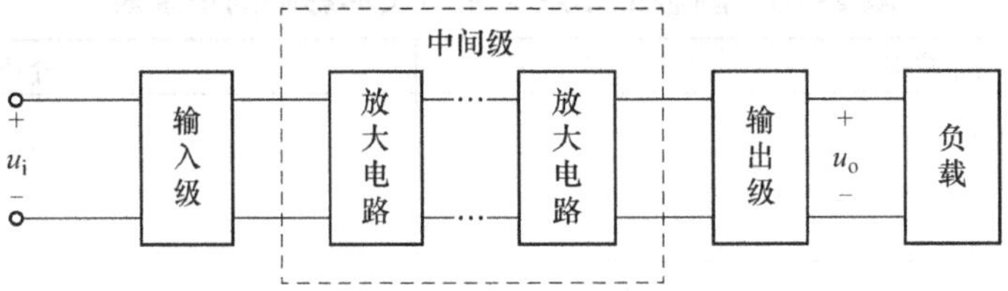

图 2-21　多级放大电路的组成框图

一、阻容耦合多级放大电路

1. 电路组成

图 2-22 所示为阻容耦合两级放大电路，它是由两个单级放大电路通过电容器 C_2 和基极电阻 R_b（R_{b12}// R_{b22}）耦合而成的。

在阻容耦合两级放大电路中，耦合电容器的隔直通交作用使各级静态工作点彼此独立，交流信号能顺利地通过并传输到下一级。但耦合电容器对缓慢变化的信号呈现的容抗较大，只能放大频率较高的交流信号，故该电路也称为交流放大电路。

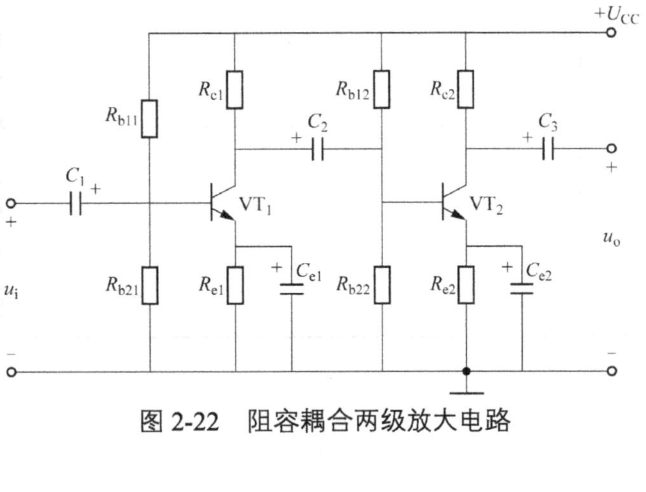

图 2-22　阻容耦合两级放大电路

2．交流性能分析

（1）电压放大倍数。

在图 2-22 所示的阻容耦合两级放大电路中，第一级放大电路的电压放大倍数为

$$A_{u1}=\frac{u_{o1}}{u_i}$$

第二级放大电路的电压放大倍数为

$$A_{u2}=\frac{u_o}{u_{i2}}$$

由于耦合电容器的容量较大，对交流呈现很低的阻抗，故 $u_{o1}\approx u_{i2}$。两级连接后的总电压放大倍数为

$$A_u=\frac{u_o}{u_i}\approx\frac{u_{o1}}{u_i}\cdot\frac{u_o}{u_{i2}}=A_{u1}\cdot A_{u2}$$

以此类推可知，阻容耦合多级放大电路的电压放大倍数为各级电压放大倍数的乘积。

（2）输入电阻 R_i。

多级放大电路的输入电阻就是输入级的输入电阻，即

$$R_i=R_{i1}$$

（3）输出电阻 R_o。

多级放大电路的输出电阻就是输出级的输出电阻，即

$$R_o=R_{on}$$

3．频率特性

放大电路的放大倍数和信号频率之间的关系，叫频率响应，也称为放大电路的频率特性。图 2-23 所示为阻容耦合放大电路的频率响应曲线。

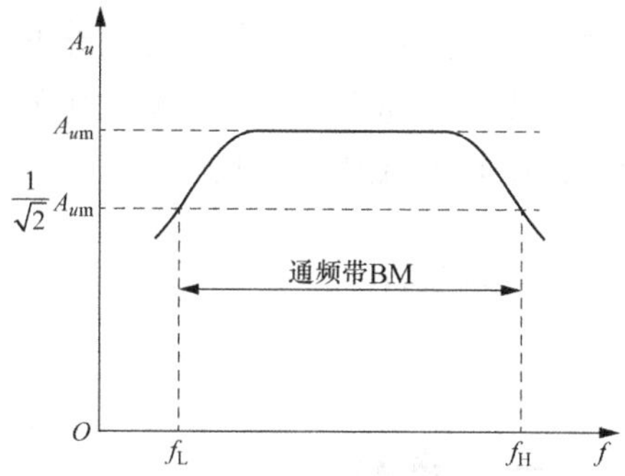

图 2-23　阻容耦合放大电路的频率响应曲线

由图 2-23 可知，中间一段频率所对应的放大倍数基本不变，在这个区段以外，随着频率的上升或下降，放大倍数都将急剧下降。工程上将放大倍数下降到 A_{um} 的 $1/\sqrt{2}$ 时所对应的低端频率称为下限频率 f_L，所对应的高端频率称为上限频率 f_H。f_L 与 f_H 之间的频率范围称为通频带 BM。

引起低频段放大倍数下降的主要原因是极间耦合电容器和旁路电容器的容抗作用使低频段信号受到衰减。引起高频段放大倍数下降的主要原因是三极管内部载流子移动需要一定的时间及结电容和电路分布电容使高频段信号受到衰减。

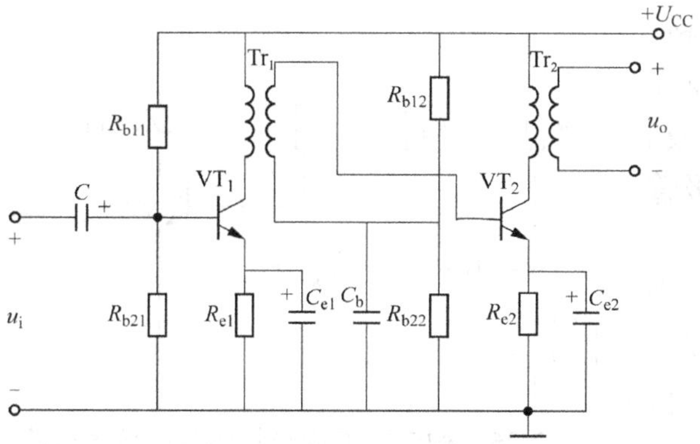

图 2-24　变压器耦合两级放大电路

二、变压器耦合多级放大电路

图 2-24 所示为变压器耦合两级放大电路，两级之间是通过变压器 Tr_1 耦合的。由于变压器的隔直作用，电路各级静态工作点相互独立。对交流信号而言，变压器起着传输作用。变压器还有阻抗匹配作用，即通过变压器将负载电阻变换成放大电路所需要的最佳负载值，使放

大电路获得最大输出功率。变压器耦合多级放大电路不能放大直流和频率很低的信号，另外变压器体积和质量都比较大，不利于集成化。

三、直接耦合多级放大电路

1．电路组成

图 2-25 所示为直接耦合两级放大电路。在直接耦合两级放大电路中，级与级之间既不用电容器，也不用变压器，而是通过导线和电阻、三极管等元器件连接的。

2．电路特点

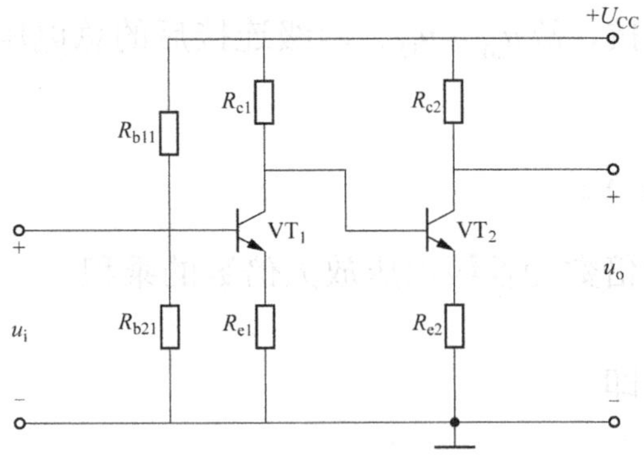

图 2-25　直接耦合两级放大电路

（1）前、后级的静态工作点相互牵制，在电路设计及调整时必须全盘考虑。

（2）存在零点漂移。当输入信号为零时，理论上输出信号应为零。但由于温度变化、电源电压波动及电路参数变化等因素的影响，实际电路输出却存在着缓慢变化的电压，即输出电压偏离静态工作点而上下漂动，这种现象称为零点漂移，简称零漂。为了抑制零漂，通常采用差分放大电路作为直接耦合多级放大电路的输入级。

（3）直接耦合多级放大电路由于没有耦合电容器和变压器，信号直接传输，所以它既能放大交流信号，也能放大直流信号。为区别交流放大电路，直接耦合多级放大电路也称为直流放大电路。

（4）直接耦合多级放大电路因低频特性好，又无大电容器与电感器，便于集成，故通常被应用于集成电路中。

任务操作

多级放大电路装配与调试

一、器材

常用电子组装工具一套，万用表一块，配套元器件若干。

二、操作步骤

1．认识电路

图 2-26 所示为构成声控闪光灯的多级放大电路。该电路由三极管 VT_1 和 VT_2，电阻 R_1、R_2、R_3，发光二极管 LED，耦合电容器 C 及驻极体话筒 BM 组成。三极管 VT_1 和 VT_2，电阻 R_1、R_2、R_3 和发光二极管 LED 构成两级放大电路。

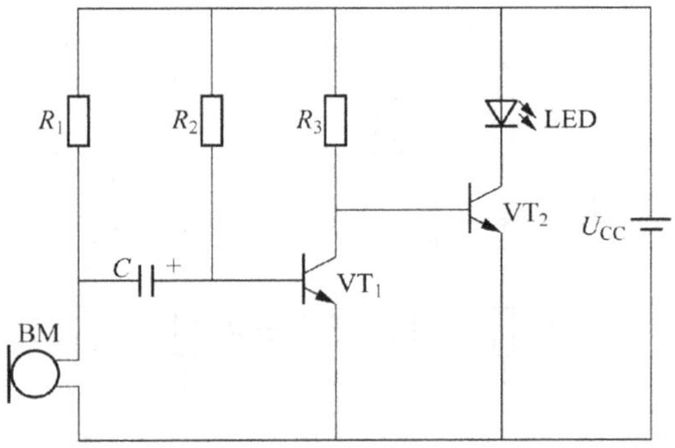

图 2-26　构成声控闪光灯的多级放大电路

驻极体话筒的作用是将声音信号变成电信号。当说话声音较大时，驻极体话筒输出电信号的强度较大，经耦合电容器耦合到三极管 VT_1 的电流放大，再经三极管 VT_2，电流再次放大，于是发光二极管被点亮。当声音较小时，驻极体话筒输出的电信号较弱，发光二极管不被点亮。调整电阻 R_1 的阻值可改变话筒接收声音的灵敏度。

2．元器件的识别与检测

1）元器件的识别

图 2-26 所示构成声控闪光灯的多级放大电路的元器件识别与检测表如表 2-11 所示，对照电路图逐一对元器件进行识别。

表 2-11　构成声控闪光灯的多级放大电路的元器件识别与检测表

符　号	名　称	实　物　图	规　格	检测结果
LED	发光二极管	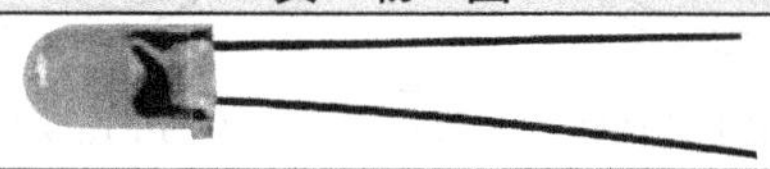	红色 ϕ10mm	正向电阻：
				反向电阻：
R_1	色环电阻		150kΩ	实测值：
R_2			1MΩ	实测值：
R_3			10kΩ	实测值：
C	电解电容器	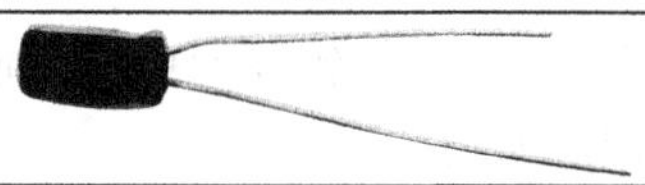	10μF/50V	正、负极性：
				质量：
VT_1、VT_2	三极管		9014	类型：
				引脚排列：
				质量及放大倍数：
BM	驻极体话筒		MIC	正、负极性：
				灵敏度：
U_{CC}	直流电源		3V	

2）元器件的检测

（1）三极管、色环电阻、电解电容器、发光二极管的检测请参阅前文中的相关内容。

① 色环电阻：识读其标称值，并用万用表测量其实际阻值。

② 电解电容器：判断其正、负极，并用万用表检测其质量。

③ 三极管：识别其类型与引脚排列，并用万用表检测其质量。

④ 发光二极管：判断其正、负极，用万用表测量其正、反向电阻并进行质量判断。

（2）驻极体话筒的检测。

驻极体话筒是一种电声换能器，它可以将声能转换成电能。驻极体是一种永久性极化的电介质，利用这种材料制成的电容式传声器称为驻极体电容式传声器，简称驻极体话筒。

驻极体话筒是一种高阻抗器件，不能直接与音频放大器匹配，使用时必须利用阻抗变换，使其输出阻抗呈低阻抗状态，因此需要在话筒内装入一只输入阻抗高、噪声系数小的结型场效应晶体管来实现阻抗变换。

驻极体话筒输出端有两个连接点（如 CZN-15D）和三个连接点（如 CZN-15E）两种形式。输出端有两个连接点的，其外壳、驻极体和结型场效应晶体管的源极 S 相连的一端为接地端，另一个连接点则为漏极 D；输出端有三个连接点的，漏极 D、源极 S 与接地电极分开呈三个连接点。驻极体话筒的符号及接线如图 2-27 所示。

① 输出端有两个连接点的驻极体话筒的检测。

识别正、负极性：与外壳相连的一端为接地端，另一端为漏极 D。

检测质量：将万用表置于“R×1k”挡，黑表笔接在漏极 D 上，红表笔接在接地点上，用嘴向话筒吹气，观察万用表指针的变化情况。若指针不动，则话筒失效；若指针摆动，则话筒正常。摆动幅度越大，说明话筒灵敏度越高。

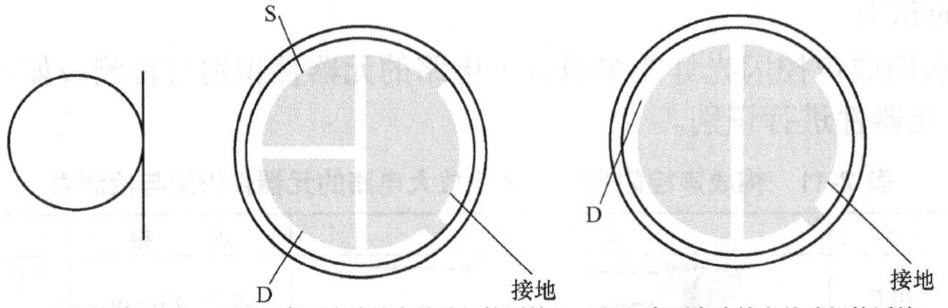

（a）符号　（b）有三个连接点的驻极体话筒　（c）有两个连接点的驻极体话筒

图 2-27　驻极体话筒的符号及接线图

② 输出端有三个连接点的驻极体话筒的检测。

判别非接地点的另两个连接点的极性：将万用表置于“R×1k”挡，两表笔分别接在两连接点上，记下阻值，交换表笔再测一次阻值，两次测量中测得阻值小的一次，黑表笔所接的连接点为源极 S，红表笔所接的连接点为漏极 D。

检测质量：黑表笔接在漏极 D 上，红表笔接源极 S 并同时接地，检测质量的方法同有两个连接点的驻极体话筒一样。

3．电路的制作与调试

1）电路制作

根据图 2-26 所示电路和元器件实物，按工艺要求对元器件的引脚进行成形加工，在通用印制电路板上进行元器件布局，完成电路元器件的插装与焊接，如图 2-28 所示。

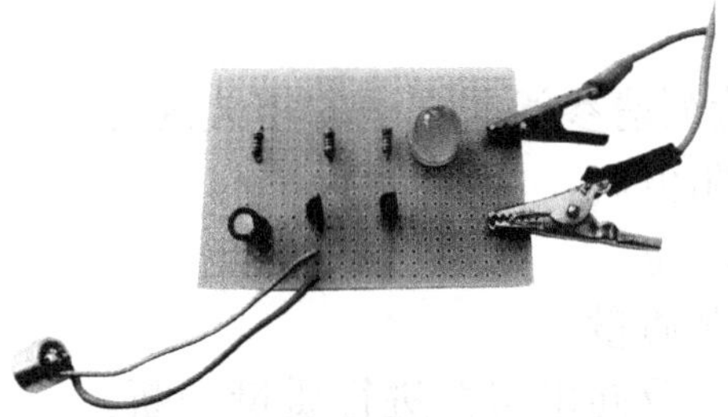

图 2-28　声控闪光灯电路的装接图

① 色环电阻卧式安装，电容器、三极管立式安装。

② 发光二极管立式安装，管底距离印制电路板 6mm ±2mm。

③ 驻极体话筒安装时注意正、负极的安装方向，焊接时间不能过长。

2）电路调试

当电路不能正常工作时，可能出现的故障及对应检查内容如下。

① 发光二极管不亮：发光二极管的极性是否正确；电路是否有未连通之处；三极管 VT_1、VT_2 的引脚排列是否正确；驻极体话筒是否失效。

② 发光二极管亮而不闪：电阻 R_2 的阻值是否偏小；耦合电容器 C 是否击穿。

三、操作记录

1．测试

（1）用万用表测量驻极体话筒中无信号输入时的三极管 VT_1、VT_2 的基极电位和集电极电位。

（2）对着话筒用力吹气或拍手，再次测量三极管 VT_1、VT_2 的基极电位和集电极电位，并观察万用表指针的变化情况，将结果记录在表 2-12 中。

表 2-12　声控闪光灯电路的测试表

测试任务	U_{B1}/V	U_{C1}/V	U_{B2}/V	U_{C2}/V
驻极体话筒无信号输入时				
对着话筒用力吹气或拍手				

2．分析

（1）驻极体话筒无信号输入时，发光二极管 LED 为什么不亮？

（2）对着话筒用力吹气或拍手时，发光二极管 LED 为什么会不停闪亮？

3．任务评价

任务评价表见附录 A。

知识拓展

差分放大电路

为降低前、后级静态工作点的相互影响，克服零漂问题，直流放大电路常采用差分放大电路，如图 2-29 所示，该电路由两个完全对称的单管放大电路组成。由图 2-29 可以看出，静态时输入信号等于零，由于两管对称，集电极电流和集电极电位也相等，即 $I_{C1}=I_{C2}$，$U_{C1}=U_{C2}$，故输出电压 $U_o=U_{C1}-U_{C2}=0V$，静态时输出电压为零。

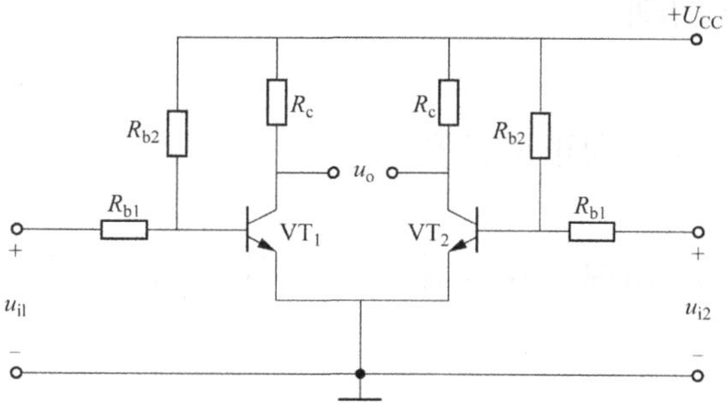

图 2-29　差分放大电路

当温度或电源电压升高时，两管都产生零漂，两管的集电极电流都增大，集电极电位都下降，并且两管的变化量都相等，即 $\Delta I_{C1}=\Delta I_{C2}$，$\Delta U_{C1}=\Delta U_{C2}$，输出电压 $U_o=\Delta U_{C1}-\Delta U_{C2}=0V$，这样就有效地抑制了零漂。

任务四　负反馈放大电路装配与调试

任务引入

放大电路虽然设置了静态工作点，但由于三极管的非线性特征，往往会造成输出电压的非线性失真，为了有针对性地改善这种失真，实际应用中的放大电路都要引入负反馈。

任务目标

1. 了解反馈的概念。
2. 理解负反馈对放大电路性能的影响。
3. 能判断放大电路中反馈的类型。

4. 能进行负反馈放大电路的装配与调试。

相关知识

一、反馈的基本概念

反馈就是将放大电路输出信号（电压或电流）的一部分或全部，通过一定的反馈网络送回到输入端并与输入信号相叠加的过程。反馈放大电路的方框图如图 2-30 所示。

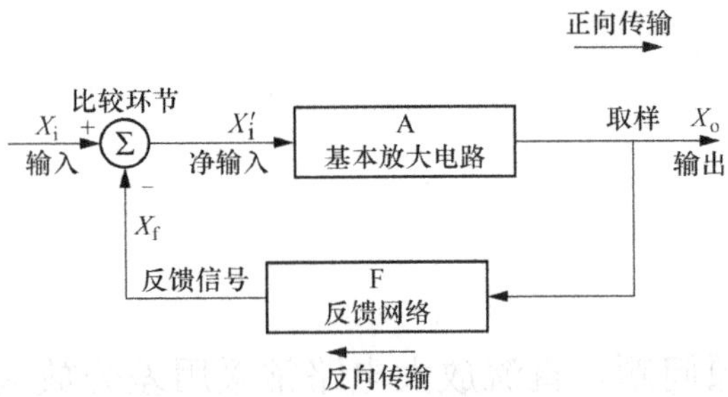

图 2-30　反馈放大电路的方框图

带有反馈的放大电路都包含两部分：基本放大电路和反馈网络。基本放大电路 A 的作用是完成对输入信号的放大，而反馈网络 F 是联系输出端与输入端的环节，反馈网络与基本放大电路构成一个闭环系统。图 2-30 中的 X_i 为输入信号，X'_i 为净输入信号，X_f 为反馈信号，X_o 为输出信号。反馈信号与输入信号在输入端做比较，根据图中“+”“−”极性可知，净输入信号为

$$X'_i = X_i - X_f$$

二、负反馈的类型及判断

1．反馈类型

（1）反馈按极性划分，可分为正反馈和负反馈。

① 负反馈。

反馈信号与输入信号作用相反，使净输入信号减小的反馈为负反馈。负反馈多用于改善放大电路的性能。

② 正反馈。

反馈信号与输入信号作用相同，使净输入信号增加的反馈为正反馈。正反馈多用于振荡电路。

（2）反馈按从输出端取反馈信号的来源划分，可分为电压反馈和电流反馈。

① 电压反馈。

反馈信号取自输出电压，与输出电压成正比的反馈为电压反馈。

② 电流反馈。

反馈信号取自输出电流，与输出电流成正比的反馈为电流反馈。

（3）反馈按反馈网络与输入端的连接方式划分，可分为串联反馈和并联反馈。

① 串联反馈。

反馈网络与放大电路输入端串联，反馈信号以电压比较的形式出现的反馈为串联反馈。

② 并联反馈。

反馈网络与放大电路输入端并联，反馈信号以电流比较的形式出现的反馈为并联反馈。

综上所述，负反馈有四种类型，即电压串联负反馈、电压并联负反馈、电流串联负反馈及电流并联负反馈。

2．反馈类型的判断

（1）电压反馈和电流反馈的判断。

反馈元件直接与输出端相接的是电压反馈，反馈元件间接与输出端相接的是电流反馈。

（2）串联反馈和并联反馈的判断。

反馈元件直接与输入端相接的是并联反馈，反馈元件间接与输入端相接的是串联反馈。

（3）正反馈和负反馈的判断。

判断电路中的反馈极性通常采用瞬时极性法。首先，假设放大电路原输入信号的极性在某一瞬间为“+”或为“−”；然后，根据共射极放大电路输出与输入反相，共基极放大电路和射极输出器输出与输入同相的特点（注意：电容器、电阻等不会改变瞬时极性），推出输出信号的瞬时极性为“+”还是为“−”；最后，判断出反馈信号的瞬时极性与原假设输入信号瞬时极性的关系，判断方法如下。

对于串联反馈：
- 若反馈信号的瞬时极性与原假设输入信号瞬时极性相同，则为负反馈。
- 若反馈信号的瞬时极性与原假设输入信号瞬时极性相反，则为正反馈。

对于并联反馈：
- 若反馈信号的瞬时极性与原假设输入信号瞬时极性相同，则为正反馈。
- 若反馈信号的瞬时极性与原假设输入信号瞬时极性相反，则为负反馈。

按照上述方法，可以判断出分压式偏置共射极放大电路的发射极电阻引入了电流串联负反馈，射极输出器的发射极电阻引入的反馈是电压串联负反馈。

【例 2-4】判断图 2-31 所示电路的反馈类型。

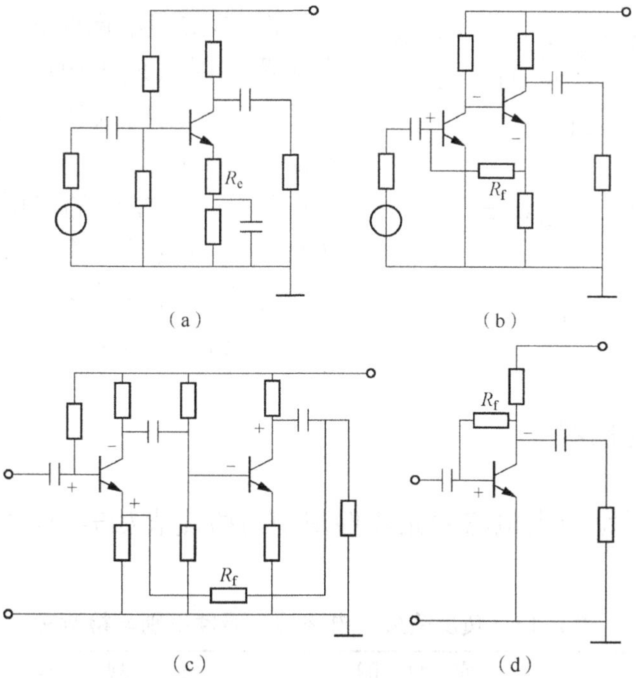

图 2-31　反馈类型的判断

如图 2-31（a）所示，反馈元件为 R_e，图 2-31（b）、图 2-31（c）、图 2-31（d）所示的反馈元件为 R_f 。按照上述方法判断可知，图（a）为电流串联负反馈；图（b）为电流并联负反馈；图（c）为电压串联负反馈；图（d）为电压并联负反馈。

3．负反馈对放大电路性能的影响

放大电路中引入负反馈以后，虽然放大倍数降低了，但是它可以使放大电路的性能得到改善。引入负反馈后，对放大电路的性能有以下影响。

（1）降低放大电路的放大倍数，提高放大电路放大倍数的稳定性。

（2）减小非线性失真。

（3）展宽通频带。

（4）改变输入电阻及输出电阻。

① 串联负反馈使输入电阻增大。

② 并联负反馈使输入电阻减小。

③ 电压负反馈使输出电阻减小。

④ 电流负反馈使输出电阻增大。

任务操作

负反馈放大电路装配与调试

一、器材

常用电子组装工具一套，万用表一块，交流毫伏表一块，双踪示波器一台，实训台（信号源、直流电源）一个，配套元器件若干。

二、操作步骤

1. 认识电路

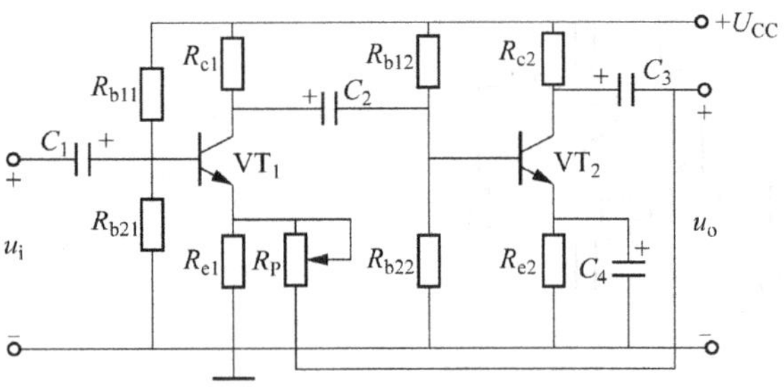

图 2-32　负反馈放大电路

图 2-32 所示的负反馈放大电路由两级分压式偏置共射极放大电路组成。电路中共有三处负反馈：VT_2 发射极接入的电阻 R_{e2} 和交流旁路电容器 C_4 构成直流电流串联负反馈，起稳定静态工作点的作用；VT_1 的发射极接入发射极电阻 R_{e1}，既有交流负反馈又有直流负反馈；R_P 将第二级电路的输出信号反馈到第一级电路的输入回路，引入的是交流电压串联负反馈。放大电路的性能因此得到了很大改善。

2. 元器件的识别与检测

1）元器件的识别

图 2-32 所示的负反馈放大电路的元器件识别与检测表如表 2-13 所示，对照电路图逐一对元器件进行识别。

表 2-13　负反馈放大电路的元器件识别与检测表

符　号	名　称	实　物　图	规　格	检测结果
R_{b11}	色环电阻	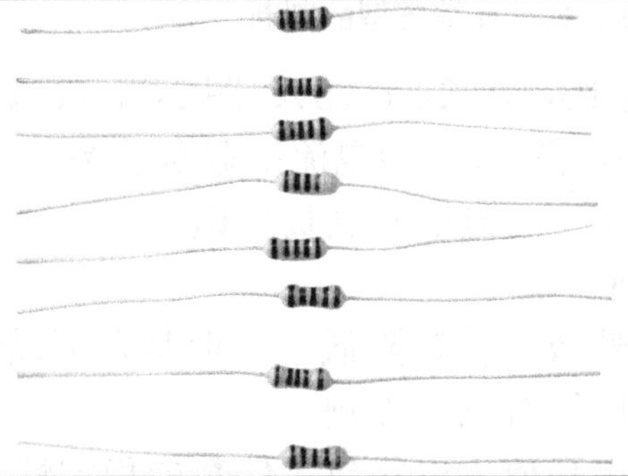	63kΩ	实测值：
R_{b21}			10kΩ	实测值：
R_{c1}			2kΩ	实测值：
R_{e1}			330Ω	实测值：
R_{b12}			63kΩ	实测值：
R_{b22}			10kΩ	实测值：
R_{c2}			2kΩ	实测值：
R_{e2}			470Ω	实测值：

续表

符　号	名　称	实 物 图	规　格	检测结果
R_P	微调电位器		10kΩ	实测值：
				质量：
C_1、C_2、C_3	电解电容器		10μF/16V	正、负极性：
				质量：
C_4			47μF/50V	正、负极性：
				质量：
VT_1、VT_2	三极管	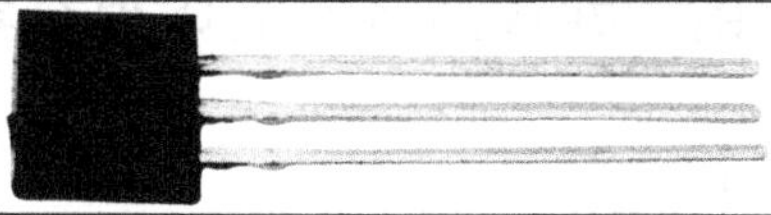	9014	类型：
				引脚排列：
				质量及放大倍数：

2）元器件的检测

三极管、色环电阻、电解电容器的检测请参阅前文中的相关内容。

① 色环电阻：识读其标称值，并用万用表测量其实际阻值。

② 电解电容器：判断其正、负极，并用万用表检测其质量。

③ 三极管：识别其类型与引脚排列，并用万用表检测其质量。

④ 微调电位器：用万用表测量其实际阻值，并检测其质量。

3. 电路的制作与调试

1）电路制作

根据图 2-32 所示电路和元器件实物，在通用印制电路板上进行元器件布局，按工艺要求对元器件的引脚进行成形加工，完成电路元器件的插装与焊接，如图 2-33 所示。

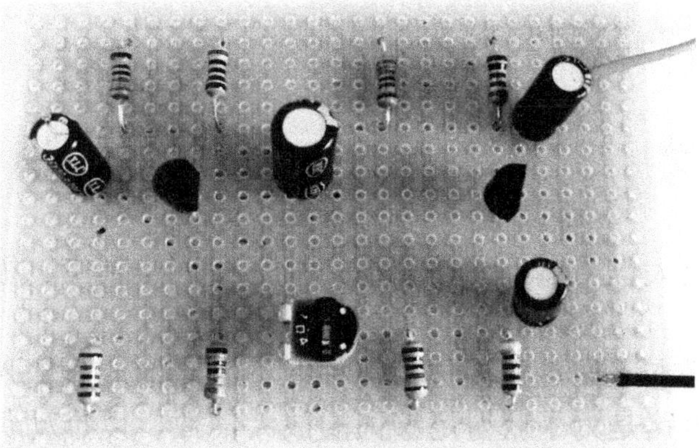

图 2-33　负反馈放大电路的装接图

2）电路调试

电路装接完毕，检查无误后，接通 12V 电源。输入频率为 1kHz，电压为 10mV 的正弦信号 u_i，用双踪示波器观察输出电压 u_o 的波形是否失真。可能出现的情况及检查内容如下。

① 无信号输出。检查信号源、双踪示波器探头的连接是否可靠；直流供电电压是否正常；测量三极管各电极的工作点电压，判断故障部位。

② 输出信号产生非线性失真。测量三极管各电极的工作点电压，判断三极管是否工作在放大区；观察输出电压的波形，主要检查电解电容器是否漏电。

三、操作记录

1．观察负反馈对放大倍数的影响

（1）移除 R_P，接通 12V 直流电源。

（2）输入 f = 1kHz，U_i = 10mV 的正弦信号 u_i，用双踪示波器观察输出电压 u_o 的波形。

（3）逐渐增加低频输入的正弦信号，当输出波形达到最大不失真时，记下输入电压值，用交流毫伏表测量 U_o 值。

（4）接入 R_P，将阻值调至最大（10kΩ），观察输出电压的波形，测量 U_o 值。

2．观察负反馈对非线性失真的影响

（1）保持上述输入信号不变，再次移除 R_P，观察输出电压的波形。

（2）保持上述输入信号不变，接入 R_P，并逐渐减小其阻值至零，观察输出电压波形的变化。

将测量数据和观察结果记录在表 2-14 中。

表 2-14　负反馈对放大电路性能的影响测量记录表

电路状态	无 R_P（输出最大不失真时）	接入 R_P = 10kΩ	移除 R_P	接入 R_P，由 10kΩ 逐渐减小至零
U_i/mV		不变	不变	不变
U_o/mV			—	—
u_o 波形	u_o O t	u_o O t	u_o O t	u_o O t
结论分析				

3．任务评价

任务评价表见附录 A。

自我检测

1．判断题

（1）三极管的电流放大作用体现为用较小的基极电流控制集电极的大电流信号。（　　）

（2）无论放大电路静态工作点设置与否，都能不失真地放大输入信号。（　　）

（3）采用多级放大电路是为了获得足够大的放大倍数，以推动负载工作。（　　）

（4）交流负反馈可以改善放大电路的性能，但也会使放大倍数降低。（　　）

（5）共集电极放大电路又称为射极输出器，输入电流为 I_B，输出电流为 I_C。（　　）

（6）解决饱和失真的方法是提高静态工作点 Q。（　　）

2．选择题（单选，将正确的选项填在括号内）

（1）三极管要想工作在放大状态，必须使（　　）。

A．发射结反偏、集电结反偏　　B．发射结反偏、集电结正偏

C．发射结正偏、集电结反偏　　D．发射结正偏、集电结正偏

（2）共射极放大电路输出电压与输入电压的相位关系是（　　）。

A．同相　　B．反相　　C．不确定　　D．垂直

（3）能够克服零漂的电路是（　　）。

A．差分放大电路　　B．阻容耦合多级放大电路

C．变压器耦合多级放大电路　　D．共射极放大电路

（4）在输入信号不变的情况下，电路引入负反馈会使（　　）。

A．输入电阻增大　　B．净输入信号增大

C．输出信号减小　　D．输出信号增大

3．填空题

（1）三极管的三个电极分别为（　　）、（　　）和（　　），其三个工作区域分别为（　　）、（　　）和（　　）。

（2）耦合电容器具有（　　）的作用，隔断（　　）与放大电路之间、放大电路与（　　）之间的直流通道，使（　　）顺利通过。

（3）放大电路中温度的变化会影响三极管的工作状态，容易造成（　　）偏移，使电路工作（　　），甚至（　　）工作，因此必须设法稳定三极管的静态工作点。

（4）多级放大电路中级与级之间的连接方式称为耦合。耦合方式有（　　）、（　　）和（　　）。

项目三 常用放大电路

任务一 比例运算放大电路装配与调试

任务引入

前文中讲述的电子电路主要是分立元件电路，随着电子技术的发展，集成电路的出现使电子技术得到了极大的提升。集成电路是将电路元器件和连接导线制作在同一块半导体基片上，具有某种功能的整体电路。集成运算放大器简称集成运放或运放，是一种内部为直接耦合的、高电压放大倍数的集成电路，在发展初期主要用于数学运算。现在，集成运放作为通用器件，已成为能实现信号放大、有源滤波、波形发生和信号处理等多种功能的重要器件。

任务目标

1. 了解集成运放的性能特点。
2. 理解各种运算电路的组成及应用。
3. 能进行比例运算放大电路的装配与调试。

相关知识

一、集成运放的基本结构与符号

集成运放实际上是一个高增益并且带有深度负反馈的直接耦合多级放大电路，主要由输入级、中间级、输出级和偏置电路组成，其组成框图及图形符号如图 3-1 所示。

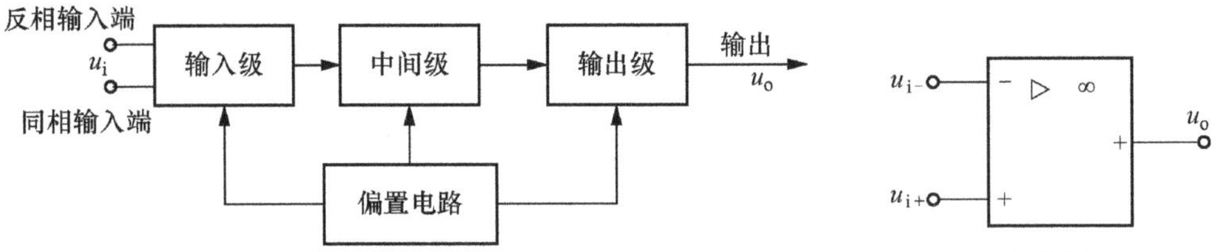

（a）组成框图　（b）图形符号

图 3-1 集成运放电路的组成框图及图形符号

1．输入级

为增大输入电阻，减小零漂，输入级一般采用差分放大电路。它有同相和反相两个输入端。反相输入端用“-”表示，输出信号与该端输入信号的相位相反，同相输入端用“+”表示，输出信号与该端输入信号的相位相同。

2．中间级

集成运放主要依靠中间级进行电压放大，要求中间级具有一定的放大倍数，一般由一到两级共射极放大电路组成，其放大倍数可达几千以上。

3．输出级

为减小输出电阻，提高输出功率和带负载能力，输出级一般由射极输出器或推挽电路组成，同时设有过电流保护电路。

4．偏置电路

偏置电路由恒流源或恒压源组成，其作用是为各级放大电路设置合适的静态工作点。

在实际应用中，集成运放除有输入端和输出端外，还有电源端，有些集成运放还有调零端和相位补偿端。

二、集成运放的理想特性

1．理想集成运放的概念

在分析集成运放的各种实用电路时，为了简化分析，通常将集成运放理想化。理想的集成运放具备下列特性。

（1）开环电压放大倍数 $A_{uo}\to\infty$。

（2）输入电阻 $R_i\to\infty$。

（3）输出电阻 $R_o\to 0$。

（4）频带宽度 BW 从 $0\to\infty$。

（5）零漂为零。

2．理想集成运放的两个重要结论

利用理想集成运放的参数，可以得出两个重要结论：虚短与虚断。

（1）虚短：两输入端电位相等，即 $u_{I+}=u_{I-}$。

对于理想集成运放，由于 $A_{uo}\to\infty$，而输出电压为有限值，故

$$u_{I+}-u_{I-}=\frac{u_o}{A_{uo}}=0\,\mathrm{V}$$

即

$$u_{I-}=u_{I+}$$

两输入端之间相当于短路，但又不是真正的短路，故称为“虚短”。

（2）虚断：两输入端的电流均为零，即 $i_I=0\mathrm{A}$。

因为理想集成运放两输入端电压相等（$u_{I+}=u_{I-}$），且 $R_i\to\infty$，所以两输入端的电流也为零，集成运放两输入端之间相当于开路，但又不是真正的开路，故称为“虚断”。

三、集成运放的线性应用

1．反相比例运算放大电路

图 3-2 所示为反相比例运算放大电路。输入电压 u_i 通过 R_1 接入反相输入端，输出电压 u_o 通过反馈电阻 R_f 反馈到反相输入端，构成深度电压并联负反馈，以保证集成运放的线性工作状态。同相输入端经 R_2 接地，为消除偏置电路带来的误差，取 $R_2=R_1/\!/R_f$。

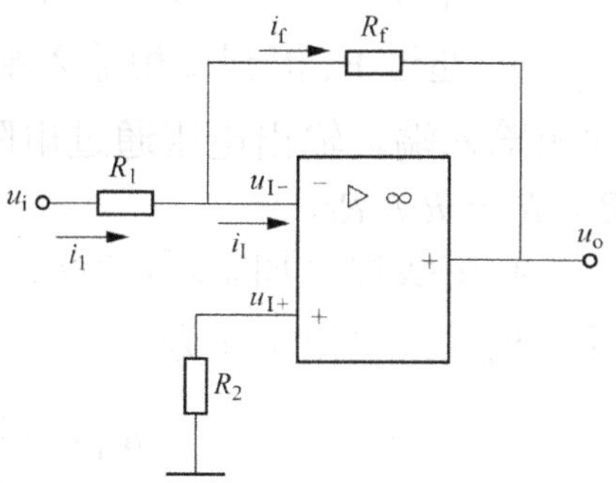

图 3-2　反相比例运算放大电路

根据虚断（$i_I=0\mathrm{A}$）的概念可知，通过 R_2 的电流为零，则 $u_{I+}=0\,\mathrm{V}$；

根据虚短（$u_{I-}=u_{I+}$）的概念可知，$u_{I-}=u_{I+}=0\,\mathrm{V}$。集成

运放的两个输入端对地电位都为零，但它们并没有接地，故称为“虚地”。

根据$i_I=0A$，$u_{I-}=u_{I+}=0V$可知，$i_1=i_f$，$i_1=\frac{u_i}{R_1}$和$i_f=-\frac{u_o}{R_f}$。

则输出电压为

$$u_o=-\frac{R_f}{R_1}u_i$$

电压放大倍数为

$$A_u=\frac{u_o}{u_i}=-\frac{R_f}{R_1}$$

式中，负号表示输出电压u_o与输入电压u_i反相。只要选取合适的R_f和R_1，就能方便地决定集成运放的电压放大倍数。当$R_f=R_1$时，$-R_f/R_1=-1$，则$u_o=-u_i$，输出电压与输入电压大小相等，相位相反，此时集成运放又称为反相器。

2. 同相比例运算放大电路

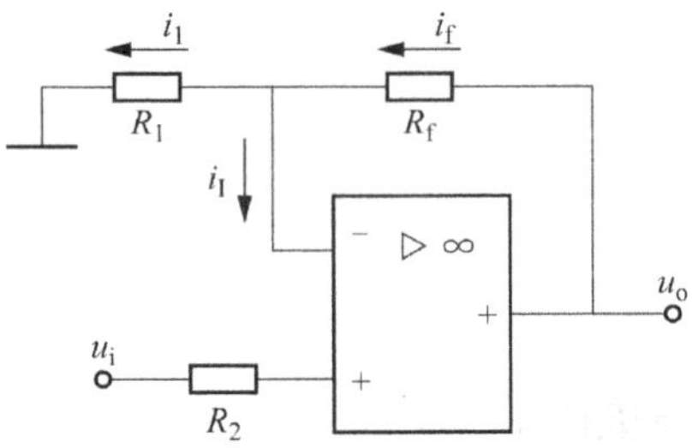

图 3-3　同相比例运算放大电路

如图 3-3 所示，同相比例运算放大电路的输入电压u_i通过R_2接入同相输入端，输出电压u_o通过反馈电阻R_f反馈到反相输入端，该电路是电压串联负反馈电路。为保证平衡，取$R_2=R_1//R_f$。

利用虚短的概念，则

$$u_{I-}=u_{I+}=u_i$$

利用虚断（$i_I=0A$）的概念，则$i_1=i_f$，即

$$\frac{u_i-0}{R_1}=\frac{u_o-u_i}{R_f}$$

输出电压为

$$u_o=\left(1+\frac{R_f}{R_1}\right)u_i$$

电压放大倍数为

$$A_u=\frac{u_o}{u_i}=\left(1+\frac{R_f}{R_1}\right)$$

可见，输出电压u_o与输入电压u_i同相，且u_o大于u_i，即电压放大倍数$A_u>1$。

3. 差分运算电路

在图 3-4 所示的差分运算电路中，有两个输入信号u_{i1}和u_{i2}，u_{i1}通过R_1接到反相输入端，u_{i2}通过R_2和R_3分压接到同相输入端，输出电压通过电阻R_f反馈到反相输入端，且$R_2//R_3=R_1//R_f$。

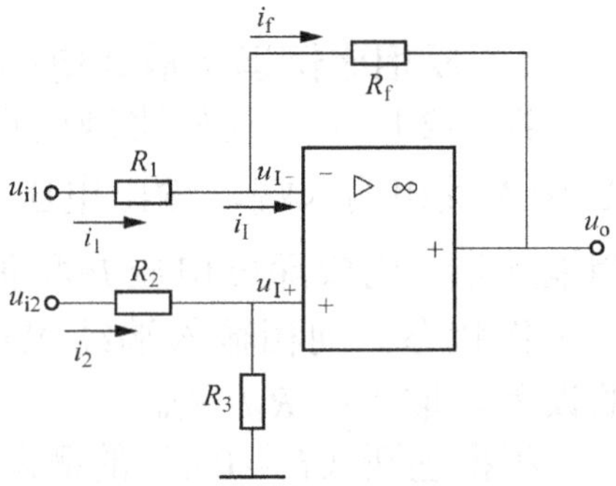

图 3-4　差分运算电路

利用线性叠加定理，当u_{i1}单独作用时，u_{i2}=0V，电路为反相输入，输出电压为

$$u_{o1}=-\frac{R_f}{R_1}u_{i1}$$

当u_{i2}单独作用时，$u_{i1}=0V$，电路为同相输入，根据虚断的概念，$i_I=0A$，则

$$u_{I+}=\frac{R_3}{R_2+R_3}u_{i2}$$

输出电压为

$$u_{o2}=\left(1+\frac{R_f}{R_1}\right)\frac{R_3}{R_2+R_3}u_{i2}$$

当u_{i1}、u_{i2}共同作用时，电路的输出电压为

$$u_o=-\frac{R_f}{R_1}u_{i1}+\left(1+\frac{R_f}{R_1}\right)\frac{R_3}{R_2+R_3}u_{i2}$$

如果$R_1=R_2$，$R_3=R_f$，则电路的输出电压为

$$u_o=\frac{R_f}{R_1}(u_{i2}-u_{i1})$$

差分运算电路可以实现减法运算，当$R_1=R_2=R_3=R_f$时，输出电压为

$$u_o=u_{i2}-u_{i1}$$

任务操作

反相比例运算放大电路装配与调试

一、器材

常用电子组装工具一套，万用表一块，交流毫伏表一块，双踪示波器一台，实训台（信号源、直流电源）一个，配套元器件若干。

二、操作步骤

1. 认识电路

图 3-5 所示为反相比例运算实训电路。集成运放 CF741 有 8 个引脚，其中 7 脚为正电源端，4 脚为负电源端，2 脚为反相输入端，3 脚为同相输入端，6 脚为输出端，1、5 脚为调零端，8 脚为空脚。微调电位器的作用是当输入信号为零时，若输出不为零，可通过调节微调电位器使输出信号为零。

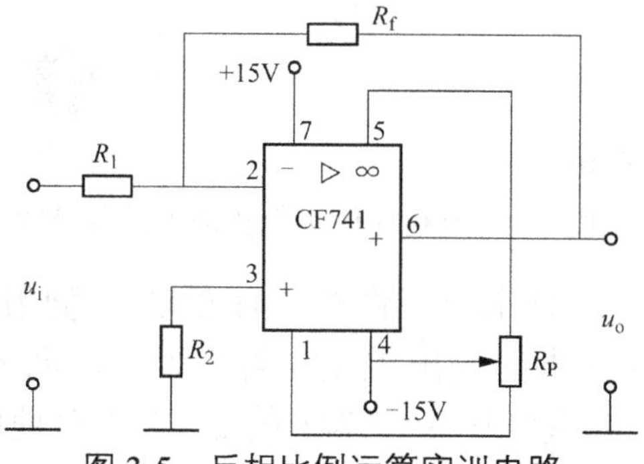

图 3-5　反相比例运算实训电路

2. 元器件的识别与检测

1）元器件的识别

图 3-5 所示反相比例运算实训电路的元器件识别与检测表如表 3-1 所示，对照电路图逐一对元器件进行识别。

表 3-1　反相比例运算实训电路的元器件识别与检测表

符　号	名　称	实　物　图	规　格	检测结果
R_1	色环电阻		10kΩ	实测值：
R_2、R_f			100kΩ	实测值：

续表

符　号	名　称	实 物 图	规　格	检测结果
R_P	微调电位器	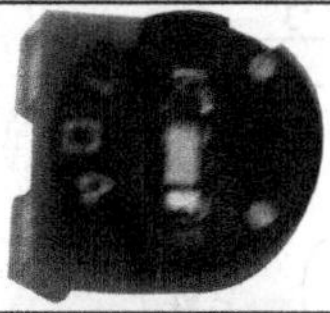	10kΩ	实测值： 质量：
IC	集成运放		CF741	引脚排列与功能：
	集成运放插座		8 孔	
U_{CC}	直流电源		±15V	

2）元器件的检测

色环电阻和微调电位器的检测请参阅前文中的相关内容。

① 色环电阻：识读其标称值，并用万用表测量其实际阻值。

② 微调电位器：用万用表测量其实际阻值，并检测其质量。

③ CF741：正确识别 CF741 引脚的排列及各引脚的功能。

图 3-6　反相比例运算实训电路装接图

3. 电路的制作与调试

1）电路制作

根据图 3-5 所示反相比例运算实训电路和元器件实物，按工艺要求在通用印制电路板上进行元器件布局，对元器件的引脚进行成形加工，完成电路元器件的插装与焊接，如图 3-6 所示。其中，集成运放采用插座安装，插座紧贴印制电路板。

2）电路调试

电路装接完毕，检查无误后，接通±15V 电源，进行电路调试。

① 调零：将 CF741 的 2、3 脚用导线对地短路，用万用表测量或用双踪示波器观测 CF741 的 6 脚的输出电压，若不为零，调节微调电位器 R_P 的阻值，使输出电压 $U_o = 0V$。

② 去除 CF741 的 2、3 脚对地的导线，在反相输入端输入一定大小（如 20mV）的交流电压信号，通过万用表或双踪示波器观察输出信号，若信号被放大，则说明电路工作正常。

三、操作记录

1. 测试

（1）在反相输入端输入 $f = 1kHz$ 的交流电压信号 u_i，使其电压依次为 20mV、40mV、60mV，用双踪示波器观察对应输出电压 u_o 的波形，用交流毫伏表依次测量出对应的输出电压 U_o 的值。

（2）在反相输入端输入直流电压信号 U_i，使其电压依次为 0.2V、0.4V、0.6V，用万用表依次测量出对应输出电压 U_o 的值。

将测量数据或观察结果记录在表 3-2 中，与计算值进行比较。

表 3-2　反相比例运算实训电路的测量记录表

输入交流信号		20mV	40mV	60mV
输出交流信号	计算值			
	实测值			
输入直流信号		0.2V	0.4V	0.6V
输出直流信号	计算值			
	实测值			

2. 分析

（1）集成运放为什么既能放大直流信号，又能放大交流信号？

（2）集成运放为什么要调零？调零时为什么将输入端对地短路？

3. 任务评价

任务评价表见附录 A。

任务操作

同相比例运算放大电路装配与测试

一、器材

常用电子组装工具一套，万用表一块，交流毫伏表一块，双踪示波器一台，实训台（信号源、直流电源）一个，配套元器件若干。

二、操作步骤

1. 认识电路

图 3-7 所示为同相比例运算实训电路。

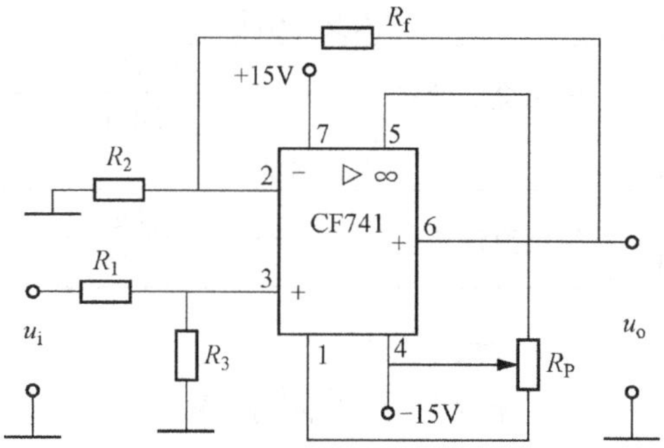

图 3-7　同相比例运算实训电路

2. 元器件的识别与检测

图 3-7 所示同相比例运算实训电路的元器件识别与检测表如表 3-3 所示，对照电路图逐一对元器件进行识别检测。

表 3-3　同相比例运算电路的元器件识别与检测表

符　号	名　称	实　物　图	规　格	检测结果
R_1、R_2、R_3、R_f	色环电阻		100kΩ	实测值：
R_p	微调电位器	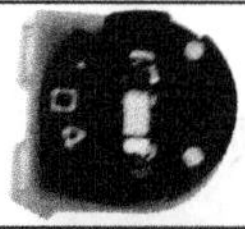	10kΩ	实测值： 质量：
IC	集成运放		CF741	引脚排列与功能：
	集成电路插座		8 孔	
U_{CC}	直流电源		±15V	

3．电路的制作与调试

根据图 3-7 所示同相比例运算实训电路和元器件实物，按工艺要求在通用印制电路板上进行元器件布局，完成电路元器件的插装与焊接，如图 3-8 所示。电路的调试方法与反相比例运算实训电路一致。

三、操作记录

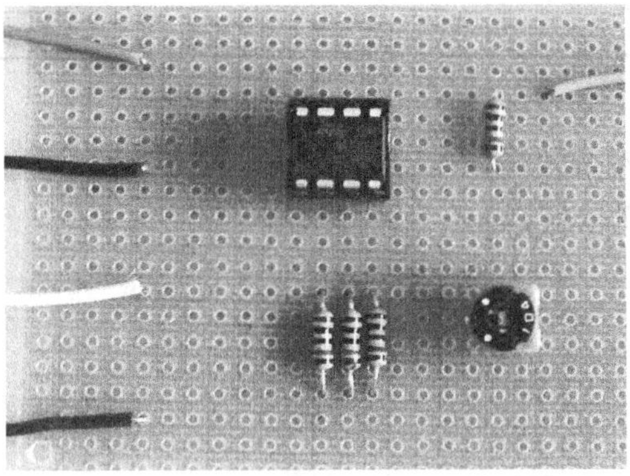

图 3-8　同相比例运算电路的装接图

1．测试

电路正常工作后，按要求完成对电路的测试，并将测量数据或观察结果记录在表 3-4 中，与计算值进行比较。

（1）在同相输入端输入 $f = 1\text{kHz}$ 的交流电压信号 u_i，使其电压依次为 20mV、40mV、60mV，用双踪示波器观察对应输出电压 u_o 的波形，用交流毫伏表依次测量出对应输出电压 U_o 的值。

（2）在同相输入端输入直流电压信号 U_i，使其电压依次为 0.2V、0.4V、0.6V，用万用表依次测量出对应输出电压 U_o 的值。

表 3-4　同相比例运算实训电路的测量记录表

输入交流信号		20mV	40mV	60mV
输出交流信号	计算值			
	实测值			
输入直流信号		0.2V	0.4V	0.6V
输出直流信号	计算值			
	实测值			

2．任务评价

任务评价表见附录 A。

知识拓展

1．加法运算电路

图 3-9 所示为有两个输入端的加法运算电路。输入电压 u_{i1}、u_{i2} 分别通过 R_1 和 R_2 同时接到反相输入端，反馈电阻 R_f 将输出电压 u_o 引回反相输入端。为保证两输入端平衡，取 $R = R_1 // R_2 // R_f$。

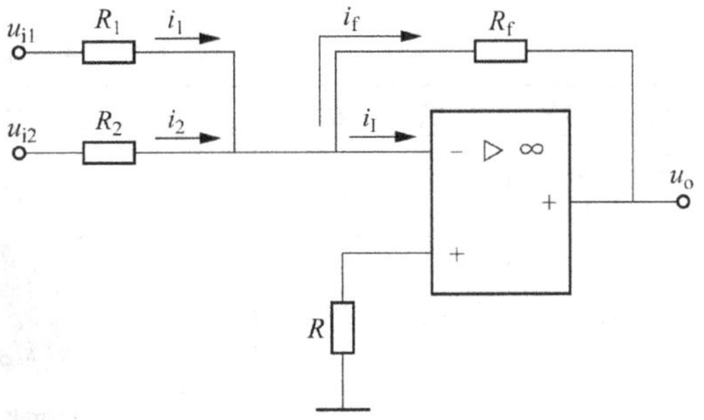

图 3-9　加法运算电路

利用线性叠加定理，当 u_{i1} 单独作用时，$u_{i2} = 0\text{V}$，则

$$u_{o1} = -\frac{R_f}{R_1}u_{i1}$$

同样，当 u_{i2} 单独作用时，$u_{i1} = 0\text{V}$，则

$$u_{o2} = -\frac{R_f}{R_2}u_{i2}$$

当 u_{i1}、u_{i2} 共同作用时，电路的输出电压为

$$u_o = u_{o1} + u_{o2} = -\frac{R_f}{R_1}u_{i1} - \frac{R_f}{R_2}u_{i2}$$

当 $R_1 = R_2 = R_f$ 时，$u_o = -(u_{i1} + u_{i2})$，实现求和运算，负号表示输出电压与输入电压的相位相反。

2. 电压跟随器

将图 3-3 所示同相比例运算放大电路中的 R_1 开路，得到图 3-10 所示的电路，由于 $R_1 \to \infty$，所以 $u_o = u_i$，该电路称为电压跟随器。因为该电路输入阻抗高、输出阻抗低，故应用极为广泛，常作为阻抗变换器和缓冲器使用。

3. 集成运放的使用常识

（1）集成运放的调零。

集成运放调零的作用是保证集成运放在零输入时实现零输出。当选用的集成运放有调零端时，应查阅产品说明书，按接线图正确连接调零电位器进行调零。

（2）集成运放的保护。

为避免集成运放在使用过程中因误操作被损坏，需要增加保护电路。

① 输入保护。

为防止输入电压过高造成集成运放被损坏，可以在输入端接入限幅保护电路，图 3-11 所示为反相输入保护电路。两个二极管 VD_1、VD_2 和电阻 R_1 构成限幅保护电路，集成运放输入电压的幅度被限制为二极管的正向压降。

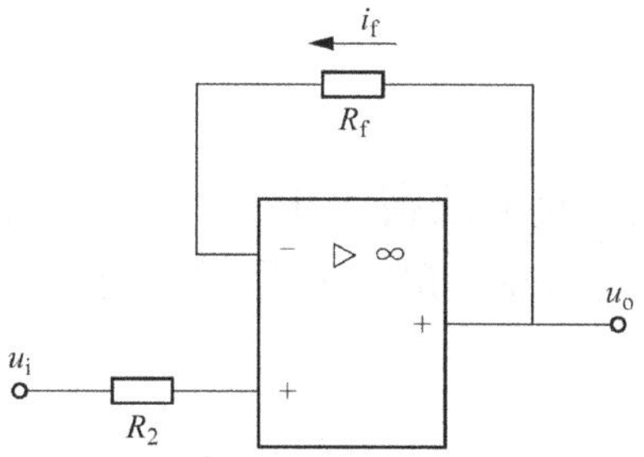

图 3-10　电压跟随器

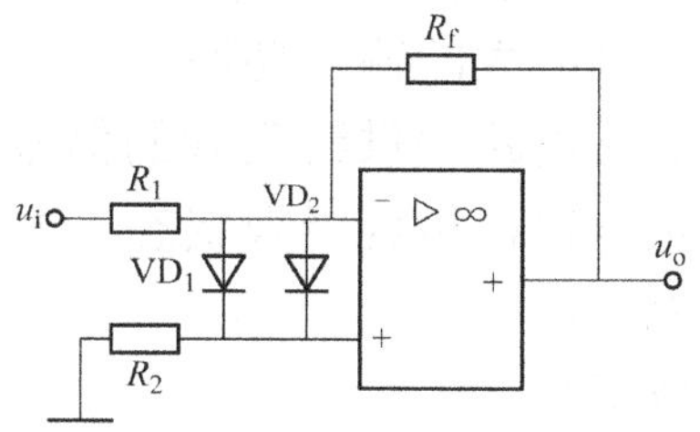

图 3-11　反相输入保护电路

② 输出保护。

为防止输出端接入外部过高的电压造成集成运放被损坏，可以在输出端接入双向稳压二极管，如图 3-12 所示。

③ 电源端反接保护。

图 3-13 所示为利用二极管的单向导电性构成的电源端反接保护电路。一旦电源接反，二极管 VD_1、VD_2 就反向截止，切断电源，防止集成运放被损坏。

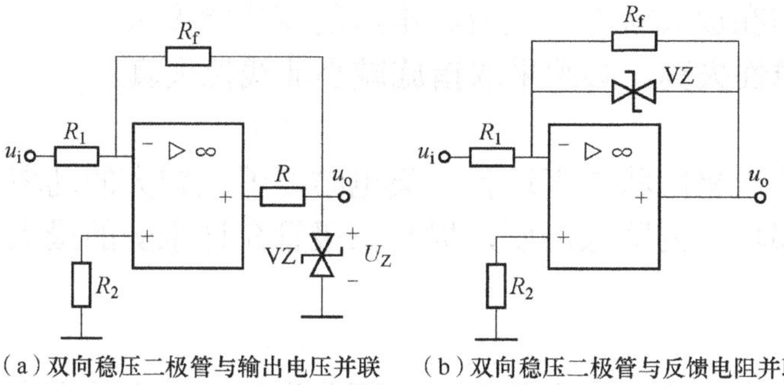

（a）双向稳压二极管与输出电压并联　（b）双向稳压二极管与反馈电阻并联

图 3-12　输出端保护电路

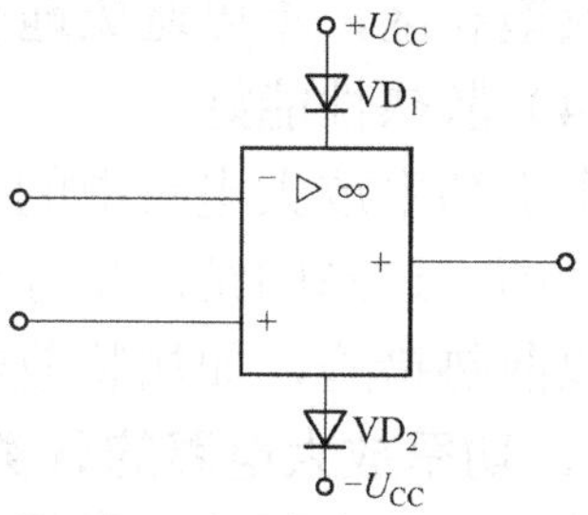

图 3-13　电源端反接保护电路

任务二　OTL 电路装配与调试

任务引入

在实际应用中，往往需要放大电路输出信号具有足够大的功率以驱动负载工作（如控制电动机转动、扬声器发声、继电器动作、数据或图像显示、信号发射和传输等），即要求放大电路的输出电压和输出电流都要大。为区别前文讲述的不失真地放大电压信号的放大电路，把这种向负载提供尽可能大的输出功率的放大电路称为功率放大电路，简称功放。

任务目标

1. 了解功率放大电路的性能要求和分类。
2. 理解 OTL、OCL 电路的构成特点和工作原理。
3. 能进行 OTL 电路的装配与调试。

相关知识

一、功率放大电路的要求和分类

1. 功率放大电路的基本要求

（1）尽可能大的输出功率。

功率放大电路提供给负载的信号功率称为输出功率。为了获得足够大的输出功率，三极管的工作状态往往接近极限状态，即最大集电极电流接近 I_{CM}，最大管压降接近 U_{CEO}，耗散功率接近 P_{CM}。

（2）效率高。

功率放大电路的最大输出功率与电源提供的功率的百分比称为效率η，即

$$\eta = \frac{P_o}{P_u} \times 100\%$$

在功率放大电路中，直流电源提供的能量在转换成交流电能传送给负载的过程中，会有一部分消耗在电路元器件上。因此，在输出功率一定的情况下，减小直流电源的功耗，就能提高电路的效率。

（3）非线性失真小。

由于功率放大电路中的三极管工作在放大状态，电流、电压的变化幅度大，一旦进入截止区或饱和区，不可避免地会产生非线性失真，必须采取措施减小非线性失真。

（4）散热性能好。

由于功率放大电路中的三极管在接近极限状态下运行，集电结要消耗较大的功率，造成结温升高，过高的结温将导致三极管损坏。为降低温度，提高三极管允许承受的最大管耗，应采取散热措施，如加装散热器等。

2. 功率放大电路的分类

功率放大电路的种类很多，根据静态工作点的不同划分，可分为甲类功率放大电路、乙

类功率放大电路和甲乙类功率放大电路三种。

（1）甲类功率放大电路。

三极管的静态工作点设置在放大区的中间，在输入信号的整个周期内都处于放大状态，输出波形无失真，对应图 3-14（a）中的 Q 点，波形如图 3-14（c）所示。甲类功率放大电路由于静态电流大，所以效率较低，最高只能达到 50%。

（2）乙类功率放大电路。

三极管的静态工作点设置在放大区和截止区的交界处，在输入信号的正半周，三极管工作在放大区；在输入信号的负半周，三极管工作在截止区。放大电路只有半波输出，对应图 3-14（a）中的 Q'点，波形如图 3-14（d）所示。这种电路几乎没有静态电流，效率大大提高，最高可达 78.5%。乙类功率放大电路在使用中，采用两个互补对称的三极管组合交替工作，但输出信号会产生交越失真。

（3）甲乙类功率放大电路。

三极管的静态工作点设置于放大区和截止区之间（略偏于放大区），三极管处于微导通状态，工作在放大区的时间略大于半个周期，波形失真程度和效率介于上述两类功率放大电路之间，对应图 3-14（a）中的 Q″点，波形如图 3-14（e）所示。甲乙类功率放大电路在实际使用中，采用两个互补对称的三极管组合交替工作，输出完整的信号，在实用功率放大电路中应用广泛。

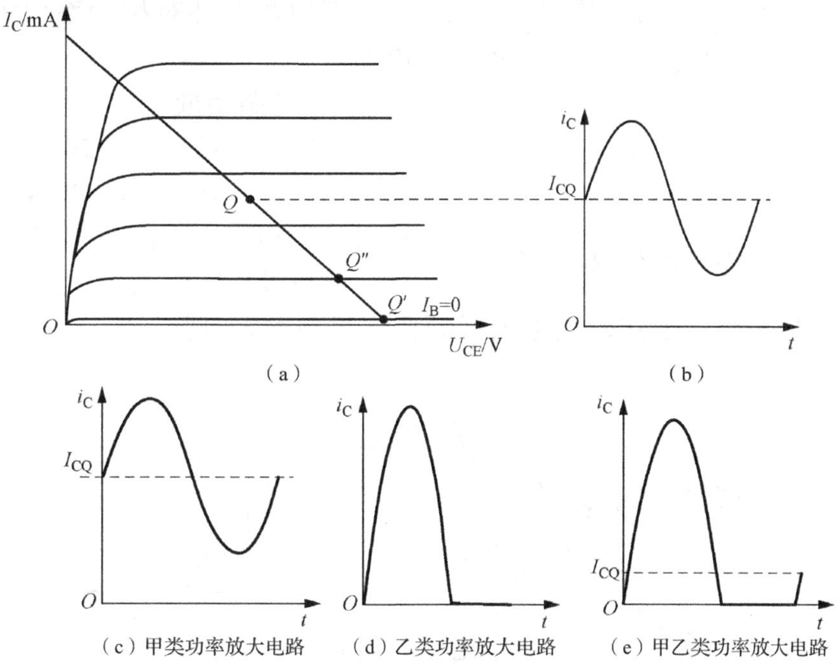

图 3-14　功率放大电路静态工作点设置及波形

按功率放大电路输出特点的不同，功率放大器分为变压器耦合功率放大器和无变压器耦合功率放大器。变压器耦合功率放大器能实现阻抗匹配，使负载获得最大的输出功率，但变压器具有铁芯，难以集成，现多采用无变压器耦合功率放大器。

二、OTL 电路

无变压器单电源互补对称功率放大电路简称 OTL 电路。

1. 电路组成

OTL 电路的基本结构如图 3-15 所示。图中 VT_1 为 NPN 型管，VT_2 为 PNP 型管，它们的特性对称。在电路形式上，两管都构成射极输出器，输出端经耦合电容器 C 与负载 R_L 连接。

2. 原理

静态时，由于 VT_1、VT_2 特性对称，A、B 点的电位均为 $U_{CC}/2$，两管都截止，在输出端耦合电容器 C 的隔直作用下，输出电压为零。

在输入信号 u_i 的正半周，VT_1 导通，VT_2 截止，电源提供的电流对耦合电容器 C 充电，流入负载 R_L，如图 3-15 中的实线所示。在 u_i 的负半周，VT_1 截止，VT_2 导通，耦合电容器 C 经过 VT_2 向负载 R_L 放电，如图 3-15 中的虚线所示。

在 u_i 的整个周期内，VT_1、VT_2 交替工作，互相补充，负载 R_L 上获得完整的输出波形。故该电路称为互补对称功率放大电路。

需要说明的是，在 u_i 的负半周，利用耦合电容器 C 所充的电能代替电源向 VT_2 供电，工作过程中耦合电容器 C 不断地充放电，但因其容量足够大，所以两端电压基本维持在 $U_{CC}/2$。

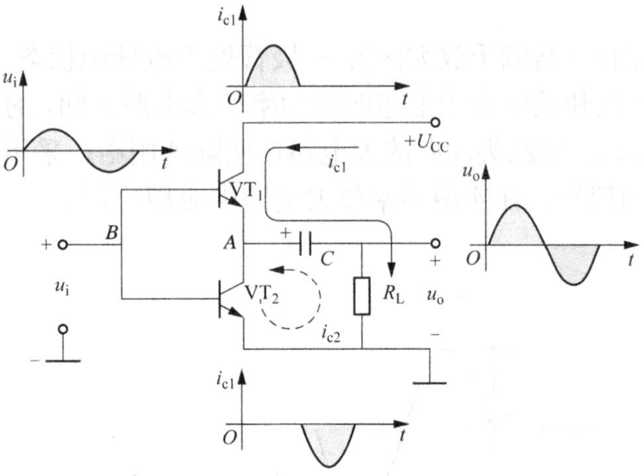

图 3-15　OTL 电路的基本结构

该电路工作在乙类状态，存在交越失真，只要给三极管设置基极偏置，使电路工作在甲乙类状态，就能消除交越失真。

三、OCL 电路

双电源互补对称功率放大电路简称 OCL 电路。

1. 电路组成

OCL 电路的基本结构如图 3-16 所示。电路采用正、负双电源供电，VT_1、VT_2 是一对互补对称三极管，两管都构成射极输出器，VT_1、VT_2 的基极相连作为输入端，发射极也连在一起作为输出端，直接与负载连接，电路的低频特性得到大大改善。

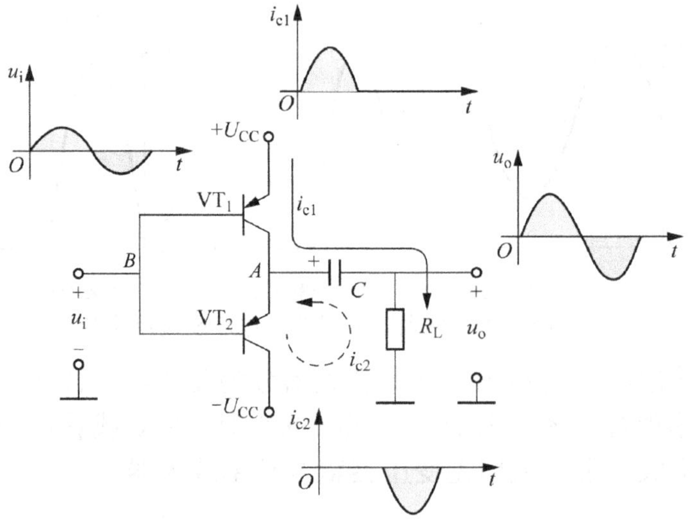

图 3-16　OCL 电路的基本结构

2. 工作原理

静态时，两管均截止，由于电路结构对称，输出电压为零。

在 u_i 的正半周，VT_1 导通，VT_2 截止，i_{c1} 由+U_{CC} 端→VT_1→R_L→接地端；在 u_i 的负半周，

VT$_1$截止，VT$_2$导通，i_{c2}由接地端→R$_L$→VT$_2$→$-U_{CC}$端。在u_i的整个周期内，VT$_1$、VT$_2$交替导通，互相补充，向负载R$_L$提供完整的输出信号。

同OTL电路一样，此电路的输出信号也存在交越失真，同样可采取将三极管设置在甲乙类状态下工作的方法，避免交越失真。

任务操作

OTL电路装配与调试

一、器材

常用电子组装工具一套，万用表一块，毫伏表一块，双踪示波器一台，实训台（信号源、直流电源）一个，配套元器件若干。

二、操作步骤

1. 认识电路

图3-17所示为OTL电路，由激励放大级和功率放大输出级组成。激励放大级是主要由VT$_1$、R$_{P1}$、R$_1$、R$_{P2}$、R$_3$、R$_2$和C$_3$构成的静态工作点稳定的分压式偏置放大电路，A点的电压$U_{CC}/2$经过R$_{P1}$、R$_1$分压为前置放大管VT$_1$提供基极电压，R$_{P1}$的一端连接输出端，另一端连接输入端，起到电压并联负反馈的作用，可以稳定静态工作点并提高输出电压的稳定性。R$_3$为VT$_1$的集电极电阻，一端接至VT$_2$、VT$_3$的基极，另一端通过C$_4$接至VT$_2$、VT$_3$的发射极，为功率放大输出级提供足够的推动信号。

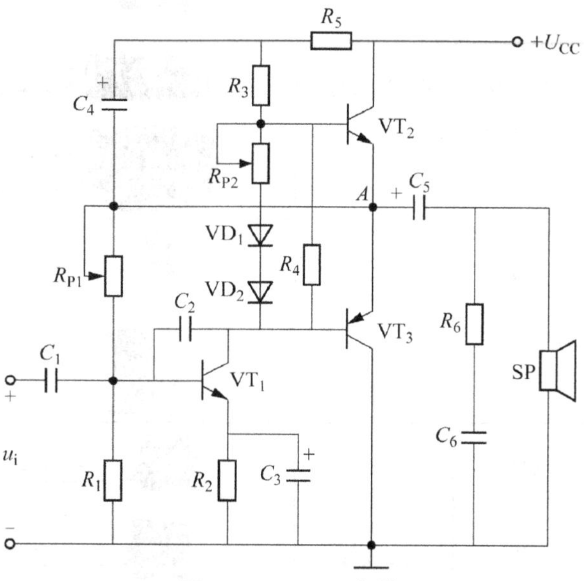

图3-17　OTL电路

互补对称管VT$_2$、VT$_3$组成功率放大输出级，与激励放大级直接耦合。VD$_1$、VD$_2$和R$_{P2}$串接在VT$_2$、VT$_3$的基极间，给VT$_2$、VT$_3$提供合适的偏置电压，使其静态时处于甲乙类工作状态，以消除交越失真。同时，VD$_1$、VD$_2$两端的正向压降随温度的升高而降低，能起到温度补偿的作用；VT$_2$、VT$_3$的基极两端并联电阻R$_4$，是为了防止VD$_1$、VD$_2$、R$_{P2}$中任意一个断路，使电流剧增而烧坏三极管等元器件。

R$_5$、C$_4$组成自举电路，增大输出信号的动态范围，提高放大电路的不失真功率。

R$_6$、C$_6$组成高频旁路电路，用以改善电路音质。

2. 元器件的识别与检测

1）元器件的识别

图3-17所示OTL电路的元器件识别与检测表如表3-5所示，对照电路图逐一对元器件进行识别。

表 3-5　OTL 电路的元器件识别与检测表

符　号	名　称	实物图	规　格	检测结果
R_1	色环电阻		5.1kΩ	实测值：
R_2			200Ω	实测值：
R_3			2.2kΩ	实测值：
R_4			4.7kΩ	实测值：
R_5			470Ω	实测值：
R_6			10Ω	实测值：
R_{P1}	微调电位器	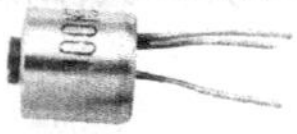	100kΩ	实测值： 质量：
R_{P2}			4.7kΩ	实测值： 质量：
C_1	电解电容器	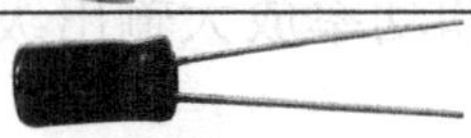	10μF/16V	正、负极性： 质量：
C_3、C_4			100μF/16V	正、负极性： 质量：
C_5		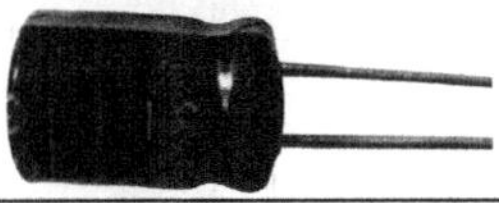	470μF/16V	正、负极性： 质量：
C_2	涤纶电容器		200pF	标称值： 质量：
C_6		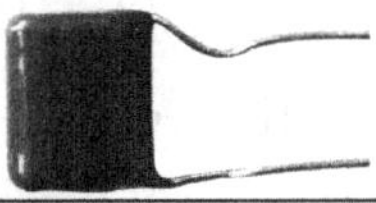	100nF	标称值： 质量：
VT_1	三极管		9014	类型： 引脚排列：
VT_2			9013	类型： 引脚排列：
VT_3			9012	类型： 引脚排列：
VD_1、VD_2	二极管		1N4148	正、负极性： 质量：
SP	扬声器	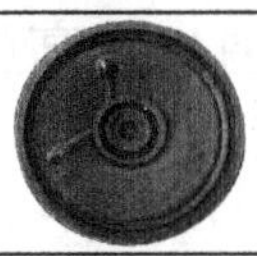	8Ω/0.5W	极性： 质量：
U_{CC}	直流电源		12V	

2）元器件的检测

（1）色环电阻、微调电位器、电解电容器、二极管、三极管的检测请参阅前文中的相关内容。

① 色环电阻：识读其标称值，并用万用表测量其实际阻值。

② 微调电位器：用万用表测量其实际阻值，并检测质量的好坏。

③ 电容器：判断电解电容器的正、负极性，用万用表检测其质量，识读涤纶电容器的容量并判断其质量的好坏。

④ 三极管：识别其类型与引脚排列，并用万用表检测其质量。

⑤ 二极管：识别其正、负极性并检测其质量。

（2）扬声器的检测。

① 识别正、负极性：音圈引出线的接线端上直接标有“+”“−”极性。

② 检测质量：将万用表置于“*R*×1k”挡，两表笔分别接触扬声器音圈引出线的两个接线端时，若能听到明显的“咯咯”声，则表明音圈正常，声音越响，表明扬声器的灵敏度越高。

3．电路的制作与调试

1）电路制作

根据图 3-17 所示的 OTL 电路和元器件实物，按工艺要求在通用印制电路板上进行元器件布局，对元器件的引脚进行成形加工，完成电路元器件的插装与焊接，如图 3-18 所示。

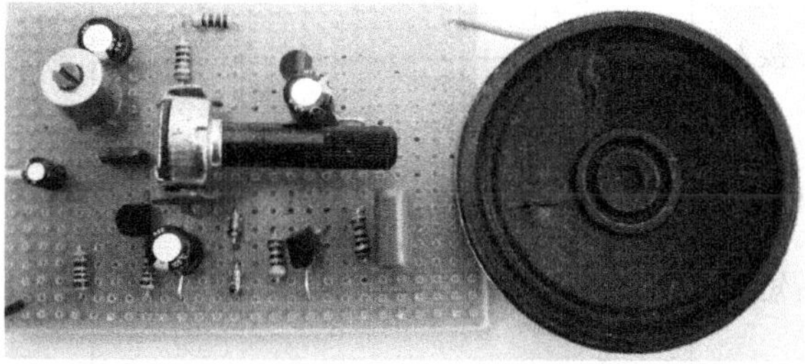

图 3-18　OTL 电路的装接图

2）电路调试

电路装接完毕，检查无误后，接通 12V 电源，对电路进行调试。

（1）静态调试。

① 将 R_{P1} 的活动触点置于中间位置，R_{P2} 的活动触点置于最小阻值位置，将输入端对地短路，使输入信号为零。

② 接通 12V 电源，将万用表串接在 VT_2 集电极回路中，调节 R_{P2} 的阻值使万用表读数为 8mA，断开电源，移除万用表。

③ 再接通电源，将万用表置于直流电压“10V”挡，调节 R_{P1} 的阻值，使 $U_A = U_{CC}/2 = 6V$ 。

（2）动态调试。

用镊子轻触 C_1 的负极，若扬声器随着镊子的触碰发出“咕咕”声，则表明电路工作正常。动态调试过程中可能出现的情况如下。

① 无声。首先用万用表检查扬声器是否损坏，将万用表置于“*R*×1k”挡，红表笔接地，黑表笔点触扬声器，扬声器应发出“喀啦、喀啦”的声音。若有声，再检查其他部分。

② 输出信号失真。失真原因有很多，如扬声器的纸盒破损，元器件性能不良等。

三、操作记录

1．测试

（1）用万用表分别测量 VT_1、VT_2、VT_3 三个电极的电位。

（2）输入频率为 1kHz，电压为 10mV 的正弦信号，用双踪示波器观察输出电压 u_o 的波形。

（3）逐渐增加输入正弦信号的幅值至输出波形达到最大不失真状态，记录下此时的输入电压值，用毫伏表测量 U_o 值。用双踪示波器观察 VD_1、VD_2 接入和短接后输出电压 u_o 的波形。

（4）输入一个音频信号，分别试听 VD_1、VD_2 接入和短接后的声音情况。

将测量数据和观察结果记录在表 3-6 中。

表 3-6 OTL 电路的测量记录表

静态测试		U_B	U_C	U_E
三极管	VT_1			
	VT_3			
	VT_3			
动态测试		**波形图**	**是否失真**	
输入信号（1kHz） 幅值 U_i=		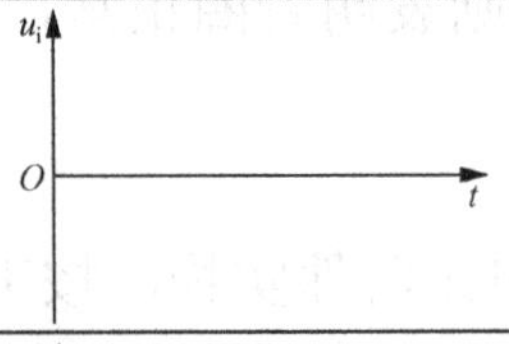		
输出信号 幅值 U_o=	VD_1、VD_2 接入	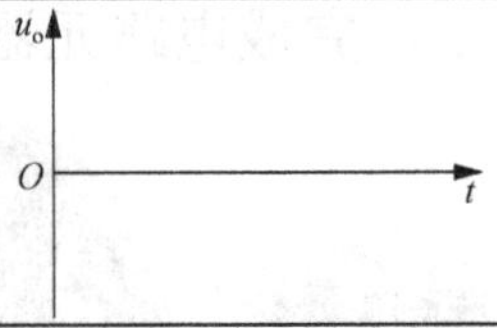		
	VD_1、VD_2 短接	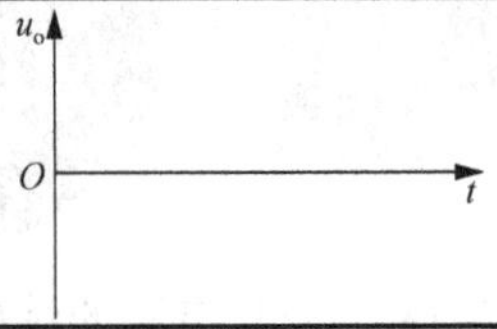		

2．分析

在 OTL 电路中，VD_1、VD_2 接入和短接后输出电压 u_o 的波形为何不同？

3．任务评价

任务评价表见附录 A。

知识拓展

1．功放管的要求和检测

功率放大器的主要器件——三极管又称为功放管。功率放大器有一部分电能消耗在功放管上，产生损耗，使功放管发热，从而导致功放管性能恶化，甚至烧坏。为保证功放管安全可靠地工作，功放管集电极通常具有金属散热外壳，还需要给功放管安装散热片并采取过载保护措施。

功放管的检测与普通三极管类似，但功放管的工作电流比较大，因而其 PN 结的面积也较大，其反向饱和电流也随之增大。测量中、小功率功效管的极间电阻时，若使用万用表的“R×1k”挡测量，测得的阻值很小，好像极间短路一样，所以通常使用万用表的“R×10”挡或“R×1”挡检测功放管。

2．加偏置电路的 OTL 电路

图 3-19 所示为加偏置电路的 OTL 电路。电路由激励放大级和功率放大输出级组成。激励放大级是由 VT_1、R_1、R_2、R_3、R_4 和 C_1 构成的分压式偏置放大电路，A 点的电压经过 R1、R_2 分压为三极管 VT_1 提供基极电压，R_4 是 VT_1 的集电极电阻，将放大电流信号转换成电压信号送至 VT_2、VT_3 的基极，为后级功率放大电路提供足够的推动信号。VT_2、VT_3 是 OTL 电路

的一对互补管，在两个互补管的基极串接二极管 VD_1、VD_2，为 VT_2、VT_3 的发射结提供正向电压，使电路在静态时处于微导通状态，从而消除交越失真。

OTL 电路的输出通过大容量的耦合电容器与负载连接来完成，结构简单，使用方便，但频率响应较差，不利于电路的集成化。

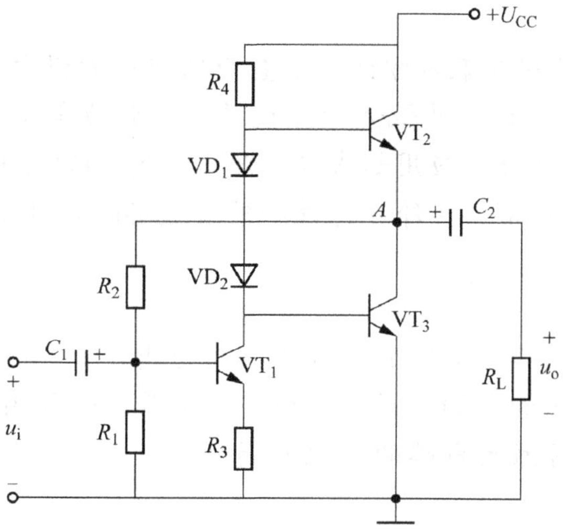

图 3-19 加偏置电路的 OTL 电路

3．复合管

在实际应用中，为提高放大电路的性能，尤其是提高电流放大倍数，常常用复合管取代功放管。

构建复合管时，要保证参与复合的两个三极管的三个电极的电流按各自的正确方向流动，前管的集电极或发射极接到后管的基极或集电极，复合管的导电类型由前管的导电类型决定，前一个三极管的基极作为复合管的基极，用后一个三极管的发射极和集电极来确定复合管的发射极和集电极，如图 3-20 所示。

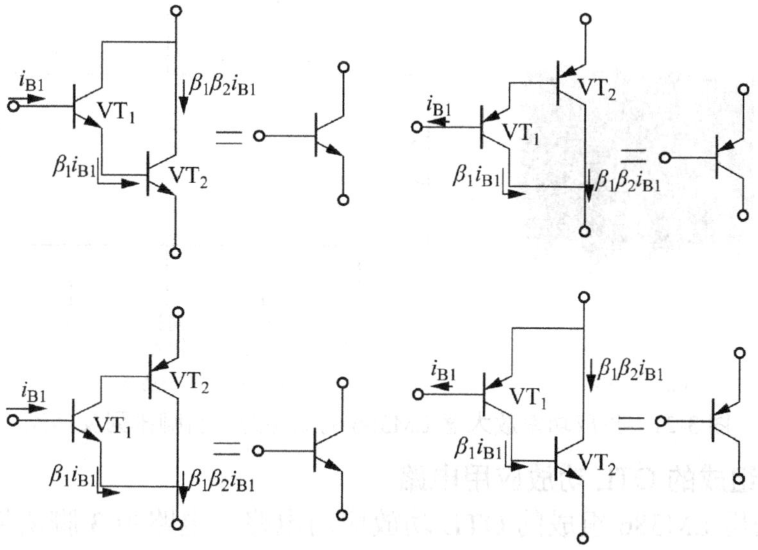

图 3-20　复合管

复合管的电流放大倍数约等于两个三极管电流放大倍数的乘积，即

$$\beta \approx \beta_1 \beta_2$$

由于复合管的电流放大倍数很高，所以只需很小的输入电流，就可得到很大的集电极电流。

任务三　集成音频功率放大电路装配与调试

任务引入

OCL 电路的两个电源使用起来不方便，OTL 电路单电源供电，但电路的输出通过大容量的耦合电容器与负载连接来完成，其低频响应较差。集成功率放大器因其输出功率大、外围连接元器件少、应用方便等优点，应用越来越广泛。目前，OTL 电路、OCL 电路可构成多种型号的集成功率放大器，只要掌握其外部特性和外接线路的正确连接方法，就能方便地使用。

任务目标

1. 了解几种型号集成功率放大器的引脚排列及功能。
2. 理解集成功率放大器组成的应用电路中外围元器件的作用。
3. 能进行集成音频功率放大电路的装配与调试。

相关知识

一、集成功率放大器 LM386

LM386 是小功率音频集成功率放大器，内部电路为 OTL 电路。LM386 采用 8 脚双列直插式塑料封装，图 3-21 所示为其实物图、引脚排列及功能。LM386 的额定电压工作范围为 4～16V，其功耗低、频响范围宽、失真小，当电源电压为 6V 时，静态工作电流为 4mA，极适合应用于电池供电。

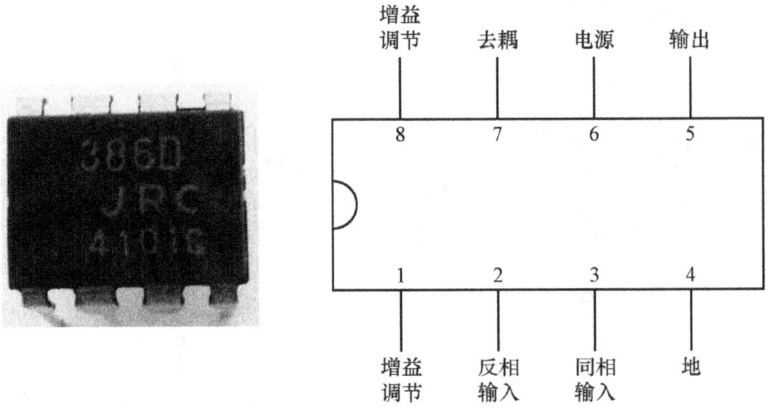

（a）实物图　　（b）引脚排列及功能

图 3-21　集成功率放大器 LM386 的实物图、引脚排列及功能

1. 用 LM386 组成的 OTL 功放应用电路

图 3-22 所示为用 LM386 组成的 OTL 功放应用电路。电路中 3 脚所接的 10kΩ 电位器用来调节扬声器音量；5 脚输出端所接的 10Ω 电阻和 0.1μF 电容器组成的串联补偿网络是为了防止电路自激而设置的；1、8 脚所接的阻容网络是为了调整电路的电压增益而附加的，电容器的容量为 10μF，R 的阻值约为 20kΩ；7 脚外接去耦电容器，与内部电路组成电源去耦电路，以提高纹波抑制能力。由于 LM386 内部是 OTL 电路，所以在输出端外接 220μF 的大容

量耦合电容器。

LM386 用于音频功率放大时，最简电路只需一个电容器连接扬声器，如唱机放大器。

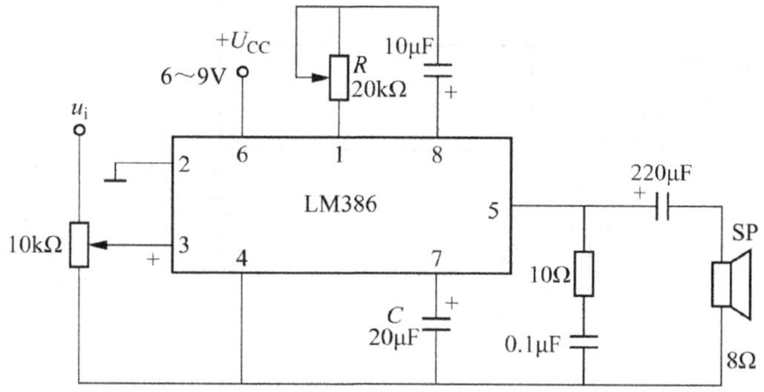

图 3-22　用 LM386 组成的 OTL 功放应用电路

2．用 LM386 组成的 BTL 应用电路

图 3-23 所示为用 LM386 组成的 BTL 应用电路。它是在 OCL 电路的基础上发展起来的性能优良的功率放大电路，其输出功率一般是单个功率放大电路的 4 倍，图 3-23 所示电路的最大输出功率可达 3W 以上。500kΩ 的电位器用来调整两块集成电路输出端的直流电位平衡，但一般 LM386 的输出端相位相差不大，这个电位器可以不用。

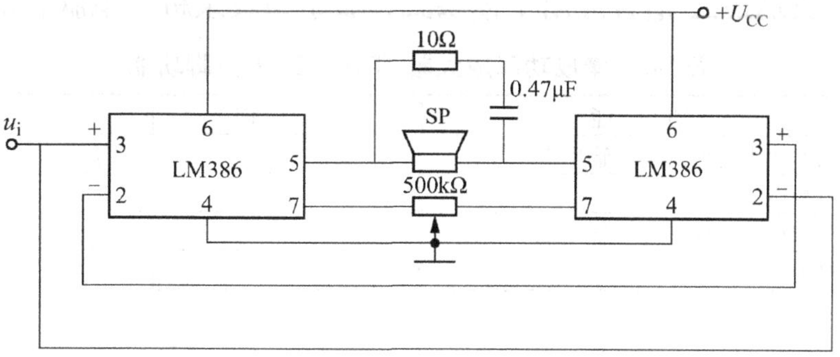

图 3-23　用 LM386 组成的 BTL 应用电路

二、集成功率放大器 TDA2030

TDA2030 是音频质量较好的集成功率放大器，内部为甲乙类功率放大电路，设有输出短路和过热自动闭锁等电路。TDA2030 外接引线及外接元器件少，在单电源使用时，散热片可直接固定在金属板上与底线相通，使用方便，其采用 5 脚塑料封装，图 3-24 所示为其引脚排列。

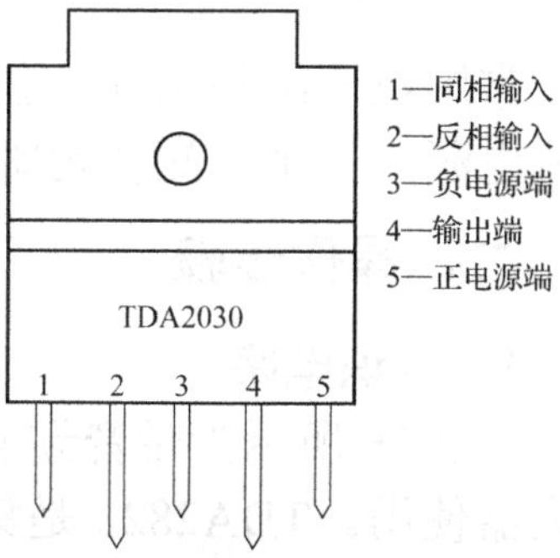

图 3-24　集成功率放大器 TDA2030 的引脚排列

TDA2030 的电压额定工作范围为±（6～20）V，频率响应范围为 10～140Hz，输入信号为零时的电源电流小于 60μA，谐波失真小于 0.5%，当 $U_{CC}=\pm14V$，$R_L=4\Omega$ 时，输出功率为 14W。

图 3-25 所示为用 TDA2030 组成的 OCL 功放电路。电路中接入 VD_1、VD_2 是为了防止电源接反而损坏组件所采取的防护措施。电容器 C_3、C_5 与 C_4、C_6 为电源滤波电容器，100μF 电容器并联 0.1μF 电容器是为了消除 100μF 电容器的电感效应。

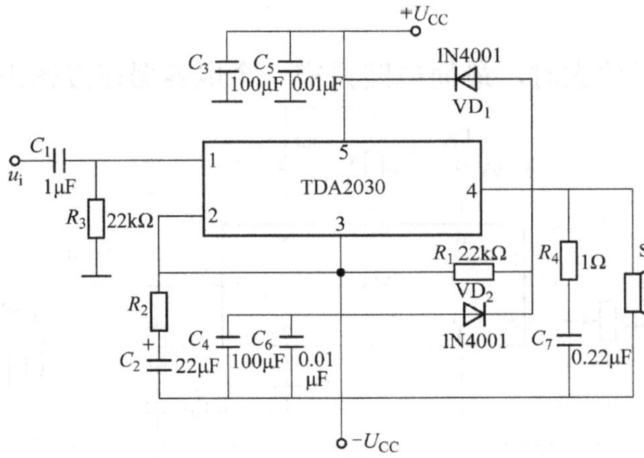

图 3-25　用 TDA2030 组成的 OCL 功放电路

三、集成功率放大器 TDA2822

TDA2822 是采用 8 脚封装的双列直插式小功率双通道的集成功率放大器，内含两个独立的功能模块，引脚功能如表 3-7 所示。

TDA2822 的电压工作范围为 3～15V，具有静态电流小、交叉失真小等优点，可组成双声道 BTL 应用电路。TDA2822 适合应用于便携式、微小型收录机，电脑音响等设备。

表 3-7　集成功率放大器 TDA2822 的引脚功能

引　脚	功　能	引　脚	功　能
1	功率放大电路 1 信号输出端	5	功率放大电路 2 负反馈端
2	电源电压输入端	6	功率放大电路 2 信号输入端
3	功率放大电路 2 信号输出端	7	功率放大电路 1 信号输入端
4	接地端	8	功率放大电路 1 负反馈端

任务操作

集成音频功率放大电路装配与调试

一、器材

常用电子组装工具一套，万用表一块，毫伏表一块，双踪示波器一台，实训台（信号源、直流电源）一个，配套元器件若干。

二、操作步骤

1. 认识电路

图 3-26 所示为带音频前置的功率放大电路。电路中的 CF358 是集成运放，作为音频前置放大器使用。TDA2822 是集成功率放大器。R_6、C_5 和 R_7、C_4 组成串联补偿网络，以防止出现高频自激和过电压现象，改善电路音质。

2. 元器件的识别与检测

1）元器件的识别

图 3-26 所示带音频前置的功率放大电路的元器件识别与检测表如表 3-8 所示，对照电路图逐一对元器件进行识别。

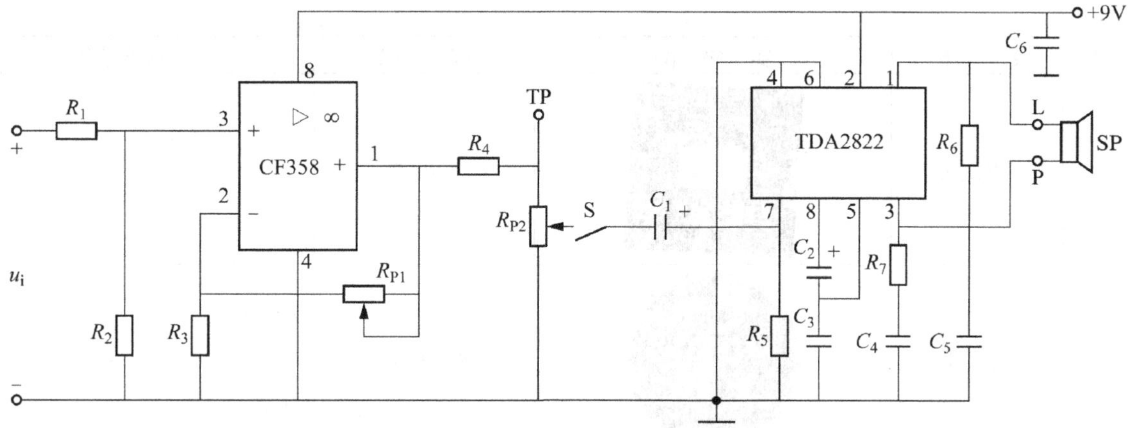

图 3-26　带音频前置的功率放大电路

表 3-8　带音频前置的功率放大电路的元器件识别与检测表

符　号	名　称	实 物 图	规　格	检测结果
R_1	色环电阻		4.7kΩ	实测值：
R_2、R_5			10kΩ	实测值：
R_3			220Ω	实测值：
R_4			100Ω	实测值：
R_6、R_7			10Ω	实测值：
R_{P1}、R_{P2}	多圈电位器		3296（10kΩ）	实测值：
				质量：
C_1	电解电容器		4.7μF/16V	正、负极性：
				质量：
C_2			10μF/16V	正、负极性：
				质量：
C_6			100μF/16V	正、负极性：
				质量：
C_3	涤纶电容器		10nF	标称值：
				质量：
C_4、C_5			100nF	标称值：
				质量：
IC_1	集成运放		CF358	引脚排列与功能：
IC_2	集成功率放大器		TDA2822	引脚排列与功能：

续表

符　　号	名　　称	实　物　图	规　　格	检测结果
	集成电路插座		8 孔×2	
SP	扬声器		8Ω/0.5W	极性： 质量：
U_{CC}	直流电源		9V	

2）元器件的检测

（1）色环电阻、电解电容器、扬声器的检测请参阅前文中的相关内容。

① 色环电阻：识读其标称值，并用万用表测量其实际阻值。

② 多圈电位器：用万用表测量其阻值，并检测质量的好坏。

③ 电容器：判断电解电容器的正、负极性，用万用表检测其质量；识读涤纶电容器的容量并会判断其质量的好坏。

④ 扬声器：识别其正、负极性，用万用表检测其质量。

（2）多圈电位器。

电位器选用 3296 多圈电位器，中间的引脚是滑动臂，顶部的铜螺钉是调整螺钉，一般电位器的调整行程只有将近一圈，而 3296 多圈电位器的调整行程有 15 圈，调整的行程长，大大提高了调试精度。

（3）TDA2822、CF358 的检测。

能正确识别 TDA2822、CF358 的引脚及功能，TDA2822 的引脚功能请参阅前文中的有关内容。

CF358 采用 DIP-8PIN（双列直插式 8 脚）封装，其引脚排列如图 3-27 所示，其引脚功能如表 3-9 所示。

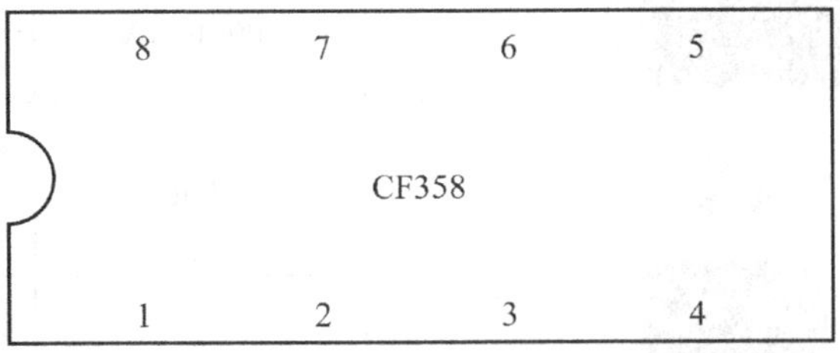

图 3-27　CF358 的引脚排列

表 3-9　CF358 的引脚功能

1 脚	2 脚	3 脚	4 脚	5 脚	6 脚	7 脚	8 脚
输出 1	反相输入 1	同相输入 1	负电源	同相输入 2	反相输入 2	输出 2	正电源

3．电路的制作与调试

1）电路制作

根据图 3-26 所示的带音频前置的功率放大电路和元器件实物，按工艺要求在通用印制电路板上进行元器件布局，对元器件的引脚进行成形加工，完成电路元器件的插装与焊接，其中集成电路插座、多圈电位器、开关必须垂直插到底，所有引脚均需穿过印制电路板，如图 3-28 所示。

图 3-28　带音频前置的功率放大电路的装接图

2）电路调试

带音频前置的功率放大电路结构简单，调试也方便，一般情况下，只要装接无误，就能一次成功。

装接完毕，检查无误后，接通电源。

三、操作记录

1. 集成运放的参数测量

（1）断开图 3-26 所示电路中的开关 S。

（2）输入频率为 1kHz，电压为 20mV 的正弦信号 u_i，用双踪示波器观察 TP 端的波形，调节 R_{P1} 的阻值至输出波形为最大不失真状态，用毫伏表测量 U_{TP} 值（若用双踪示波器观察不到波形，建议 CF358 使用双电源供电），用万用表测量 CF358 各引脚的电压，将结果记录在表 3-10 中。

2. 集成功率放大器的参数测量

（1）断开图 3-26 所示电路中的开关 S。

（2）将频率为 1kHz，电压为 10mV 的正弦信号加至电容器 C_1 前，作为集成功率放大器的输入信号，用双踪示波器观察输出端的波形，用毫伏表测量 U_o 的值，用万用表测量 TDA2822 各引脚的电压，将结果记录在表 3-10 中。

表 3-10　集成运放与集成功率放大器的参数测量记录表

任务	集成运放的参数测量					集成功率放大器的参数测量						
电压	CF358					TDA2822						
	1 脚	2 脚	3 脚	4 脚	8 脚	1 脚	2 脚	3 脚	4 脚	5 脚	7 脚	8 脚
输出波形	TP 端					输出（LP）端						
	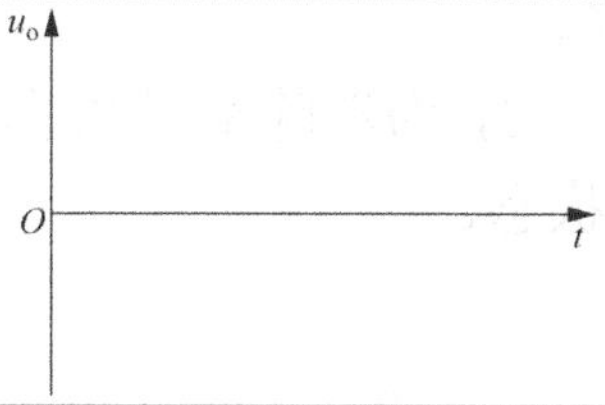					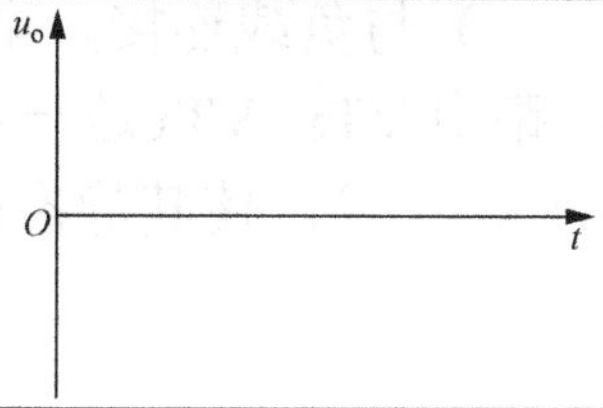						

3．整机测量

（1）合上开关 S，u_i 连接到正弦输入信号端，接通 9V 电源。

（2）接入频率为 1kHz，电压为 10mV 的正弦信号，用双踪示波器观察输出波形，分别调节 R_{P1} 和 R_{P2} 的阻值，使输出波形为最大不失真状态，用毫伏表测量 U_o 的值，并计算电路的输出功率，将其记录在表 3-11 中。

表 3-11　输出功率的测量记录表

测 量 值	测量结果
U_i	
U_o	
P_o	

4．任务评价

任务评价表见附录 A。

自我检测

1．判断题

（1）集成运放的输出信号与反相输入端的输入信号相位相同。（　　）

（2）OCL 电路是单电源供电的互补对称功率放大电路。（　　）

（3）消除交越失真的措施是给功放管设置合适的偏置，使电路工作在甲乙类状态。（　　）

（4）LM386 内部是 OCL 电路。（　　）

2．选择题（单选，将正确的选项填在括号内）

（1）集成运放的输入端有（　　）个。

A．1　　B．2　　C．3　　D．4

（2）集成运放两个输入端的对地电位都为零，但并没有直接接地，称为（　　）。

A．虚地　　B．接地　　C．虚短　　D．虚断

（3）实现电压跟随器的功能，要使同相比例运算放大电路的（　　）。

A．$R_f \to \infty$　　B．$R_1 \to 0$　　C．$R_1 \to \infty$　　D．$R_f \to 0$

（4）音频质量较好的集成功率放大器是（　　）。

A．LM386　　B．TDA2030　　C．TDA2822　　D．CF358

3．填空题

（1）在分析集成运放的实际应用电路时，常将集成运放看作（　　）集成运放，利用（　　）和（　　）概念简化分析。

（2）在反相比例运算放大电路或同相比例运算放大电路的输入端增加几个输入支路，就可以构成反相（　　）运算电路或同相（　　）运算电路。

（3）OCL 电路采用（　　）供电，三极管 VT_1、VT_2 是一对（　　）管，两管都构成（　　）电路，输出（　　）与负载连接，电路的频率响应特性好。

（4）OTL 电路中 VT_2、VT_3 是一对互补管，其特性（　　），为消除交越失真，必须给 VT_2、VT_3 提供合适的（　　），使其静态时处于（　　）工作状态。

项目四　直流稳压电源

任务一　串联型直流稳压电源装配与调试

任务引入

项目一中学习过的单相桥式整流电容滤波电路可以将交流电变成比较平滑的直流电，但若负载发生变化或电网电压波动时，输出的直流电压仍会随其变化而波动，如果该直流电压向要求供电稳定的电子设备供电，则可能使其无法正常工作，因此需要采用稳压电路消除电网电压波动或负载变化带来的影响，获得稳定的输出直流电压。

任务目标

1. 了解常用的稳压电路，理解其工作原理。
2. 掌握串联型稳压电路的构成和稳压原理。
3. 能进行串联型直流稳压电源的装配与调试。

相关知识

一、直流稳压电源的组成

直流稳压电源由交流电压变换（变压）、整流、滤波和稳压电路组成，其组成框图如图 4-1 所示。

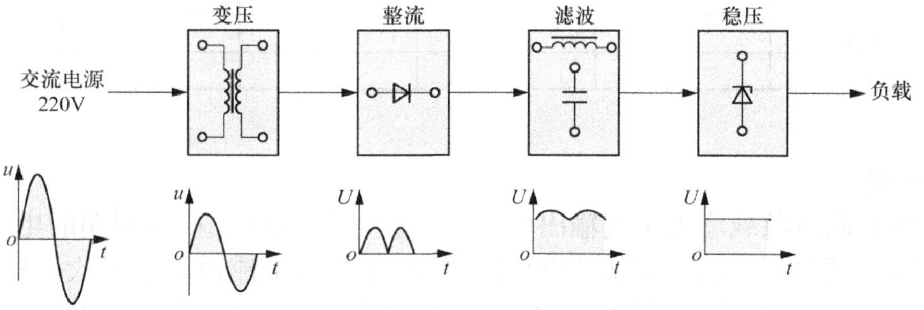

图 4-1　直流稳压电源的组成框图

变压电路：将电网交流电压变换成符合整流器要求的交流电压。
整流电路：将交流电变换成单向脉动直流电。
滤波电路：将单向脉动直流电变为较平滑的直流电。
稳压电路：在电网电压波动或负载变化时，使直流输出电压稳定。

二、并联型稳压电路

1．电路组成

并联型稳压电路由稳压二极管 VZ 和限流电阻 R 组成，由于稳压二极管与负载是并联的，故称为并联型稳压电路，电路的输出电压取决于稳压二极管的稳定电压，如图 4-2 所示。

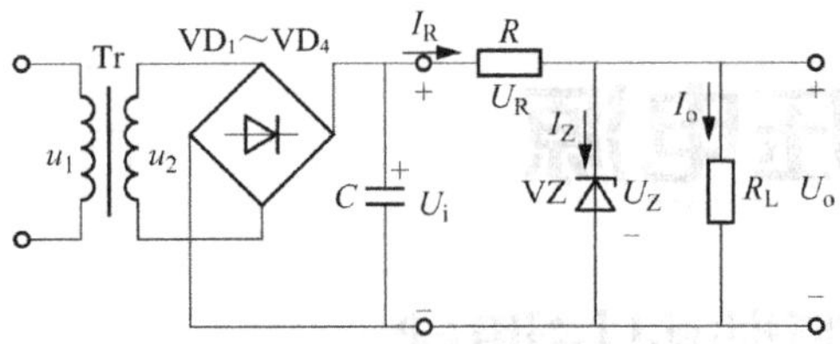

图 4-2 并联型稳压电路

稳压二极管是工作在反向击穿区的二极管，利用其反向电压微小的变化会引起反向电流很大变化的特性达到稳定输出电压的目的，可以认为稳压二极管两端的电压基本保持不变。只要限制通过稳压二极管的反向电流不超过其最大稳定电流，就不会造成稳压二极管击穿损坏。

做中学

并联型稳压电路

（1）按图 4-3 连接电路，接通 16V 直流电源。

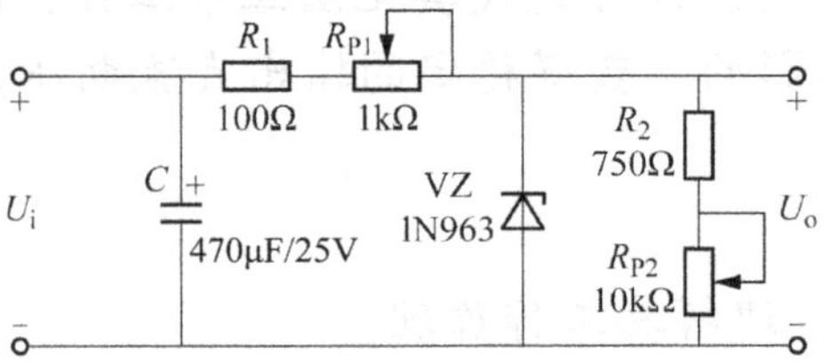

图 4-3 稳压二极管稳压电路

（2）调节 RP1 的阻值，使其分别为 1kΩ、750Ω、500Ω、200Ω、0Ω，调节 RP2 的阻值从 0Ω 到最大值，用万用表测量输出电压 U_o，将结果记录在表 4-1 中。

表 4-1 稳压二极管稳压电路的测量记录表

阻值	U_o的值				
	$R_{P1}=1k\Omega$	$R_{P1}=750\Omega$	$R_{P1}=500\Omega$	$R_{P1}=200\Omega$	$R_{P1}=0\Omega$
$R_{P2}=0\Omega$					
$R_{P2}=1k\Omega$					
$R_{P2}=4k\Omega$					
$R_{P2}=8k\Omega$					
$R_{P2}=10k\Omega$					

2. 工作原理

当电网电压升高或负载增大引起输出电压 U_o 增大时，稳压二极管两端的电压 U_Z（$U_Z=U_o$）也会上升，流过稳压二极管的电流 I_Z 急剧增大，流过 R 的电流也随之增大，导致 R 上的压降上升，从而抵消了输出电压 U_o 的波动，保持输出电压 U_o 稳定。稳压过程可表示如下：

（1）当负载不变时，电网电压升高引起

$$U_o\uparrow \longrightarrow U_Z\uparrow \longrightarrow I_Z\uparrow \longrightarrow I_R\uparrow \longrightarrow U_R\uparrow \longrightarrow U_o\downarrow$$

（2）当 U_i 不变时，负载增大引起

$$U_o\uparrow \longrightarrow U_Z\uparrow \longrightarrow I_Z\uparrow \longrightarrow I_R\uparrow \longrightarrow U_R\uparrow \xrightarrow{U_i\text{不变}} U_o\downarrow$$

由此可见，限流电阻 R 在电路中起到限流和调整输出电压的双重作用，必须选择恰当，若阻值过小，则可能烧毁稳压二极管；若阻值过大，则会使稳压二极管的稳压特性变差，并且输出电流变小。并联型稳压电路仅适用于要求不高的小型电子设备。

三、串联型稳压电路

1. 简单串联型稳压电路

图 4-4 所示为简单串联型稳压电路，电路中的 VT 为调整管，在电路中相当于一个可变电阻，起调整电压的作用，稳压二极管 VZ 为 VT 提供稳定的基极电压 U_Z，R 既是 VZ 的限流电阻，又是 VT 的偏置电阻。电路中负载与调整管串联，故称为简单串联型稳压电路。

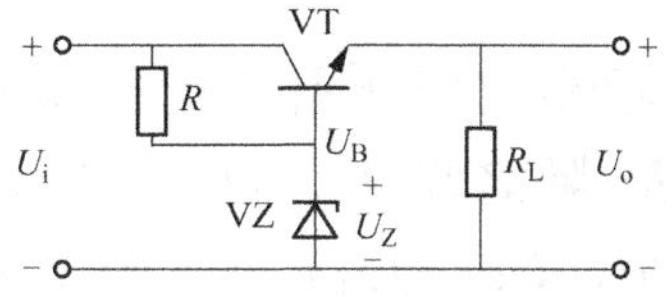

图 4-4　简单串联型稳压电路

稳压过程如下：当某种原因引起输出电压 U_o 升高时，由于 U_Z 是稳定值，所以调整管的 U_{BE} 将降低，使 I_B 减小，I_C 随 I_B 的减小而减小，调整管的集-射电阻 R_{CE} 增大，管压降 U_{CE} 升高，由于 $U_o = U_i - U_{CE}$，故输出电压 U_o 降低，趋于稳定。简单串联型稳压电路的稳压过程可表示为

$$U_o\uparrow \xrightarrow{U_B=U_Z\text{固定不变}} U_{BE}\downarrow \longrightarrow I_B\downarrow \longrightarrow I_C\downarrow \longrightarrow U_{CE}\uparrow \longrightarrow U_o\downarrow$$

由此可见，三极管的调节作用使输出电压基本保持稳定。

简单串联型稳压电路利用输出电压微小的变化量 ΔU 控制调整管的基-射极电压 U_{BE}，进而控制管压降 U_{CE} 来稳定输出电压，但往往变化量并不大，稳压性能并不理想，且输出电压不能调节。

2. 具有放大环节的串联型稳压电路

（1）电路组成。

图 4-5 所示为具有放大环节的串联型稳压电路，其主要由基准电压电路、取样电路、比较放大电路和电压调整电路四部分组成，图 4-6 所示为其方框图。

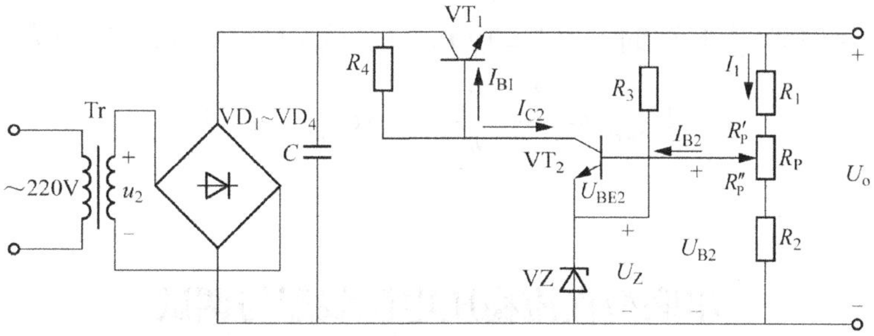

图 4-5　具有放大环节的串联型稳压电路

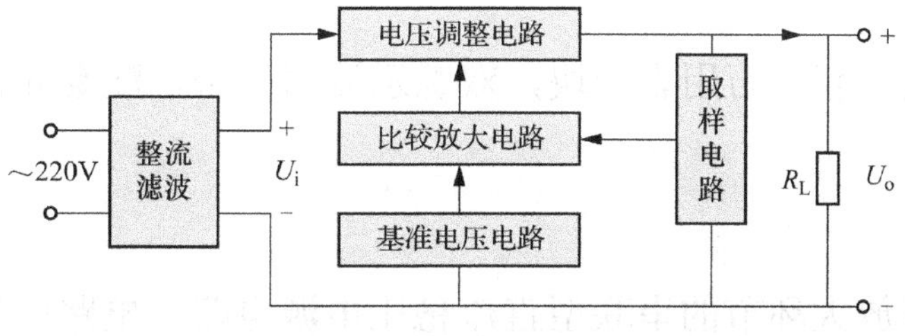

图 4-6　具有放大环节的串联型稳压电路方框图

基准电压电路由稳压二极管 VZ 和 R_3 组成，作用是为比较放大电路提供一个稳定的基准电压 U_Z。

取样电路是由 R_1、R_P、R_2 组成的分压电路，将 U_o 变化量的一部分送入 VT_2 的基极。

比较放大电路是由三极管 VT_2 构成的共射极放大电路。将加到 VT_2 基极的电压 U_{B2} 与基准电压 U_Z 进行比较，经反相放大后控制调整管 VT_1 的基极电流 I_{B1}。其中，R_4 是 VT_2 的集电极电阻，将输出电压的变化经 VT_2 放大后提供给 VT_1 的基极。

电压调整电路由调整管 VT_1 构成，作用是通过基极电流的变化来调整其集电极与发射极之间的电压 U_{CE1}，使输出电压 U_o 保持稳定。

（2）稳压原理。

当电网电压波动或负载变化引起输出电压升高时，取样电路分压点的电压 U_{B2} 会随之升高，因 U_Z 不变，所以 U_{BE2} 升高，I_{C2} 随之增大，U_{C2} 降低，调整管的 U_{B1} 亦降低，基-射极电压 U_{BE1} 降低，I_{B1} 减小，I_{C1} 随之减小，U_{CE1} 升高，使输出电压 U_o 降低，因此抑制了输出电压的升高而保持稳定。上述稳压过程可以表示为

$$U_o\uparrow \longrightarrow U_{B2}\uparrow \xrightarrow{U_{BE2}=U_{B2}-U_Z(\text{不变})} U_{BE2}\uparrow \rightarrow I_{B2}\uparrow \longrightarrow I_{C2}\uparrow \xrightarrow{U_{C2}=U_{B1}} U_{C2}\downarrow$$

$$U_o\downarrow \longleftarrow U_{CE1}\uparrow \longleftarrow I_{C1}\downarrow \longleftarrow I_{B1}\downarrow \longleftarrow U_{BE1}\downarrow \longleftarrow$$

当电网电压波动或负载变化引起输出电压降低时的稳压过程恰好与此相反。

（3）输出电压调节范围。

在图 4-5 所示的稳压电路中，由于 $I_1 \gg I_{B2}$。所以

$$U_{B2}=U_{BE2}+U_Z \approx \frac{R_P''+R_2}{R_1+R_P+R_2}U_o$$

则

$$U_o=\frac{R_1+R_P+R_2}{R_P''+R_2}(U_{BE2}+U_Z)$$

当 R_P 的滑动臂滑动到最上端时，$R_P''=R_P$，U_o 达到最小值，表示为

$$U_{o\min}=\frac{R_1+R_P+R_2}{R_P+R_2}(U_{BE2}+U_Z)$$

当 R_P 的滑动臂滑动到最下端时，$R_P''=0\Omega$，U_o 达到最大值，表示为

$$U_{o\max}=\frac{R_1+R_P+R_2}{R_2}(U_{BE2}+U_Z)$$

任务操作

串联型直流稳压电源装配与调试

一、器材

常用电子组装工具一套，万用表一块，双踪示波器一台，配套元器件若干。

二、操作步骤

1. 认识电路

图 4-7 所示为具有放大环节的串联型直流稳压电源电路。电路中的 R_1 和 LED 组成电源指示电路，C_1、C_2 和 C_3 为滤波电容器，VT_1 和 VT_2 构成复合管。

2. 元器件的识别与检测

1）元器件的识别

图 4-7 所示电路的元器件识别与检测表如表 4-2 所示，对照电路图逐一对元器件进行识别。

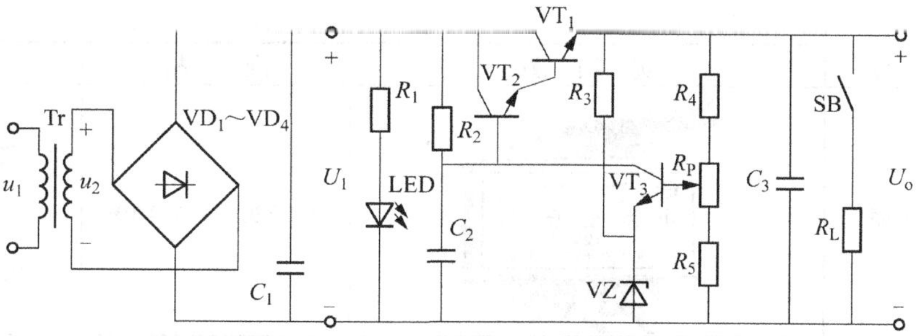

图 4-7　具有放大环节的串联型直流稳压电源电路

表 4-2　具有放大环节的串联型直流稳压电源电路的元器件识别与检测表

符　号	名　称	实 物 图	规　格	检测结果
R_1	色环电阻		2.2kΩ	实测值：
R_2、R_3、R_L			1kΩ	实测值：
R_4			100Ω	实测值：
R_5			560Ω	实测值：
R_P	微调电位器		470Ω	实测值： 质量：
C_1	电解电容器		470μF/25V	正、负极性： 质量：
C_2			10μF/16V	正、负极性： 质量：
C_3		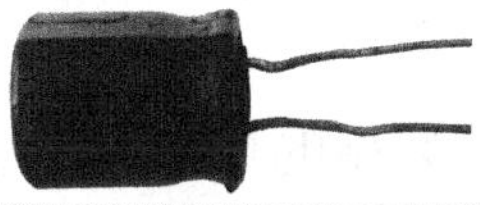	220μF/16V	正、负极性： 质量：
VD_1～VD_4	整流二极管		1N4001	正、反向电阻： 质量：
LED	发光二极管	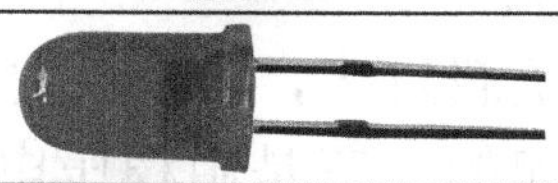	红色 ϕ3mm	正、反向电阻： 质量：
VT_1	三极管	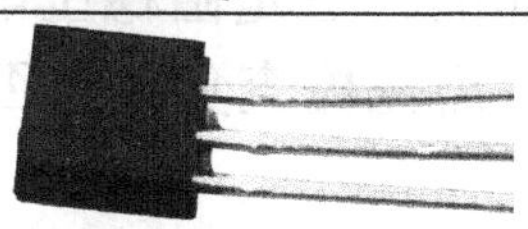	9013	类型： 引脚排列： 质量及放大倍数：
VT_2、VT_3		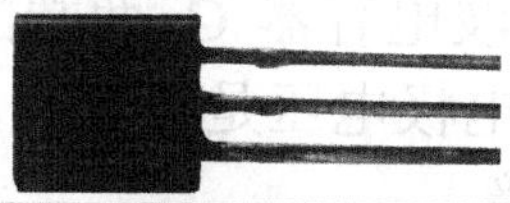	9014	类型： 引脚排列： 质量及放大倍数：
VZ	稳压二极管	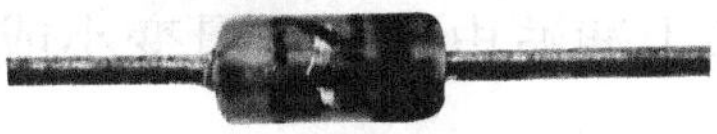	2CW56	正、负极性： 正、反向电阻： 稳压值：
SB	按钮开关	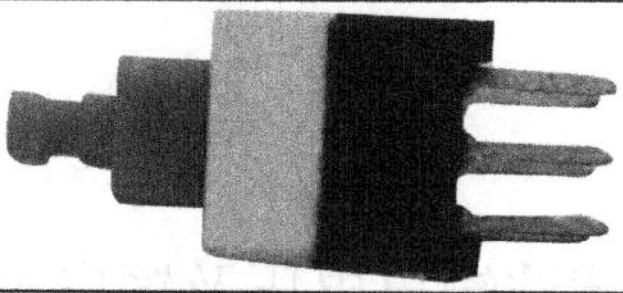	自锁	动断与动合端： 质量：

续表

符　号	名　称	实　物　图	规　格	检测结果
Tr	电源变压器		AC 220V/12V 10W	一次绕组阻值： 二次绕组阻值：

2）元器件的检测

元器件的检测请参阅前文中的相关内容。

3．电路的制作与调试

1）电路制作

根据图 4-7 所示电路和元器件实物，按工艺要求在通用印制电路板上进行元器件布局，对元器件的引脚进行成形加工，完成电路元器件的插装与焊接，如图 4-8 所示。

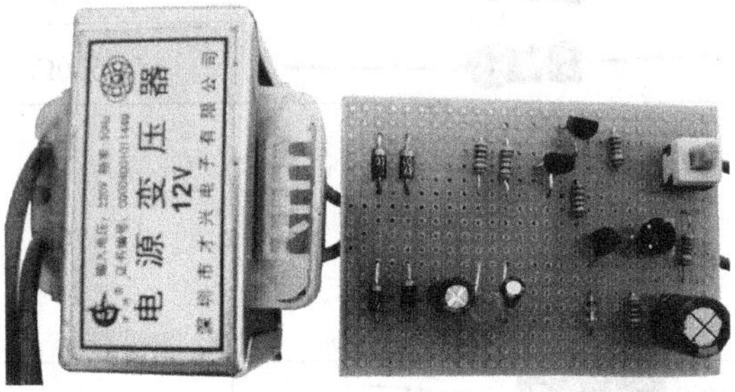

图 4-8　具有放大环节的串联型直流稳压电源电路的装接图

2）电路调试

确认元器件安装正确后，接通电源。若电路工作正常，则发光二极管亮，同时调节微调电位器 R_P 的阻值，使输出电压在 9～16V 之间变化。若电路工作不正常，则可能出现的故障及对应原因如下。

① 无直流输出电压：检测滤波电容器 C_1 两端的电压，若无电压，则故障原因可能是整流二极管损坏；若电压正常，则故障可能发生在稳压电路，测量 VT_1、VT_2、VT_3 和 VZ 的工作电压，找出使 VT_1、VT_2 复合管截止的原因。

② 输出电压偏低，调整不上去：一是由负载过大，电流过大引起的；二是由整流二极管、滤波电容器性能变差，致使带负载能力差引起的；三是由稳压电路中稳压二极管、比较放大管或调整管性能不良引起的。针对这个故障，需先检查负载是否短路，再检测 C_1 是否漏电，最后检测整流二极管的导电性能。

③ 输出电压偏高，调整不下来：如果滤波电容器 C_1 两端的电压正常，则是由调整管的管压降 U_{CE1} 较小引起的，此时检测 VT_3 的集电极电压是否偏高，然后检查 VT_3 和 VZ 是否断路。取样电路中元器件断开也会造成这个故障。

④ 输出直流电压纹波系数大：主要是由滤波电容器容量变小或漏电引起的，检查 C_1、C_2 和 C_3 是否漏电。

三、操作记录

1．测试

（1）用万用表测量交流输入电压、整流滤波输出电压及输出电压 U_o。调节 R_P 的阻值为最大或最小，分别测量出 U_{omin} 和 U_{omax}，即可知输出电压的可调范围。

（2）调节 R_P 的阻值使 $U_o = 12V$，用万用表测量 VT_1、VT_2、VT_3 的各极电位。

（3）调节 R_P 的阻值使 $U_o = 12V$，测量接入 R_L 时与不接 R_L 时的输出电压。

（4）观察输入交流电压、整流滤波输出电压、输出电压的实际工作波形。将测量及观察结果记录在表 4-3 中。

表 4-3　具有放大环节的串联型直流稳压电源电路测量记录表

测量值	输入交流电压 U_2/V	整流滤波输出电压 U_i /V	输出电压 U_o/V	U_{omin}/V	U_{omax}/V	不接 R_L 时的 U_o/V	接入 R_L 时的 U_o/V
测量结果							
测量值	U_{C1}/V	U_{B1}/V	U_{E1}/V	U_{C2}/V	U_{B2}/V	U_{E2}/V	—
测量结果							—
测量值	U_{C3}/V	U_{B3}/V	U_{E3}/V	—	—	—	—
测量结果				—	—	—	—
输入交流电压的波形			**整流滤波输出电压的波形**			**输出电压的波形**	
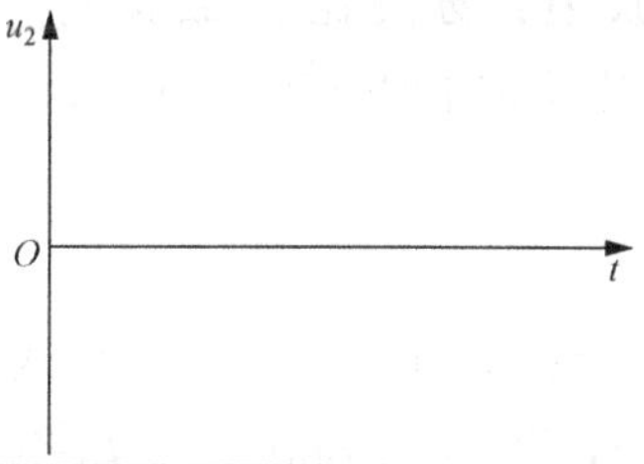							

2．任务评价

任务评价表见附录 A。

任务二　三端可调式集成稳压电源装配与调试

任务引入

集成稳压电路将串联型稳压电路及保护电路集成在一块硅晶片上，具有体积小、外围元器件少、性能稳定及可靠等优点，使用者只要了解其外部特性和应用线路连接图，即可正确使用，近年来已得到广泛应用，三端串联集成稳压器的在中小功率的稳压电源中应用较为广泛。

任务目标

1. 了解三端固定式集成稳压器、三端可调式集成稳压器的引脚排列及功能。
2. 了解三端固定式集成稳压器、三端可调式集成稳压器的基本应用电路。
3. 能进行三端可调式集成稳压电源的装配与调试。

相关知识

集成稳压器的种类很多，按功能不同划分，可分为三端固定式集成稳压器和三端可调式集成稳压器。其中，三端固定式集成稳压器的应用较为普遍。

一、三端固定式集成稳压器

三端固定式集成稳压器分为正电压输出稳压器和负电压输出稳压器两类，常用的有CW78××系列（输出正电压）和CW79××系列（输出负电压），它们的输出电压有5V、6V、8V、9V、12V、15V、18V和24V八挡，78/79后面的两位数字表示其输出电压值，78/79后面的字母表示最大输出电流：无字母为1.5A，L为0.1A，M为0.5A，T为3A，H为5A。如CW7805表示其输出电压是+5V，最大输出电流为1.5A；CW79M12表示其输出电压是−12V，最大输出电流为0.5A。使用时可根据自己的需求选择相应的稳压器。

1. CW78××系列

CW78××系列是正电压输出三端固定式集成稳压器，其引脚排列如图4-9（a）所示，1脚为输入端（U_i），2脚为公共端（ADJ），3脚为输出端（U_o）。通常是在整流滤波电路之后接入三端固定式集成稳压器，CW78××系列组成的基本应用电路如图4-10所示，电路中的C_1用于抑制电路产生的自激振荡并减小纹波电压；C_2用于消除输出电压中的高频噪声；C_1、C_2通常选取容量小于1μF的电容器。为抑制低频干扰，常在C_2两端并联10μF左右的电解电容器。若输出端使用大电容器，则一旦输入端短路，输出端的电容器就向稳压器放电，易使稳压器损坏，因此可在稳压器输入端与输出端之间跨接一个二极管，如图4-10中虚线所示。

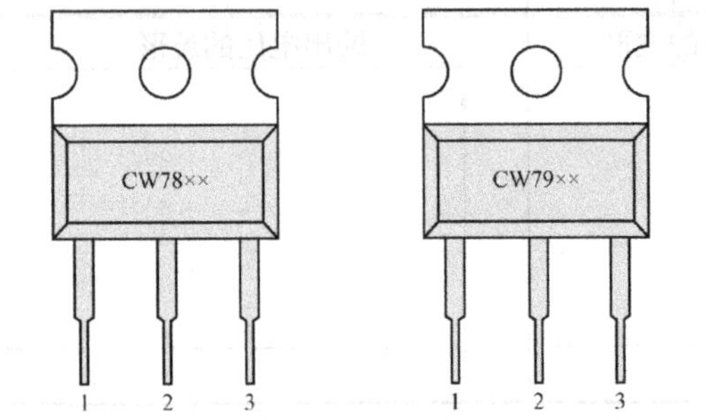

（a）CW78××系列引脚排列图　（b）CW79××系列引脚排列图

图4-9 CW78××系列与CW79××系列引脚排列图

2. CW79××系列

CW79××系列是负电压输出三端固定式集成稳压器，其引脚排列与CW78××系列相同，如图4-9（b）所示，但引脚功能不同，1脚为公共端，2脚为输入端，3脚为输出端。CW79××系列组成的基本应用电路如图4-11所示。

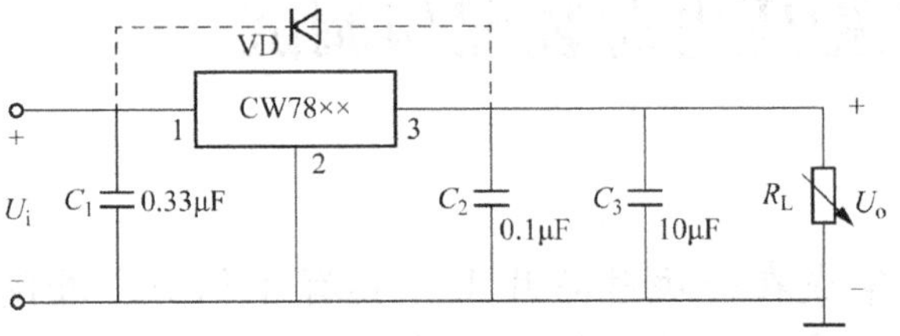

图4-10 CW78××系列组成的基本应用电路

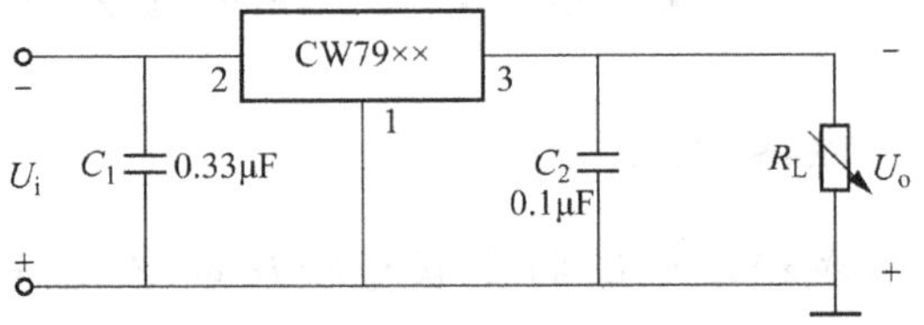

图4-11 CW79××系列组成的基本应用电路

二、三端可调式集成稳压器

三端可调式集成稳压器其外形及引脚排列都和三端固定式集成稳压器相同，但其引脚功能有区别。三端可调式集成稳压器CW317作为正电压输出稳压器时，1脚为调整端，2脚为输出端，3脚为输入端；作为负电压输出稳压器时，1脚为调整端，2脚为输入端，3脚为输出端。CW317的输出电压在±(1.2～37) V范围内连续可调，输出电流与三端固定式集成稳压器相同，分为几个档次。

CW317组成的基本应用电路如图4-12所示。电路中的R_P和R组成取样电路，C_2用于抑制高频干扰；C_3用于减小输出电压中的纹波；C_4用于防止电路自激振荡；VD_1、VD_2为保护二极管，避免输入端或输出端短路导致CW317承受过高的反向电压而损坏。

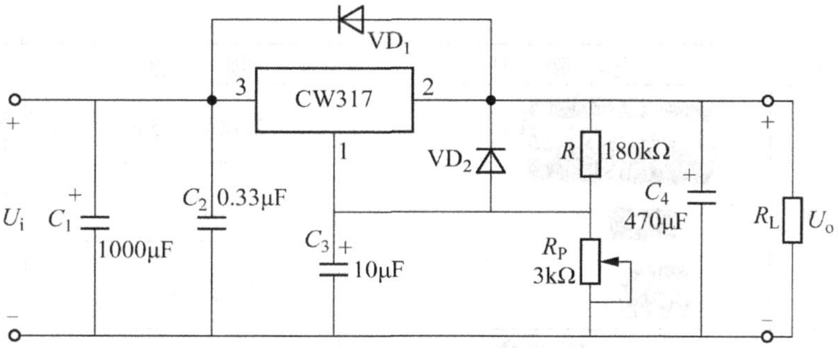

图 4-12　CW317 组成的基本应用电路

任务操作

三端可调式集成稳压电源装配与调试

一、器材

常用电子组装工具一套，万用表一块，配套元器件若干。

二、操作步骤

图 4-13 所示为三端可调式集成稳压电源电路。

1．元器件的识别与检测

1）元器件的识别

图 4-13 所示电路的元器件识别与检测表如表 4-4 所示，对照电路图逐一对元器件进行识别。

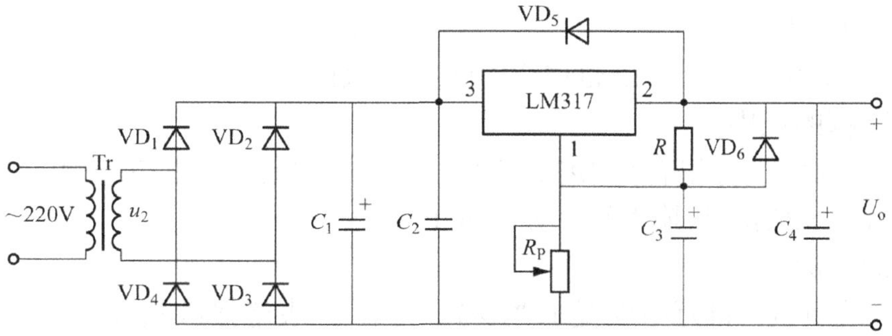

图 4-13　三端可调式集成稳压电源电路

表 4-4　三端可调式集成稳压电源电路的元器件识别与检测表

符　号	名　称	实　物　图	规　格	检测结果
R	色环电阻	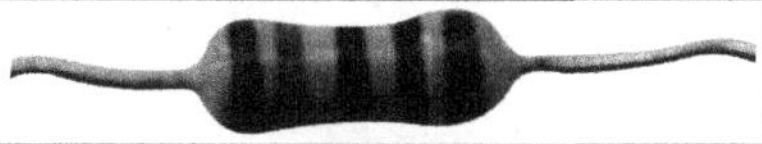	120Ω	实测值：
RP	微调电位器		5kΩ	实测值：
				质量：
C2	涤纶电容器	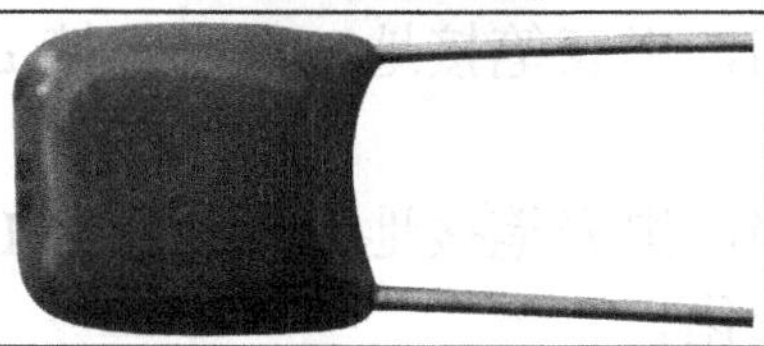	0.22μF	标称值：
				质量：

续表

符　号	名　称	实　物　图	规　格	检测结果
C_1	电解电容器	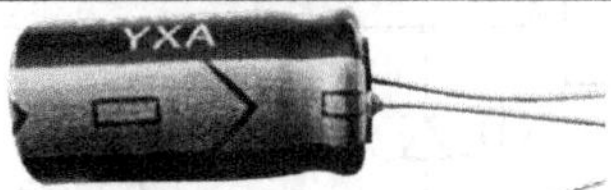	2200μF/25V	正、负极性： 质量：
C_3			10μF/16V	正、负极性： 质量：
C_4		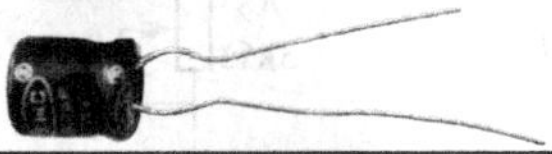	100μF/16V	正、负极性： 质量：
VD_1～VD_6	整流二极管		1N4007	正、反向电阻： 质量：
Tr	电源变压器		AC 220V/12V 10W	一次绕组阻值： 二次绕组阻值：
IC	三端可调式 集成稳压器	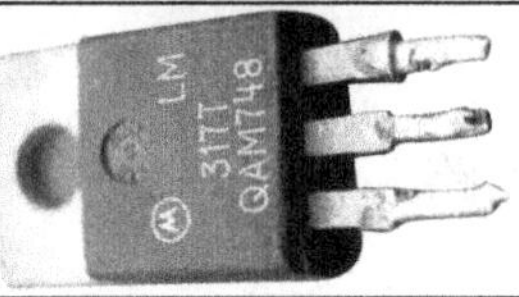	LM317	引脚识别： 质量：

2）元器件的检测

（1）色环电阻、微调电位器、电解电容器、二极管等元器件的检测请参阅前文中的相关内容。

（2）三端可调式集成稳压器 LM317 的识别与检测。

① LM317 引脚的识别。

将 LM317 引脚朝下，标记有“LM317”的一侧面对自己，从左边开始，引脚依次是调整端、输出端和输入端，如图 4-14 所示。

图 4-14　LM317 的引脚排列

② LM317 的检测。

判断 LM317 的质量：将万用表置于“R×1k”挡，红表笔接散热片（小圆孔金属片），黑表笔依次接 1、2、3 脚，测量其阻值，检测到的结果应分别为 24kΩ、0Ω、4kΩ。

CW78××系列、CW79××系列的检测采用相同的方法，将测得的阻值进行比较，应是输入端阻值最大，公共端阻值为 0Ω。

2．电路的制作与调试

1）电路制作

根据图 4-13 所示电路和元器件实物，按工艺要求在通用印制电路板上进行元器件布局，对元器件的引脚进行成形加工，完成电路元器件的插装与焊接，如图 4-15 所示。

2）电路调试

电路检查无误后，接通电源，进行调试。

① 将万用表置于直流电压“10V”挡，黑表笔接地，红表笔接 LM317 的 1 脚，调节 R_P 的阻值，1 脚电位应均匀地升高或降低。

② 将万用表置于直流电压“50V”挡，黑表笔接地，红表笔接 LM317 的 2 脚，调节 R_P 的阻值，2 脚电位应在 1.2～21V 范围内变化。

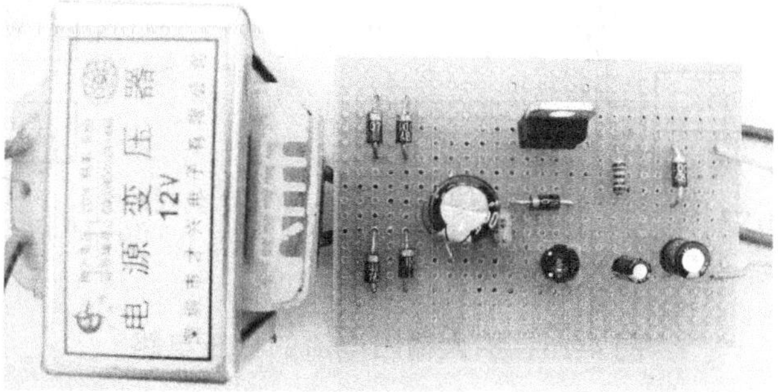

图 4-15 三端可调式集成稳压电源电路的装接图

如果测量结果与上述结果不一致，可能出现的故障及原因如下。

① LM317 输出端无电压，原因可能为 LM317 损坏。

② LM317 输出端的电压调整范围小，原因为 R_P 或 R 性能不良造成调压电路的分压比达不到要求。

③ LM317 输出端的电压只有 2V 且不可调，原因为 R 开路。

④ LM317 输出端的电压为 21V 且不可调，原因可能为 LM317 的 3 脚虚焊或 R_P 开路。

⑤ LM317 输出端的电压为最小值 1.25V 且不可调，原因为 R_P 短路。

三、操作记录

1．测试

（1）用万用表测量 LM317 的 3 脚电位。

（2）调节 R_P 的阻值，测量 LM317 的 1 脚电位变化。

（3）调节 R_P 的阻值，测量 LM317 的 2 脚电位变化。

将测量结果记录在表 4-5 中。

表 4-5 三端可调式集成稳压电源电路的测量记录表

测 量 值	测量结果
LM317 的 3 脚电位/V	
调节 R_P 的阻值，LM317 的 1 脚电位的变化	
调节 R_P 的阻值，LM317 的 2 脚电位的变化	

2．分析

（1）LM317 的 3 脚电压为什么比输入的交流电压高？

（2）调节 R_P 的阻值，LM317 的 2 脚输出电压变化范围为什么如此大？

3．任务评价

任务评价表见附录 A。

知识拓展

1．CW78××系列三端固定式集成稳压器的应用与技巧

（1）扩大输出电流的稳压电路。

图 4-16（a）所示为扩大输出电流的稳压电路。该电路通过外接三极管等元器件来扩大输出电流，以满足不同负载的需要，其中，二极管用于消除三极管的基-射极电压 U_{BE} 对输出电压的影响。图 4-16（b）所示电路将两个参数完全一致的 CW78××系列集成块并联，它的最大输出电流扩展为 3A。

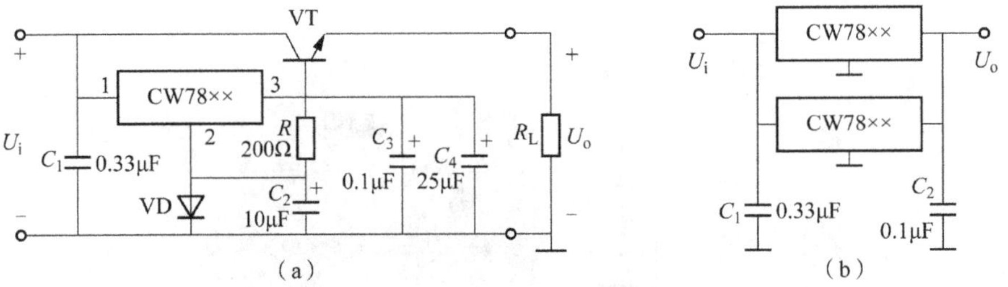

图 4-16　扩大输出电流的稳压电路

（2）输出电压可调的稳压电路。

图 4-17 所示为输出电压可调的稳压电路，电路中 R_1 两端的电压 $U_{\times\times}$ 为 CW78××的标称输出电压，一般情况下，$U_o \approx (1+R_2/R_1)U_{\times\times}$。只要选择合适的 R_1、R_2 和 $U_{\times\times}$，就可以得到所需要的输出电压。

2．三端固定式集成稳压器的应用与技巧

（1）电压极性变换电路。

如果只有 CW78××系列，需要输出负电压，则可按图 4-18（a）所示方法连接；如果只有 CW79××系列，需要输出正电压，则可按图 4-18（b）所示方法连接。

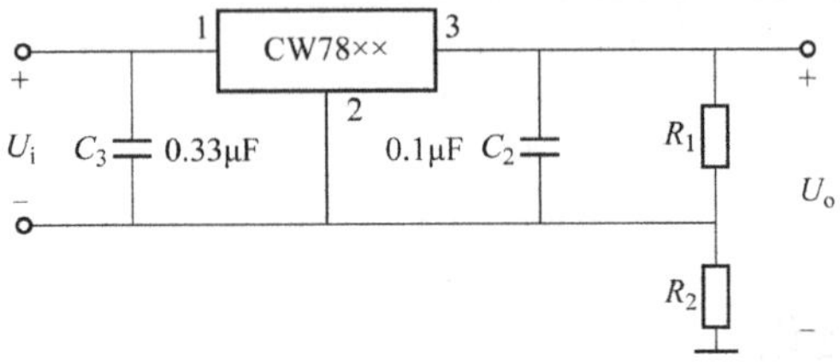

图 4-17　输出电压可调的稳压电路

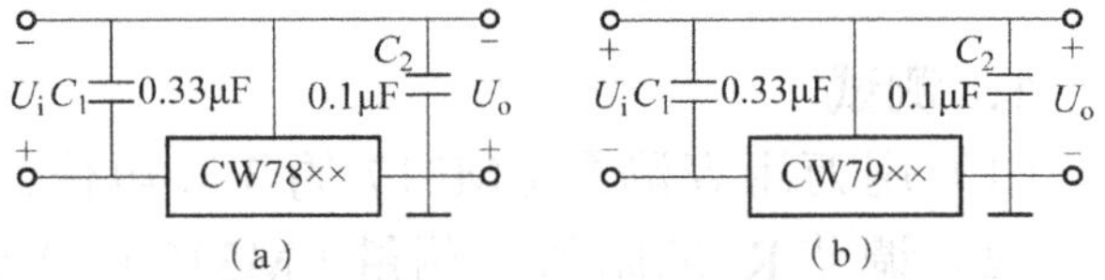

图 4-18　电压极性变换电路

（2）正负输出的稳压电源。

图 4-19 所示电路是采用 CW78××系列和 CW79××系列组成的正负输出稳压电源电路，两组电源采用同一个整流电源和同一个公共接地端。

3．正负输出电压可调的稳压电路

图 4-20 所示为采用 CW317 和 CW337 构成的正负输出电压可调稳压电源电路，电路对称，调节电位器可使输出电压在±(1.2～20) V 范围内变化，正电源或负电源也可单独使用。

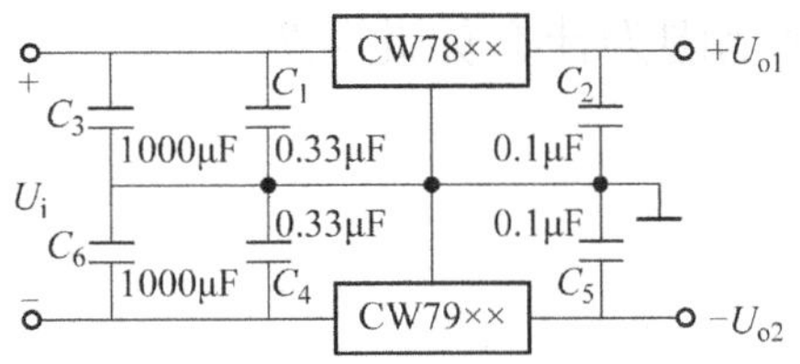

图 4-19　正负输出稳压电源电路

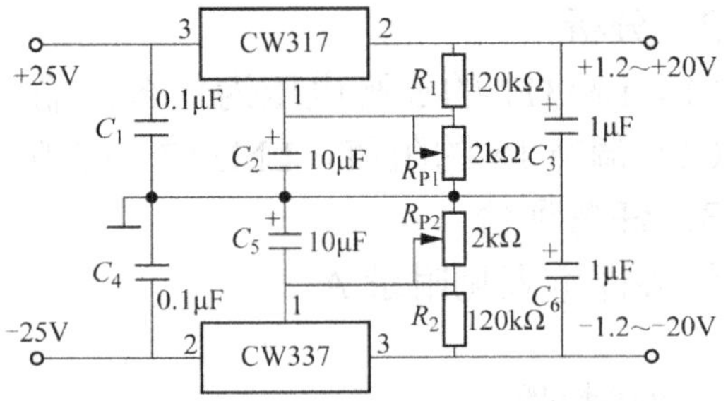

图 4-20　正负输出电压可调稳压电源电路

任务三　串联开关型直流稳压电源装配与调试

任务引入

本项目任务一中所述串联型稳压电路中的调整管连续地工作在线性放大状态，功耗大、效率低，为解决调整管的散热问题，还要加装散热器。开关型直流稳压电源使调整管交替工作在截止状态和饱和状态，即开关状态，截止时的功耗接近于零，饱和导通时的管压降很小，可大大提高电路的效率。它具有功耗小、体积小、质量轻、稳压范围大、易于实现自动保护等优点，目前广泛应用于电视机、影碟机、摄录一体机、计算机、仪器仪表等设备。

任务目标

1. 了解开关型直流稳压电源的类型。
2. 理解开关型直流稳压电源的基本工作原理。
3. 能进行串联开关型直流稳压电源的装配与调试。

相关知识

开关型直流稳压电源根据调整管与负载的连接方式分为串联开关型直流稳压电源和并联开关型直流稳压电源。串联开关型直流稳压电源中的调整管与负载串联，输出电压小于输入电压，故又称为降压型稳压电路。并联开关型直流稳压电源中的调整管与负载并联，输出电压大于输入电压，故又称为升压型稳压电路。

图 4-21 所示为简单的串联开关型直流稳压电源。电路中的 R_5、R_P、R_6 组成取样电路；VT_4 是比较放大管；VZ 和 R_4 组成基准电压电路；三极管 VT_1、VT_2 构成开关调整管；VT_3、R_2、C_1 组成控制开关调整管交替工作的充放电振荡电路；L、C_2 构成的滤波电路将开关调整管作用下的方波转变成平滑的直流电；VD 是续流二极管。

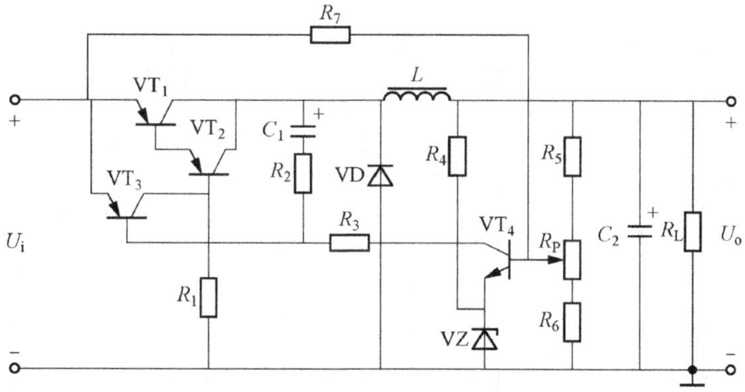

图 4-21 简单的串联开关型直流稳压电源

假设 VT_3 饱和导通，VT_3 的 U_{CE3} 较低，使 VT_1、VT_2 截止，VT_3 的基极电流 I_{B3} 通过 R_2 向电容器 C_1 充电，随着 C_1 的充电，VT_3 的基极电位逐步升高，使 VT_3 截止，U_{CE3} 升高，VT_1、VT_2 进而饱和导通，这时 C_1 通过 R_2、R_3、VT_4 放电，放电时间的长短取决于 VT_4 基极电位的高低，基极电位越高，放电越快。随着 C_1 的放电，VT_3 的基极电位下降，再次使 VT_3 转入饱和状态，VT_1、VT_2 转入截止状态。这样，VT_3 和 VT_1、VT_2 复合管就自动轮流饱和导通和截止。

当电网电压波动或负载变化引起输出电压 U_o 升高时，VT_4 的基极电位 U_{B4} 升高，I_{C4} 增大，C_1 放电的速度加快，缩短了 VT_3 处于截止状态的时间，VT_1、VT_2 饱和导通的时间也缩短了，从而使输出电压降低，稳定了输出电压。

综上所述，开关型直流稳压电源根据输出电压的偏离情况，自动发出信号控制开关调整管的饱和导通与截止时间，从而改变输出电压的高低，保持输出电压的稳定。若开关调整管的饱和导通时间长，截止时间短，则输出电压高；若开关调整管的饱和导通时间短，截止时间长，则输出电压低。

开关型直流稳压电源的开关调整管不断在饱和状态与截止状态之间转换，从而对电路产生射频干扰，因而电路比较复杂。随着微电子技术的迅猛发展，大规模集成电路技术日臻成熟，开关电源专用集成控制器及单片集成开关型直流稳压电源已被广泛应用，对提高开关型直流稳压电源的性能、降低成本起到了明显作用。

任务操作

串联开关型直流稳压电源装配与调试

一、器材

常用电子组装工具一套，万用表一块，双踪示波器一台，配套元器件若干。

二、操作步骤

1. 认识电路

图 4-22 所示为脉冲宽度调制式串联开关型直流稳压电源电路，主要由电压调整管 VT、取样电路（由 R_7、R_P、R_8 组成）、同相比较放大器（由 IC_1、R_2、R_3 组成）、矩形脉冲发生器（由 IC_2、R_4、R_5、C_3、VD_5 组成）等组成。

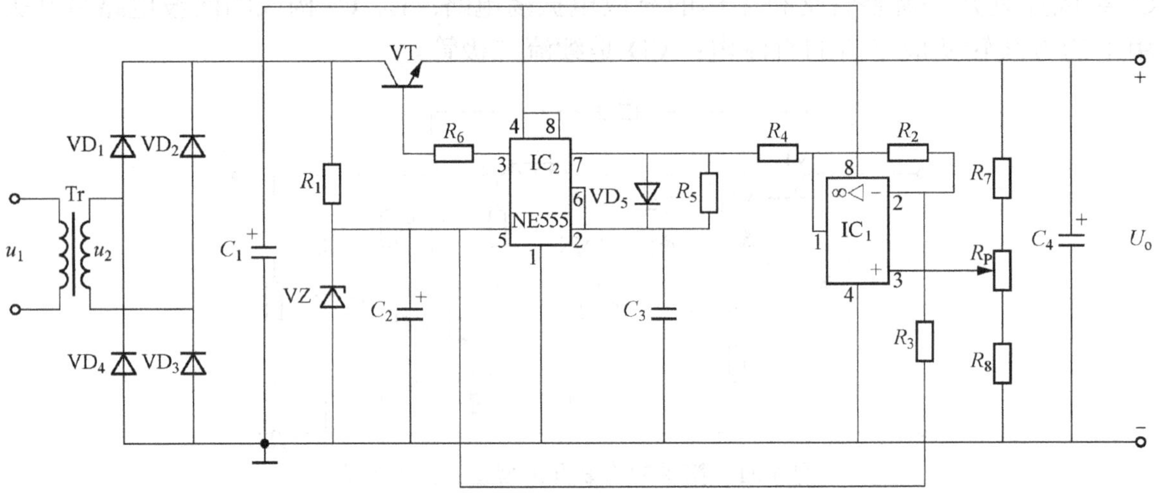

图 4-22 脉冲宽度调制式串联开关型稳压电源电路

调整管 VT 的导通或截止由矩形脉冲发生器输出的脉冲控制，高电平时导通，低电平时截止。当输出电压下降时，取样电压也随之下降，同相比较放大器的输出电压下降，该电压作为 C_3 的充电电源，其下降使 C_3 充电速度减慢，时间延长，IC_2 输出的正脉冲宽度变宽，VT 导通时间变长，输出电压升高，达到了稳压的目的。由 NE555 构成的矩形脉冲发生器 5 脚连接的是 3V 稳压电源，矩形脉冲发生器的翻转不取决于电源电压。当 2 脚、6 脚的电压小于 1.5V 时，电路输出高电平，电容器 C_3 充电；当 2 脚、6 脚的电压大于 3V 时，矩形脉冲发生器翻转输出低电平，电容器 C_3 放电。

2. 元器件的识别与检测

1）元器件的识别

图 4-22 所示电路的元器件识别与检测表如表 4-6 所示，对照电路图逐一对元器件进行识别。

表 4-6　脉冲宽度调制式串联开关型直流稳压电源电路的元器件识别与检测表

符　号	名　称	实 物 图	规　格	检测结果
R_1	色环电阻		2kΩ	实测值：
R_2、R_5			10kΩ	实测值：
R_3、R_4			1kΩ	实测值：
R_6			2.2kΩ	实测值：
R_7			6.8kΩ	实测值：
R_8			2.7kΩ	实测值：
R_P	多圈电位器		3296（5kΩ）	实测值：
				质量：
C_3	涤纶电容器		0.22μF	标称值：
				质量：
C_1	电解电容器		220μF/25V	正、负极性：
				质量：
C_2			10μF/16V	正、负极性：
				质量：
C_4		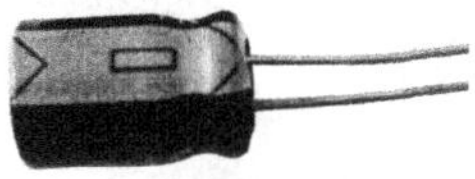	220μF/16V	正、负极性：
				质量：
VD_1～VD_4	整流二极管		1N4001	正、反向电阻：
				质量：
VD_5	开关二极管		1N4148	正、反向电阻：
				质量：
VZ	稳压二极管	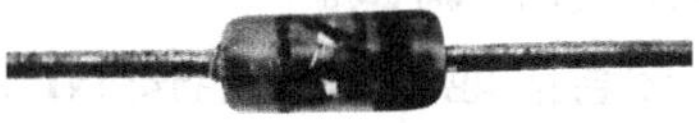	3V	正、负极性：
				正、反向电阻：
				稳压值：
VT	三极管	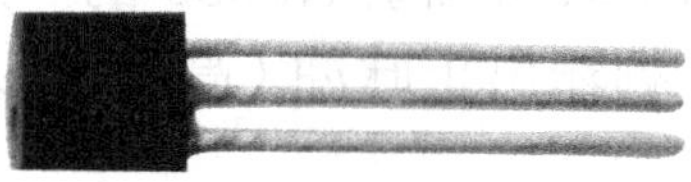	9013	类型：
				引脚排列：
				质量及放大倍数：
IC_1	集成运放		LM358	引脚排列：
				引脚识别：
IC_2			NE555	引脚排列：
				引脚识别：

① LM358 的识别。

LM358 采用 DIP-8PIN（双列直插式 8 脚）封装，引脚功能如表 4-7 所示。

表 4-7　LM358 的引脚功能

1 脚	2 脚	3 脚	4 脚	5 脚	6 脚	7 脚	8 脚
输出 1	反相输入 1	同相输入 1	接地端	同相输入 2	反相输入 2	输出 2	正电源端

② NE555 的识别。

NE555 采用 DIP-8PIN（双列直插式 8 脚）封装，引脚功能如表 4-8 所示。

表 4-8　NE555 的引脚功能

1 脚	2 脚	3 脚	4 脚	5 脚	6 脚	7 脚	8 脚
接地端	低触发端	输出端	复位端	控制端	高触发端	放电端	正电源端

NE555 的详细内容请参阅相关任务。

2）元器件的检测

色环电阻、多圈电位器、电解电容器、三极管等元器件的检测请参阅前文中的相关内容。

3．电路的制作与调试

1）电路制作

根据图 4-22 所示电路和元器件实物，按工艺要求在通用印制电路板上进行元器件布局，对元器件的引脚进行成形加工，完成电路元器件的插装与焊接，如图 4-23 所示。

图 4-23　脉冲宽度调制式串联开关型直流稳压电源电路的装接图

2）电路调试

电路装接完成并检查无误后，接通电源，进行调试。

将万用表置于直流电压“10V”挡，黑表笔接地，红表笔接 NE555 的 2 脚，调节 R_P 的阻值，2 脚电位应均匀地升高或降低。用双踪示波器观察 NE555 的 3 脚输出，正脉冲波形应逐渐变窄或加宽。当 2 脚电压小于 1.5V 时，3 脚输出正脉冲（高电平）；当 2 脚电压大于 3V 时，3 脚输出负脉冲（低电平）。

三、操作记录

1．测试

（1）调节 R_P 的阻值为最大或最小，分别测量出 U_{omin} 和 U_{omax} 值，即可知输出电压的可调范围。

（2）调节 R_P 的阻值，测量 NE555 的 2 脚电位变化。

（3）调节 R_P 的阻值，观察 NE555 的 3 脚波形变化。

将结果记录在表 4-9 中。

表 4-9　脉冲宽度调制式串联开关型直流稳压电源的测量记录表

测　量　值	测量结果
U_{omin}/V	
U_{omax}/V	
调节 R_P 的阻值，NE555 的 2 脚电位变化	
调节 R_P 的阻值，NE555 的 3 脚波形变化	

2．任务评价

任务评价表见附录 A。

自我检测

1．判断题

（1）在串联型稳压电路中，改变取样电路的电阻比值可以调整输出电压的大小。（　　）

（2）集成稳压器组成的稳压电源输出的直流电压是不可调节的。（　　）

（3）一般情况下，开关型直流稳压电源比线性稳压电路效率高。（　　）

（4）开关型直流稳压电源中的调整管交替工作在饱和状态和截止状态。（　　）

2．选择题（单选，将正确的选项填在括号内）

（1）稳压二极管想要具有稳定的输出电压，必须工作在（　　）。

A．截止区　B．放大区　C．饱和区　D．反向击穿区

（2）在串联型稳压电路中，输出电压的调整范围取决于（　　）。

A．调整管的电压调整范围　B．取样电路中电位器的调整范围

C．稳压二极管的稳定电压　D．比较放大管的比较电压

（3）三端可调式集成稳压电源中 LM317 的输出端电压为最小值 1.25V 且不可调，原因是（　　）。

A．R_P 短路　B．R_P 开路　C．R 短路　D．R 开路

（4）在串联开关型直流稳压电源中，为增大输出电压，要求调整管基极控制信号（　　）。

A．周期减小，导通时间不变　B．周期增大，导通时间不变

C．周期不变，导通时间增长　D．周期不变，导通时间缩短

3．填空题

（1）稳压二极管是工作在（　　）的二极管，其反向电压（　　）的变化会引起（　　）很大的变化，可认为稳压二极管两端的（　　）基本保持不变。

（2）具有放大环节的串联型稳压电路由（　　）电路、（　　）电路、（　　）电路和（　　）电路组成。

（3）直流稳压电源在交流（　　）波动或（　　）变化时，能保持（　　）电压基本稳定。

（4）开关型直流稳压电源能根据输出电压的（　　）情况，自动发出信号（　　）调整管的（　　）与（　　）时间，保持输出电压的稳定。

项目五 正弦波振荡电路

任务一 RC桥式正弦波振荡电路装配与调试

任务引入

在实际应用中，常常需要用各种波形的信号作为测量或控制信号。能自动产生一定频率、幅度和变化特性的电子线路称为自激振荡电路或振荡器，它在通信、广播、自动控制、仪表测量、高频加热及超声探伤等方面有着广泛的应用。

任务目标

1. 了解正弦波振荡电路的基本组成及振荡条件。
2. 了解RC正弦波振荡电路，能估算电路的振荡频率。
3. 能进行RC桥式正弦波振荡电路的装配与调试。

相关知识

一、正弦波振荡电路的组成及自激振荡条件

1. 正弦波振荡电路的组成

我们已经知道负反馈对放大电路的性能会产生一定的影响，那正反馈对电路有怎样的影响呢？当话筒离扬声器很近时，扬声器会发出很大的啸叫声，这是因为话筒将扬声器发出的声音又变换为电信号，经放大后再次推动扬声器发声，这样周而复始，使放大后的信号幅度越来越大，最终形成了啸叫声，这是一个正反馈过程，这种情况称为自激振荡。放大器的自激振荡是不被允许的，但实际需要的能产生一定幅度和频率的正弦波振荡电路正是利用放大器自激振荡的原理制成的。

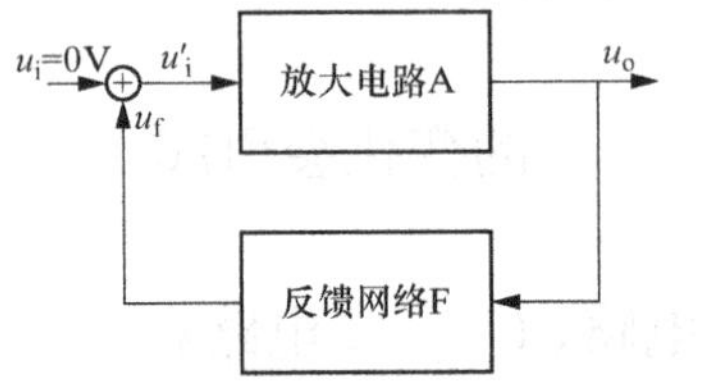

图5-1 正弦波振荡电路的框图

正弦波振荡电路就是一个没有输入信号的正反馈放大电路。正弦波振荡电路由放大电路、反馈网络和选频网络三部分组成，实际上，选频作用总是由放大电路或反馈网络来完成，所以正弦波振荡电路的框图如图5-1所示。

① 放大电路：具有信号放大的作用，将直流电能转换成频率固定的交流能量。

② 反馈网络：将输出信号正反馈到放大电路的输入端，作为输入信号，使电路产生自激振荡。

③ 选频网络：确定电路的振荡频率，使电路产生这一频率的振荡。

2. 振荡条件

自激振荡电路能产生振荡并维持振荡，必须满足两个条件。

① 振幅平衡条件：反馈信号与输入信号幅度相等，即

$$AF \geqslant 1$$

式中，A 为放大电路的开环增益；F 为反馈电路的反馈系数。

② 相位平衡条件：反馈信号与输入信号相位相同，也就是说，电路必须是正反馈，放大电路与反馈网络的总相移必须是 2π 的整数倍，即

$$\varphi = \varphi_A + \varphi_F = 2n\pi \text{（} n \text{ 为整数）}$$

其中，φ_A 为放大电路的相移；φ_F 为反馈网络的相移。

正弦波振荡电路根据选频网络可分为 RC 正弦波振荡电路、LC 正弦波振荡电路和石英晶体正弦波振荡电路。RC 正弦波振荡电路的振荡频率一般在 1MHz 以下，LC 正弦波振荡电路的振荡频率一般在 1MHz 以上，石英晶体正弦波振荡电路可以等效为 LC 正弦波振荡电路，其优点是振荡频率稳定。

二、RC 正弦波振荡电路

1. RC 串并联选频网络的选频特性

RC 串并联选频网络是由 R_2、C_2 并联后和 R_1、C_1 串联组成的，如图 5-2 所示。为调节方便，通常取 $R_1 = R_2 = R$，$C_1 = C_2 = C$。当输入不同频率的信号时，即使输入信号的幅度不变，输出信号的幅度和频率也不相同。

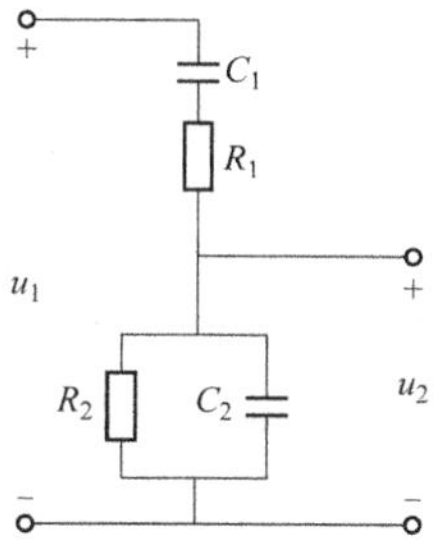

图 5-2　RC 串并联选频网络

当输入信号 u_1 的频率 f 等于 RC 串并联选频网络的谐振频率 f_0 时，输出信号 u_2 的幅度最大，为 $U_1/3$，而且相移为零。当输入信号 u_1 的频率 f 高于或低于 f_0 越多时，输出信号 u_2 的幅度越小且相移也越大。所以 RC 串并联选频网络具有选频特性。

谐振频率 f_0 取决于 RC 串并联选频网络中 R、C 的值，计算公式为

$$f_0 = \frac{1}{2\pi RC}$$

2. RC 桥式正弦波振荡电路

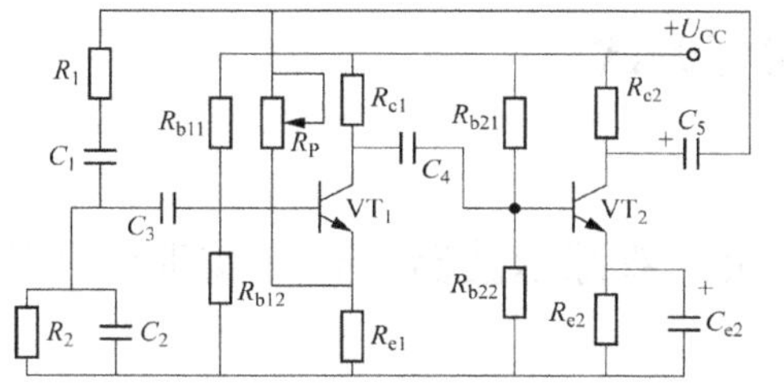

图 5-3　RC 桥式正弦波振荡电路

（1）电路组成。

RC 桥式正弦波振荡电路（见图 5-3）主要是由 R_1、C_1 和 R_2、C_2 构成的具有选频作用的正反馈支路和两级共射极放大电路组成的，电路中的 RC 串并联选频网络和负反馈电阻 R_P、R_{e1} 恰好构成电桥电路，故称为 RC 桥式正弦波振荡电路。

（2）振荡原理。

电路中的输出信号经过 RC 串并联选频网络反馈到输入端，相移为零，形成正反馈，满足相位平衡条件；两级共射极放大电路完全能够满足振幅平衡条件，所以电路很容易起振。电路的振荡频率取决于 RC 串并联选频网络中 R_1、C_1、R_2、C_2 的值，当 $R_1 = R_2 = R$，$C_1 = C_2 = C$ 时，电路的振荡频率为

$$f_0 = \frac{1}{2\pi RC}$$

可见，只要改变 R、C 的数值就能改变电路的振荡频率。

电路中 R_P、R_{e1} 构成的电压串联负反馈，不仅可以降低放大电路的放大倍数，提高放大电路的稳定性，还能增大输入电阻，减小输出电阻，起到稳幅作用。（注意：若负反馈过量，会

造成电路停振；反之，若负反馈量过小，输出信号的幅度过大，容易使输出波形失真。）

3．用集成运放组成的 RC 桥式正弦波振荡电路

图 5-4 所示为用集成运放组成的 RC 桥式正弦波振荡电路，电路是由 R_1、C_1、R_2、C_2 构成的具有选频作用的正反馈电路和同相输入集成运放构成的放大电路组成的。其输入与输出信号的相位差为 0°，RC 串并联选频网络的相位差也为 0°，满足相位平衡条件。当 $f=f_0$ 时，RC 串并联选频网络的反馈系数 $F=1/3$。同相放大器的放大倍数 $A=1+R_4/R_3$，当 R_3、R_4 的取值满足 $R_4 \geqslant 2R_3$ 时，$A \geqslant 3$，满足振幅平衡条件 $AF \geqslant 1$。

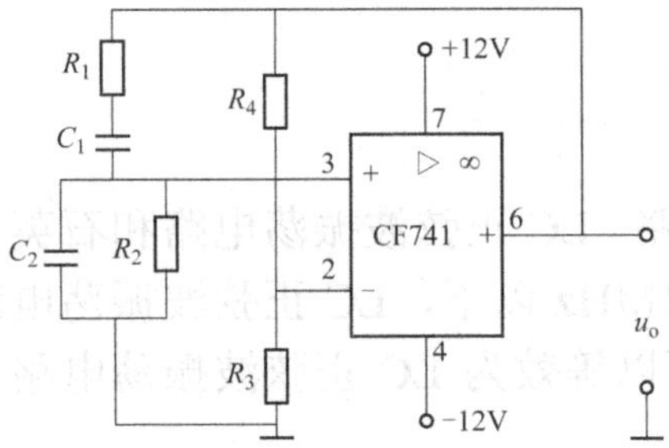

图 5-4　用集成运放组成的 RC 桥式正弦波振荡电路

4．RC 桥式正弦波振荡电路的稳幅

通常利用二极管的非线性特性自动完成 RC 桥式正弦波振荡电路的稳幅，其电路如图 5-5 所示。在负反馈电路中，二极管 VD_1、VD_2 与电阻 R_4 并联。不论输出信号处于正半周还是负半周，总有一个二极管导通，当振荡电路的输出电压幅值增大时，流过二极管的电流增大。使二极管的动态电阻减小，同相放大器的负反馈得到加强，放大器的放大倍数下降，从而使输出电压稳定。

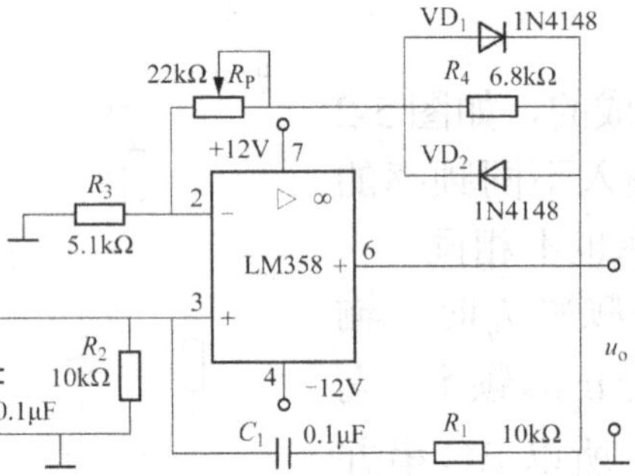

图 5-5　利用二极管完成稳幅的 RC 桥式正弦波振荡电路

RC 桥式正弦波振荡电路的稳幅还可以用热敏电阻来实现，若将图 5-5 所示电路中的电阻 R_4 替换为负温度系数的热敏电阻，当输出电压升高时，通过负反馈电阻 R_4 的电流增大，即温度升高，R_4 的阻值减小，负反馈增强，输出电压幅值下降，从而实现稳幅。同样，在图 5-5 所示电路中，若将电阻 R_3 替换为正温度系数的热敏电阻，也可实现稳幅。

任务操作

RC 桥式正弦波振荡电路装配与调试

一、器材

常用电子组装工具一套，万用表一块，交流毫伏表一块，双踪示波器一台，实训台（信号源、直流电源）一个，配套元器件若干。

二、操作步骤

1．认识电路

在图 5-5 所示的利用二极管完成稳幅的 RC 桥式正弦波振荡电路中，R_1、C_1 串联后和 R_2、C_2 并联构成具有选频作用的正反馈电路，同相输入集成运放构成放大电路，VD_1、VD_2、R_4 并联后再串联 R_P 构成电压串联负反馈。

2．元器件的识别与检测

1）元器件的识别

图 5-5 所示电路的元器件识别与检测表如表 5-1 所示，对照电路图逐一对元器件进行识别。

表 5-1　RC 桥式正弦波振荡电路的元器件识别与检测表

符　号	名　称	实　物　图	规　格	检测结果
R_1、R_2	色环电阻		10kΩ	实测值：
R_3	色环电阻		5.1kΩ	实测值：
R_4	色环电阻		6.8kΩ	实测值：
R_P	微调电位器		22kΩ	实测值：
				质量：
C_1、C_2	涤纶电容器		0.1μF	标称值：
				质量：
VD_1、VD_2	开关二极管		1N4148	正、反向电阻：
				质量：
IC	集成运放		LM358	引脚排列：
				引脚识别：
	集成电路插座		8 孔	
U_{CC}	电源		±12V	

2）元器件的检测

色环电阻、微调电位器、集成运放等元器件的检测请参阅前文中的相关内容。

3．电路的制作与调试

1）电路制作

根据图 5-5 所示的电路和元器件实物，按工艺要求在通用印制电路板上进行元器件布局，对元器件的引脚进行成形加工，完成电路元器件的插装与焊接，如图 5-6 所示。

图 5-6　RC 桥式正弦波振荡电路的装接图

2）电路调试

电路装接完成并检查无误后，将稳压电源的±12V 电压接入集成运放的 7 脚和 4 脚，电源的零端接电路中 u_o 的地端，进行电路调试。用双踪示波器观察电路是否起振、波形有无失真，并调节 R_P 的阻值，使电路起振。可能出现的情况如下。

① 电路不起振，无波形输出。重点检查放大电路的元器件有无损坏及连接线是否开路，正反馈是否接入，反馈信号的深度是否合适。

② 电路起振，但波形失真。调节反馈电阻 R_P 的阻值，使波形正常。

三、操作记录

1．测试

（1）测量 RC 串并联选频网络的参数。

① 将正弦信号接入 RC 串并联选频网络的输入端，RC 串并联选频网络的输出端接至双

踪示波器，估算 RC 串并联选频网络的谐振频率 f_{01}，在估算的谐振频率附近调节频率旋钮，直到双踪示波器上出现最大不失真的波形，此时的频率就是 RC 串并联选频网络的谐振频率 f_0。

② 用交流毫伏表测量 RC 串并联选频网络的输入和输出值，并保持此信号频率不变。

（2）RC 桥式正弦波振荡电路的测量。

① 用双踪示波器观测 RC 桥式正弦波振荡电路的输出波形，调节 R_P 的阻值使 u_o 为不失真的正弦波，再将步骤（1）的正弦信号接入双踪示波器，与 RC 桥式正弦波振荡电路输出信号的频率进行比较。

② 正向或反向调节 R_P 的阻值，使 u_o 为不失真的正弦波，分别测量出 U_{omin} 和 U_{omax} 的值，同时测量相应的 R_P 阻值。将结果记录在表 5-2 中。

表 5-2　RC 桥式正弦波振荡电路的测量记录表

<table>
<tr><th colspan="4">RC 串并联选频网络参数</th><th>振荡电路参数</th><th rowspan="2">误差</th></tr>
<tr><th>f_{01}</th><th>f_0</th><th>U_1/V</th><th>U_2/V</th><th>f_0</th></tr>
<tr><td></td><td></td><td></td><td></td><td></td><td></td></tr>
</table>

<table>
<tr><th>U_{omin}/V</th><th>R_P</th><th>U_{omax}/V</th><th>R_P</th></tr>
<tr><td></td><td></td><td></td><td></td></tr>
<tr><th colspan="2">波　形</th><th colspan="2">波　形</th></tr>
<tr><td colspan="2">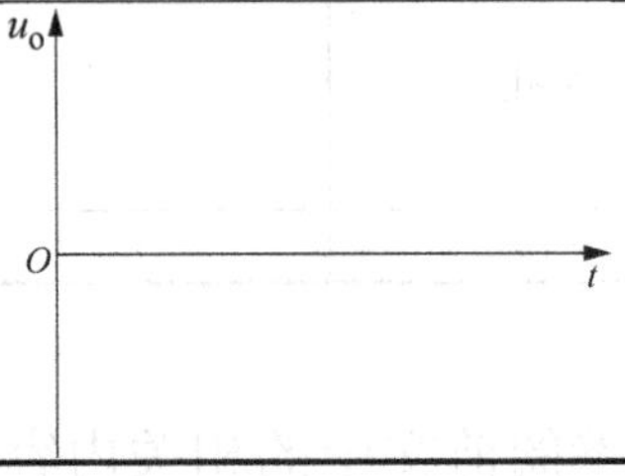</td><td colspan="2">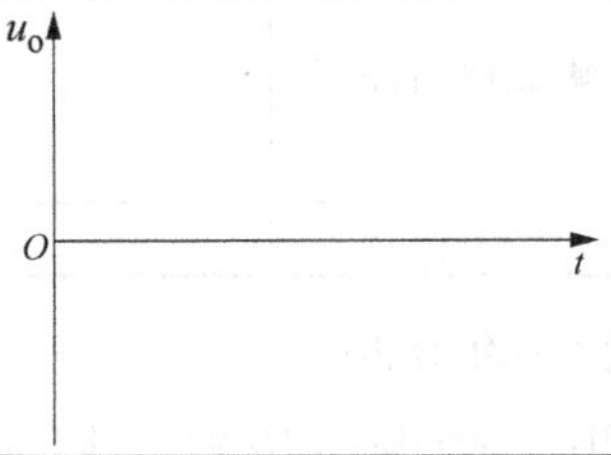</td></tr>
</table>

2．分析

分析 RC 桥式振荡电路中反馈电阻 R_P 的作用。

3．任务评价

任务评价表见附录 A。

任务二　石英晶体正弦波振荡电路装配与调试

任务引入

RC 正弦波振荡电路的振荡频率从几赫兹到几千赫兹，若需要更高频率的振荡信号应采用 LC 正弦波振荡电路，LC 正弦波振荡电路一般可产生振荡频率为几千赫兹到几百兆赫兹的振荡信号。振荡电路的振荡频率由其选频网络中 R、C 或 L、C 的参数来决定，但环境温度变化或电源电压波动等因素会使 L、C 的参数发生变化，造成振荡电路的振荡频率不稳定。想要获得具有高稳定度的振荡频率，可采用石英晶体正弦波振荡电路。

任务目标

1. 了解 LC 正弦波振荡电路的种类。
2. 了解 LC 正弦波振荡电路、石英晶体正弦波振荡电路，会估算电路的振荡频率。
3. 能进行石英晶体正弦波振荡电路的装配与调试。

相关知识

一、LC 正弦波振荡电路

LC 正弦波振荡电路是由电感器 L 和电容器 C 组成选频网络的振荡电路，常用的有变压器反馈式正弦波振荡电路、电感三点式（电感反馈式）正弦波振荡电路和电容三点式（电容反馈式）正弦波振荡电路三种。

1．变压器反馈式正弦波振荡电路

（1）电路结构。

图 5-7 所示为变压器反馈式正弦波振荡电路。电路采用的是分压式负反馈偏置的共射极放大电路，三极管 VT 为振荡放大管，R_{b1}、R_{b2}、R_e 为分压式稳定偏置电阻，L_1、C 组成的并联回路为选频网络，变压器二次绕组 L_2 为正反馈网络，变压器二次绕组 L_3 为振荡信号输出绕组，C_b 为耦合电容器，C_e 为旁路电容器。

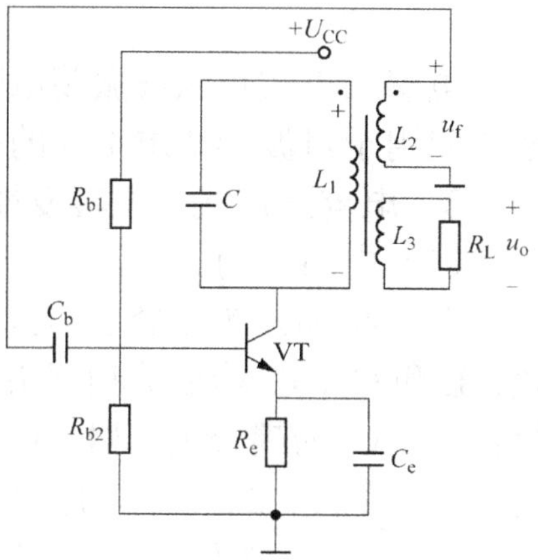

图 5-7　变压器反馈式正弦波振荡电路

（2）振荡原理。

变压器反馈式正弦波振荡电路具有放大电路、选频网络、正反馈网络及三极管非线性稳幅环节，满足振荡电路的基本组成，只要合理选取 L_1、L_2 的匝数，即可使电路满足振幅平衡条件。C 和 L_1 构成并联选频网络，电路的振荡频率（谐振频率）为

$$f_0 \approx \frac{1}{2\pi\sqrt{L_1C}}$$

谐振电压通过 L_2 反馈到放大电路的输入端，根据变压器的同名端，用瞬时极性法可以判断出反馈是正反馈，满足相位平衡条件。

若要求振荡频率 f_0 可调，L_1C 并联回路中的电容器可采用可变电容器，调节可变电容器的容量即可调节 f_0。

变压器反馈式正弦波振荡电路的振荡频率通常在几兆赫兹至几十兆赫兹之间，但振荡频率的稳定性较差，适用于固定频率的振荡器。

2．电感三点式（电感反馈式）正弦波振荡电路

（1）电路结构。

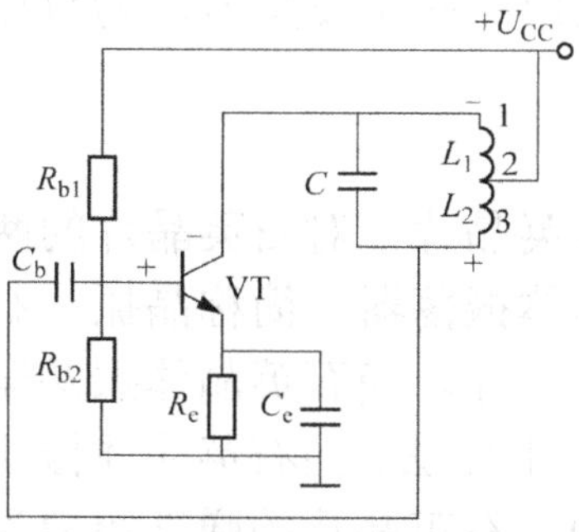

图 5-8　电感三点式正弦波振荡电路

图 5-8 所示为电感三点式正弦波振荡电路。其中，放大电路为分压式偏置共射极放大电路；R_{b1}、R_{b2}、R_e 为偏置电阻，为电路提供稳定的静态工作点；L_1、L_2 和 C 构成选频网络；L_2 为反馈线圈；L_1 为三极管的集电极负载；C_b 为耦合电容器，基极通过 C_b 接到电感线圈的 3 端；C_e 为旁路电容器，使三极管的发射极高频接地，并通过电源接到电感线圈的 2 端，集电极接电感线圈的 1 端。由于三极管的三个电极分别与选频网络中电感线圈的三个端点相连，所以该电路称为电感三点式正弦波振荡电路。

（2）振荡原理。

① 三极管具有放大作用，改变线圈抽头 2 的位置，可以调

节反馈量的大小，使电路满足振幅平衡条件。

② 用瞬时极性法判断，当基极电位的极性为“+”时，集电极电位的极性为“−”，电感线圈 L_1、L_2 的极性均为上“−”下“+”，电感线圈 3 端的“+”极性信号反馈到基极，为正反馈，满足相位平衡条件。

L_1、L_2 和 C 构成并联谐振回路，若考虑 L_1、L_2 之间的互感系数 M，则电路的振荡频率（谐振频率）为

$$f_0=\frac{1}{2\pi\sqrt{(L_1+L_2+2M)C}}$$

电感三点式正弦波振荡电路的振荡频率可达几十千赫兹至几十兆赫兹，但波形失真较大，通常应用于对波形要求不高的振荡器。

3．电容三点式（电容反馈式）正弦波振荡电路

（1）电路结构。

图 5-9 所示为电容三点式正弦波振荡电路。其中，放大电路为分压式偏置共射极放大电路；L 和 C_1、C_2 构成选频网络，利用 C_1 和 C_2 的分压，通过 C_2 将输出信号反馈到三极管的基极；C_b、C_c 为耦合电容器；C_e 为旁路电容器。三极管的三个电极分别通过 C_c、C_e 和 C_b 接到选频网络的 1、2、3 端，所以该电路称为电容三点式正弦波振荡电路。

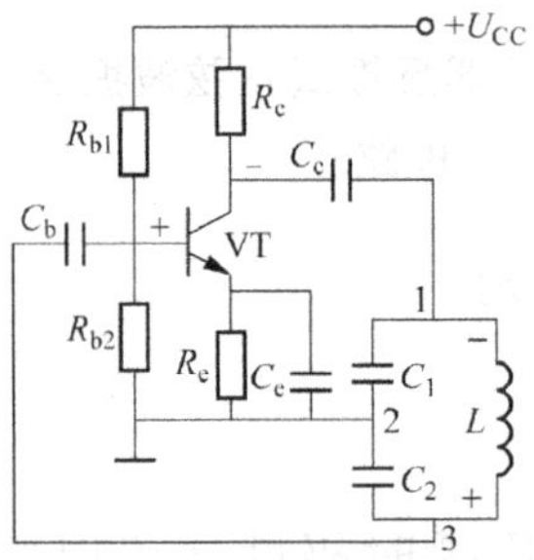

图 5-9　电容三点式正弦波振荡电路

（2）振荡原理。

① 只要适当选择 C_1、C_2 的数值，并使放大电路具有足够的放大倍数，就能满足振幅平衡条件。

② 用瞬时极性法判断反馈为正反馈，满足相位平衡条件。

振荡频率由 C_1、C_2 和 L 的值确定。振荡频率（谐振频率）为

$$f_0=\frac{1}{2\pi\sqrt{L\left(\frac{C_1C_2}{C_1+C_2}\right)}}$$

电容三点式正弦波振荡电路的振荡频率可达 100 MHz 以上，输出波形好，调整 C_1、C_2 的数值可以改变振荡频率，但同时影响起振，适用于固定频率的振荡器。

二、石英晶体正弦波振荡电路

一般情况下，RC、LC 正弦波振荡电路的稳定度较低，当要求振荡电路的频率稳定度高于 10^{-5} 量级时，需要采用石英晶体振荡器作为选频网络。石英晶体正弦波振荡电路被广泛应用在彩色电视机、计算机、遥控器等各类设备中，在通信系统中应用于频率发生器，为数据处理设备提供时钟信号，并为特定系统提供基准信号。

1．石英晶体振荡器的结构

从石英晶体上按一定的方位角切割下的石英晶体薄片，称为石英晶片，对石英晶片的两个端面进行抛光、镀银，引出两个电极，加以封装就构成了石英晶体振荡器，简称晶振。石英晶体振荡器的谐振频率取决于石英晶片的切割方式、几何形状和尺寸。当石英晶体振荡器不振时，可等效为一个平板电容器 C_0，一般 C_0 的容量为几皮法到几十皮法。当石英晶体振荡器振动时，机械振动的惯性等效为电感 L，一般 L 值为 10^{-3}～10^{-2}H；石英晶片的弹性等效为电容 C，C 值为 10^{-2}～10^{-1}pF；石英晶片的摩擦损耗等效为电阻 R，其阻值约为 100Ω。等效电阻的阻值取决于石英晶片的几何尺寸和电极面积，石英晶体振荡器的结构、符号和等效电

路如图 5-10 所示。由等效电路可知，石英晶体振荡器有两个谐振频率，当 L、C、R 支路串联谐振时，串联谐振频率为

$$f_{\mathrm{s}}=\frac{1}{2\pi\sqrt{LC}}$$

当等效电路并联谐振时，并联谐振频率为

$$f_{\mathrm{p}}=\frac{1}{2\pi\sqrt{L\left(\dfrac{CC_0}{C+C_0}\right)}}\approx f_{\mathrm{s}}\sqrt{1+\frac{C}{C_0}}$$

由于 $C\ll C_0$，因此 f_{s} 和 f_{p} 两个频率非常接近。

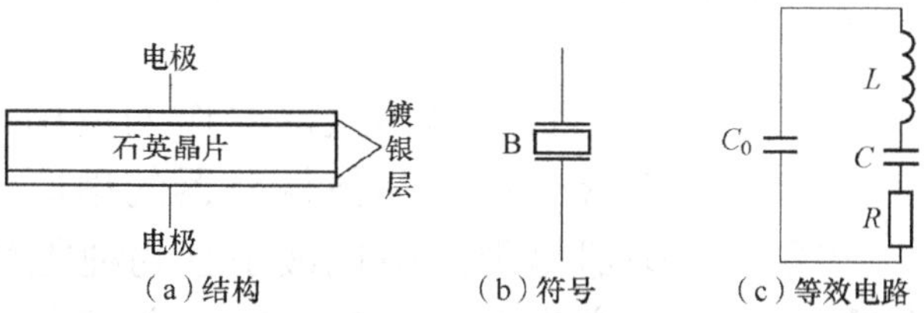

图 5-10　石英晶体振荡器的结构、符号及等效电路

2. 石英晶体振荡器的压电效应

在石英晶体振荡器的两个电极上施加交变电压（电场），石英晶片就会产生机械振动，此机械振动又使石英晶片表面产生交变电压，这种现象称为压电效应。一般情况下，机械振动和交变电压的振幅都很小，只有当外加交变电压的频率与石英晶片的固有频率相同时，两个振幅才将急剧增大，这种现象称为压电谐振，产生压电谐振的频率称为石英晶体振荡器的谐振频率。

3. 石英晶体正弦波振荡电路的分类

石英晶体正弦波振荡电路的形式有很多，但其基本电路只有两类，一类为串联型石英晶体正弦波振荡电路，另一类为并联型石英晶体正弦波振荡电路。

（1）串联型石英晶体正弦波振荡电路。

图 5-11 所示为串联型石英晶体正弦波振荡电路，电路的第一级为共射极放大电路，第二级为共集电极放大电路，C_1 为旁路电容器，石英晶体振荡器接入 VT_1、VT_2 组成的两级放大电路的正反馈网络中，电路的振荡频率为石英晶体振荡器的串联谐振频率 f_{s}。调节 R_P 的阻值，可使电路满足正弦波振荡电路的振幅平衡条件。

（2）并联型石英晶体正弦波振荡电路。

图 5-12 所示为并联型石英晶体正弦波振荡电路，电路中的 C_1、C_2 与石英晶体振荡器中的电容 C_0 并联，总容量大于 C_0，电路的振荡频率等于石英晶体振荡器的并联谐振频率 f_{p}。

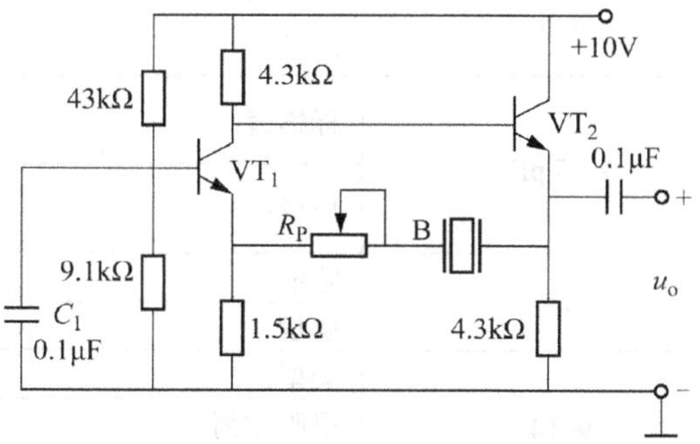

图 5-11　串联型石英晶体正弦波振荡电路

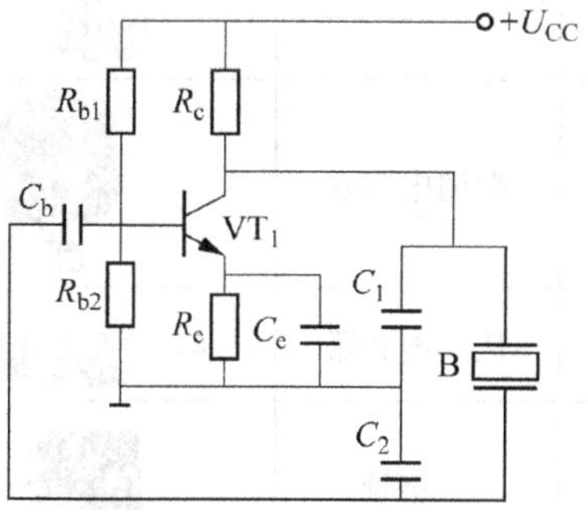

图 5-12　并联型石英晶体正弦波振荡电路

任务操作

石英晶体正弦波振荡电路装配与调试

一、器材

常用电子组装工具一套，万用表一块，双踪示波器一台，实训台（直流电源）一个，配套元器件若干。

二、操作步骤

1．认识电路

在图 5-13 所示的石英晶体正弦波振荡电路中，三极管 VT 与偏置元器件构成共基极放大电路。

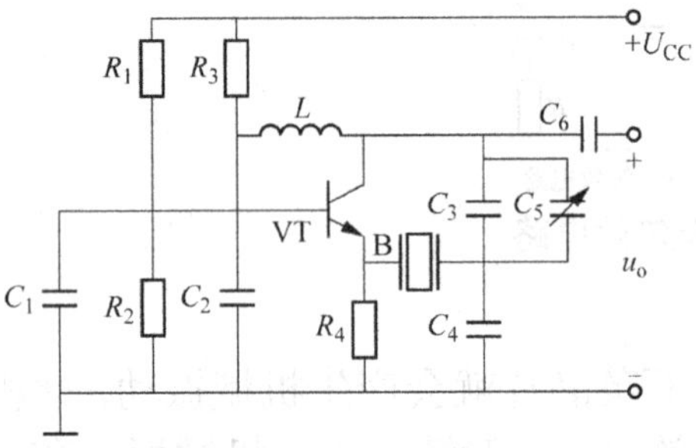

图 5-13　石英晶体正弦波振荡电路

石英晶体振荡器作为反馈元器件，当电路的振荡频率等于石英晶体振荡器的串联谐振频率时，石英晶体振荡器呈现的阻抗最小且为纯阻性，形成强烈的正反馈，电路产生振荡。C_1、C_2 为交流旁路电容器，调节 C_5 的容量可以改变输出信号的幅度。

2．元器件的识别与检测

1）元器件的识别

图 5-13 所示电路的元器件识别与检测表如表 5-3 所示，对照电路图逐一对元器件进行识别。

表 5-3　石英晶体正弦波振荡电路的元器件识别与检测表

符　号	名　称	实　物　图	规　格	检测结果
R_1	色环电阻		20kΩ	实测值：
R_2			2.2kΩ	实测值：
R_3			680Ω	实测值：
R_4			510Ω	实测值：
C_1、C_2	涤纶电容器		33nF/63V	标称值： 质量：
C_3	圆片电容器		300pF	标称值： 质量：
C_4			1 500pF	标称值： 质量：
C_6		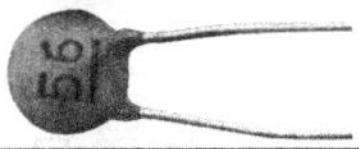	56pF	标称值： 质量：
C_5	微调电容器		22/5 pF	标称值： 质量：
L	色码电感器		3.9μH	阻值： 质量：
VT	三极管		9014	类型： 引脚排列： 质量及放大倍数：

续表

符　号	名　称	实 物 图	规　格	检测结果
B	石英晶体振荡器		JAT5	阻值： 质量：
U_{CC}	电源		±12V	

2）元器件的检测

（1）色环电阻、三极管等元器件的检测请参阅前文中的相关内容。

（2）色码电感器的识别与检测。

先观察色码电感器，应标志清晰、外观整洁，引脚牢固可靠；再用万用表的欧姆挡检测色码电感器的阻值，其阻值应为零或很小，若阻值为∞，则说明该色码电感器内部已开路。

（3）石英晶体振荡器的识别与检测。

① 观察石英晶体振荡器，应外观整洁、无裂纹、标志清晰、引脚牢固可靠。

② 用万用表检测石英晶体振荡器的质量。

用万用表的“R×10k”挡测量两引脚间的阻值，测得的阻值应为∞。若指针在∞处略有摆动，说明该石英晶体振荡器有漏电现象，摆动越明显，说明漏电现象越严重；若阻值很小或为零，说明该石英晶体振荡器已损坏。

③ 判断石英晶体振荡器的谐振特性。用被测的石英晶体振荡器替换实际振荡电路中同型号、同规格的石英晶体振荡器，若电路输出不变，则说明被测石英晶体振荡器的质量良好。

3．电路的制作与调试

1）电路制作

根据图 5-13 所示的电路和元器件实物，按工艺要求在通用印制电路板上进行元器件布局，对元器件的引脚进行成形加工，完成电路元器件的插装与焊接，如图 5-14 所示。

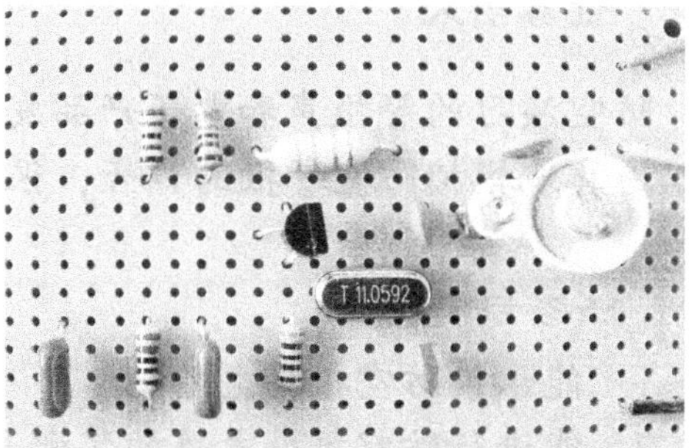

图 5-14　石英晶体正弦波振荡电路的装接图

① 色码电感器紧贴印制电路板水平安装。

② 石英晶体振荡器在其底部离印制电路板 5mm 处垂直安装，注意防静电，焊接时电烙铁外壳应良好接地，不应有漏电现象。

2）电路调试

电路装接完成并检查无误后，接通 12V 电源，进行调试。用双踪示波器观察振荡器是否起振，波形有无失真，并调节 C_5 的容量，使电路起振。可能出现的情况如下。

① 电路不起振，无波形输出：重点检查放大电路的元器件有无损坏及连接线是否开路，正反馈是否引入，反馈信号的深度是否合适。

② 电路起振，但波形失真：调节 C_5 的容量，使波形正常。

三、操作记录

1．测试

（1）用万用表测量三极管 VT 各电极对地的工作电压。

（2）用双踪示波器观察石英晶体正弦波振荡电路的输出波形，调节 C_5 的容量使 u_o 的波形为最大不失真的正弦波，将输出波形及谐振频率记录在表 5-4 中。

表 5-4　石英晶体正弦波振荡电路的测量记录表

<table>
<tr><td colspan="3">三极管各电极的电位</td></tr>
<tr><td>U_c/V</td><td>U_b/V</td><td>U_e/V</td></tr>
<tr><td></td><td></td><td></td></tr>
<tr><td colspan="2">输出波形</td><td>谐振频率 f_0</td></tr>
<tr><td colspan="2">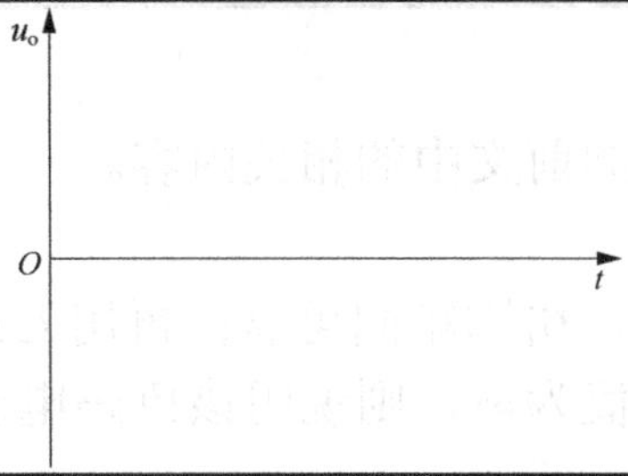
</td><td></td></tr>
</table>

2．分析

分析石英晶体正弦波振荡电路中色码电感器 L 的作用。

3．任务评价

任务评价表见附录 A。

任务三　RC 振荡应用电路装配与调试

任务引入

防空演习的警报声和电子产品发出的声音都是利用振荡电路原理实现的。防空报警电路可以逼真地模拟防空警报的声音，很多电子产品会给生活带来方便和愉悦。

任务目标

1. 能识读防空报警电路。
2. 能进行防空报警电路的装配与调试。

相关知识

一、电动式扬声器

电动式扬声器分为电动式锥盆扬声器、电动式话筒扬声器和球顶式扬声器，其中应用较为广泛的是电动式锥盆扬声器。

电动式锥盆扬声器的结构及图形符号如图 5-15 所示。扬声器振动系统中的音圈均匀地插入磁缝中，当音频电流通过音圈时，音圈中就会产生随音频电流变化的磁场，音圈磁场和磁体的磁场之间相互吸引或相互排斥，就产生了一个向前或向后的力，使音圈沿轴向来回运动。

音圈的运动推动了锥盆的振动，锥盆的振动又带动了周围空气的振动，使扬声器周围的空气密度发生了变化，从而产生了声音。

选择扬声器时，扬声器的额定阻抗应与电路的输出阻抗相等，额定功率应大于电路中功率放大器输出功率的 1.2 倍，并考虑扬声器的工作频率范围及价格。

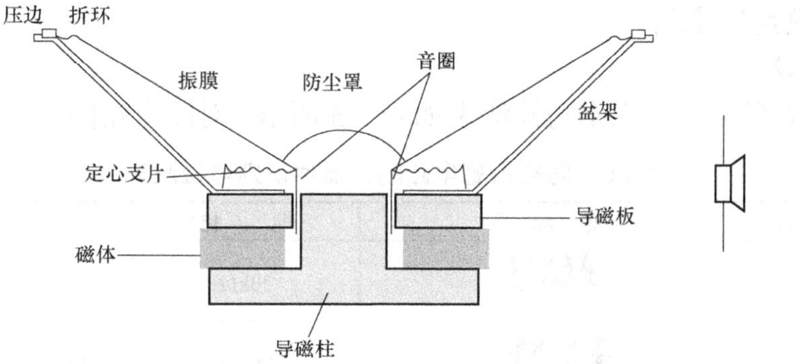

（a）结构　　（b）图形符号

图 5-15　电动式锥盆扬声器的结构及图形符号

二、压电陶瓷片

压电陶瓷片又称为压电陶瓷式扬声器，是在陶瓷片的两面镀上银电极，经极化和老化处理后，再与黄铜片或不锈钢片粘在一起制成的。圆形的黄铜片和陶瓷片上的银层组成了压电陶瓷片的两个电极，图 5-16 所示为压电陶瓷片的外形结构及符号。

当声压作用于压电陶瓷片上时，压电陶瓷片的两个电极便会产生与声波频率相同的音频电信号。当给压电陶瓷片的两端施加音频振荡电压信号时，压电陶瓷片将带动黄铜片一起振动，发出声音，起到扬声的作用。

选择压电陶瓷片时，应根据其实际使用的场合和要求来选取外形，根据对讯响度及讯响频率的需求来确定蜂鸣器的直径、助声腔及外壳尺寸。

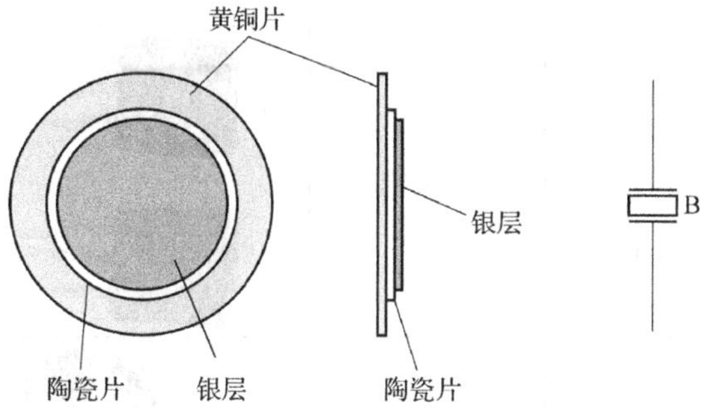

（a）外形结构　　（b）符号

图 5-16　压电陶瓷片的外形结构及符号

任务操作

RC 振荡应用电路装配与调试

一、器材

常用电子组装工具一套，万用表一块，配套元器件若干。

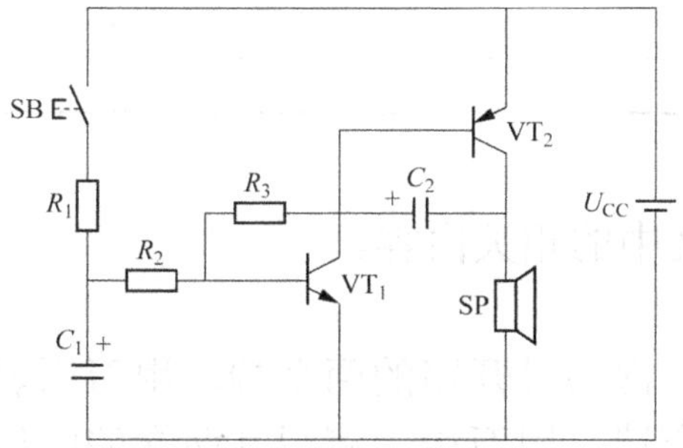

图 5-17　防空报警电路

二、操作步骤

1. 认识电路

图 5-17 所示为由 RC 振荡电路和扬声器构成的防空报警电路。该电路是由三极管 VT_1 和 VT_2，电解电容器 C_1，磁片电容器 C_2，扬声器 SP 及电阻 R_1、R_2、R_3 组成的互补型音频振荡电路。接通电源后，按下按钮开关 SB，电源 U_{CC} 通过按钮开关、电阻 R_1 向电容器 C_1 充电，C_1 两端的电压不断升高，扬声器的发声频率升高；松开按钮开关，电解电容器 C_1 通过电阻 R_2、三极管 VT_1 放电，C_1 两端的电压不断下降，扬声器的发声频率下降，发出类似防空警报的声音，

起伏节奏可随意控制。振荡频率由 C_2 的容量和 R_3 的阻值决定，并受 VT_1 的基极电位控制。

2．元器件的识别与检测

1）元器件的识别

图 5-17 所示电路的元器件识别与检测表如表 5-5 所示，对照电路图逐一对元器件进行识别。

表 5-5 防空报警电路的元器件识别与检测表

符 号	名 称	实 物 图	规 格	检测结果
R_1	色环电阻		20kΩ	实测值：
R_2			56kΩ	实测值：
R_3			2.7kΩ	实测值：
C_1	电解电容器		47μF/16V	正、负极性： 质量：
C_2	磁片电容器	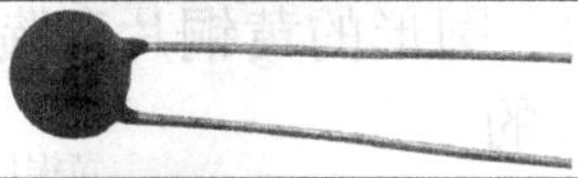	0.01μF	质量：
VT_1	三极管	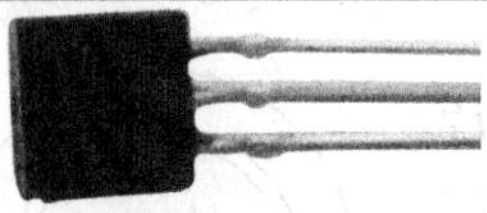	9014	类型： 引脚排列： 质量及放大倍数：
VT_2		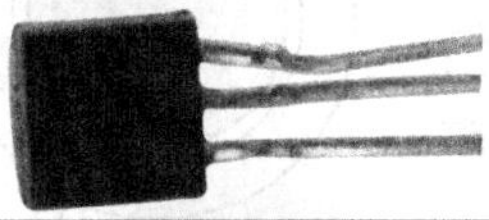	9012	类型： 引脚排列： 质量及放大倍数：
SP	扬声器		8Ω/0.5W	正、负极性： 质量：
SB	按钮开关	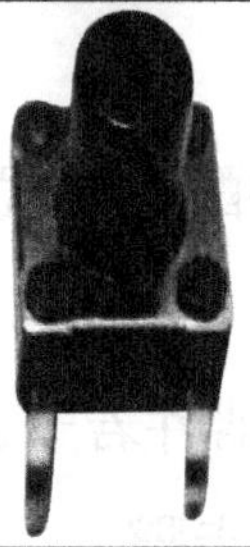	轻触	动合与动断端：
U_{CC}	直流电源		3V	

2）元器件的检测

（1）三极管、色环电阻、电解电容器的检测请参阅前文中的相关内容。

（2）按钮开关的检测。

用万用表识别按钮开关的动合与动断端。动合端是开关常态时开路的两个端，用万用表测得其两端的阻值应为∞；动断端是开关常态时通路的两个端，用万用表测得其两端的阻值应为 0Ω。

（3）扬声器的检测。

① 识别正、负极性：音圈引出线的接线端上直接标有“+”“−”极性。

② 检测质量：将万用表置于“$R\times1$”挡，当两表笔分别接触扬声器音圈引出线的两个接线端时，若能听到明显的“咯咯”声，则表明音圈正常，声音越响，说明扬声器的灵敏度越高。由于扬声器的额定阻抗为直流阻抗的1.2倍，可将扬声器的额定阻抗除以1.2与直流阻抗进行比较。若扬声器的直流阻抗很小，则说明音圈局部有短路现象；若扬声器的直流阻抗为零，则说明音圈完全短路；若扬声器无声，但直流阻抗正常，则音圈可能因变形而被卡死；若扬声器无声且万用表指针无偏转，则可能是音圈引出线开路或音圈已烧断。

（4）压电陶瓷片的检测。

将压电陶瓷片受外力作用时两电极间会产生一定量电荷这一效应作为判断压电陶瓷片质量好坏的依据，将万用表置于直流电压“2.5V”挡，两表笔分别接压电陶瓷片的两极，多次适度按压压电陶瓷片，万用表的指针应在零刻度周围摆动，摆动越大，说明压电陶瓷片的性能越好。如果万用表的指针无反应，则说明压电陶瓷片已损坏。

3. 电路的制作与调试

1）电路制作

根据图5-17所示电路和元器件实物，在通用印制电路板上进行元器件布局，对元器件的引脚进行成形加工，完成电路元器件的插装与焊接，如图5-18所示。

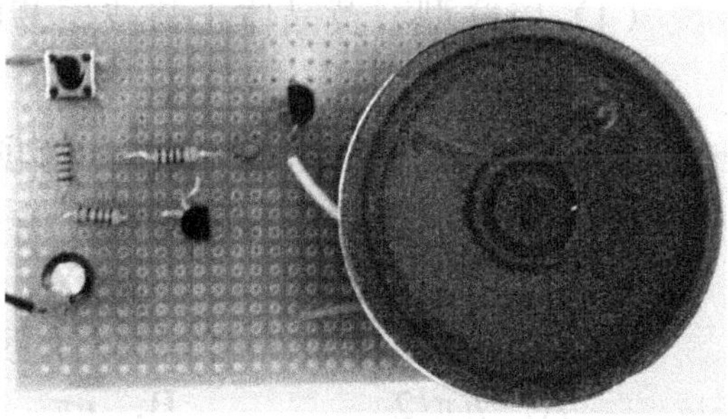

图5-18　防空报警电路的装接图

① 色环电阻水平安装，电解电容器、磁片电容器、三极管垂直安装。

② 按钮开关紧贴印制电路板安装。

2）电路调试

电路装接完成后，若电路工作正常，则接通电源后，按下按钮开关，扬声器的发声频率升高，松开按钮开关，扬声器的发声频率下降，发出类似防空警报的声音。若电路工作不正常，则可能出现的故障及检查内容如下。

① 扬声器无声：检查整个电路是否有未连通之处；扬声器是否损坏；三极管VT_1、VT_2的性能是否良好。

② 扬声器的发声频率不变：检查电解电容器C_1是否性能良好；极性有无接错。

三、操作记录

1. 测试

（1）按下和松开按钮开关时，分别测量三极管VT_1、VT_2的各极电位，并观察万用表指针的变化情况。

（2）按下和松开按钮开关时，用万用表观察C_1两端电压的变化情况，将结果记录在表5-6中。

表5-6　防空报警电路的测量记录表

测试任务	按下按钮开关时			松开按钮开关时		
	U_B	U_C	U_E	U_B	U_C	U_E
VT_1						
VT_2						
C_1两端电压的变化情况						

2. 分析

（1）按下按钮开关时，扬声器为什么发出频率升高的声音？

（2）松开按钮开关时，扬声器为什么发出频率下降的声音？

3. 任务评价

任务评价表见附录 A。

自我检测

1. 判断题

（1）正弦波振荡电路的振荡频率由选频网络中的元器件参数决定。　　（　　）

（2）若 RC 串并联选频网络中电阻的阻值均为 R，电容器的容量均为 C，则其谐振频率 $f_0=\dfrac{1}{RC}$。　　（　　）

（3）石英晶体正弦波振荡电路的谐振频率十分稳定。　　（　　）

（4）串联型石英晶体正弦波振荡电路的振荡频率为石英晶体振荡器的串联谐振频率 f_s。　　（　　）

2. 选择题（单选，将正确的选项填在括号内）

（1）正弦波振荡电路的振幅平衡条件是 AF（　　）。

A. $\geqslant 1$　　B. $=0$　　C. $=1$　　D. 不确定

（2）正弦波振荡电路必须引入正反馈，即放大电路与反馈网络的总相移必须等于（　　）。

A. $n\pi/2$　　B. $n\pi$　　C. $3n\pi/2$　　D. $2n\pi$

（3）在晶片的参数中，与石英晶体振荡器的固有频率有关的是（　　）。

A. 质量　　B. 形状尺寸　　C. 体积　　D. 角度

（4）在检测扬声器时，若其直流阻抗很小，则说明（　　）。

A. 音圈局部短路　　B. 音圈完全短路

C. 音圈可能被卡死　　D. 音圈已烧断

3. 填空题

（1）正弦波振荡电路一般由（　　）、（　　）和（　　）组成，但为了保证其波形稳定，通常还需要（　　）环节。

（2）正弦波振荡电路要产生振荡必须满足（　　）条件和（　　）条件。

（3）正弦波振荡电路产生振荡的相位平衡条件是（　　），即（　　）；振幅平衡条件是（　　），即（　　）。

（4）LC 正弦波振荡电路一般分为（　　）反馈式正弦波振荡电路、（　　）反馈式正弦波振荡电路和（　　）反馈式正弦波振荡电路三种。

项目六 晶闸管应用电路

任务一　晶闸管、单结晶体管识别与检测

任务引入

直流电动机、同步电动机、轨道交通的车辆、无轨电车、电动汽车等设备需要可调的直流电压；灯光调节及电炉的自动恒温控制等操作需要可调的交流电压。计算机、人造卫星等设备中的电源电路和交流电动机中用于变频调速的变频调压电路等都可由晶闸管及其他元器件构成。

任务目标

1. 了解晶闸管的结构及特性，理解其工作原理。
2. 了解单结晶体管的结构与特性。
3. 会使用万用表判断晶闸管及单结晶体管的电极，检测它们的性能。

相关知识

一、晶闸管

晶闸管又称为可控硅，是使半导体器件从弱电进入强电领域，制造技术最成熟、应用最广泛的器件之一。晶闸管分为普通晶闸管和特种晶闸管，特种晶闸管有快速晶闸管、双向晶闸管、可关断晶闸管等。

1．晶闸管的结构及符号

晶闸管内部由四层半导体材料形成的三个 PN 结组成，引出的三个电极分别为阳极 A、阴极 K、控制极 G（也称为门极）。P 门极晶闸管的外形、内部结构和符号如图 6-1 所示。

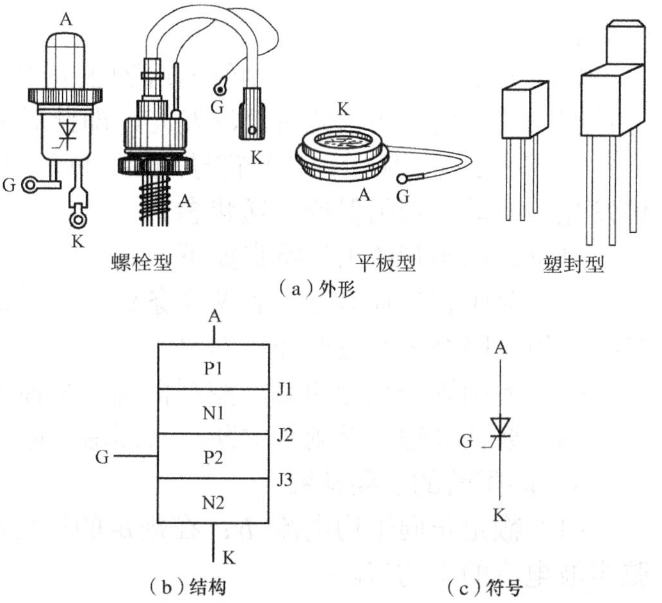

图 6-1　P 门极晶闸管的外形、内部结构和符号

2．晶闸管的工作原理

晶闸管可以理解为一个受控制的二极管，由其符号可知，它也具有单向导电性，与普通二极管不同的是，晶闸管除应具有阳极与阴极之间的正向电压外，还必须给控制极加一个足够大的控制电压，在这个控制电压的作用下，晶闸管就会像普通二极管一样导通了，一旦晶闸管导通，即使控制电压被取消，也不会影响其正向导通的工作状态。

3．晶闸管的导电特性

按图 6-2 在实训台上连接电路，电路由电源、晶闸管、白炽灯和开关组成。

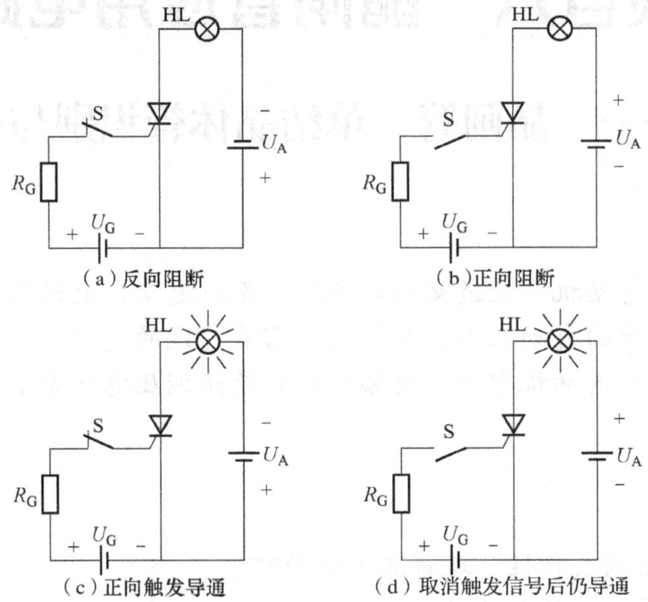

（a）反向阻断　（b）正向阻断

（c）正向触发导通　（d）取消触发信号后仍导通

图 6-2　晶闸管的工作特性

如图 6-2（a）所示，晶闸管阳极经白炽灯连接电源的负极，阴极连接电源的正极，晶闸管两端加反向电压，无论开关 S 断开还是合上，即无论控制极是否加正向电压，此时灯泡都不亮，晶闸管不导通，处于反向阻断状态。

如图 6-2（b）所示，晶闸管阳极连接电源的正极，阴极连接电源的负极，晶闸管两端加正向电压，开关 S 断开，即控制极没加正向电压，此时灯泡不亮，晶闸管不导通，处于正向阻断状态。

如图 6-2（c）所示，晶闸管两端加正向电压，开关 S 闭合，给控制极加一个幅度和宽度都足够大的正向电压，此时灯泡发光，即此时晶闸管导通。

如图 6-2（d）所示，晶闸管导通后，断开开关 S，即去掉施加在控制极的电压，此时灯泡仍发光，即晶闸管仍保持导通状态。

可见，晶闸管的工作特点如下。

（1）晶闸管导通必须具备两个条件：一是晶闸管的阳极与阴极之间必须加正向电压；二是控制极与阴极之间也要加正向电压。

（2）晶闸管一旦导通后，控制极就失去控制作用。

（3）要使导通后晶闸管关断，必须减小阳极电流，使其小于晶闸管的维持电流。

4．晶闸管的主要参数

（1）额定正向平均电流 I_F：在规定的环境温度和散热条件下，晶闸管允许通过的工频正弦半波电流的平均值。

（2）维持电流 I_H：在控制极开路和规定的环境温度下，维持晶闸管导通的最小阳极电流。

（3）触发电压 U_G 和触发电流 I_G：在规定的环境温度及一定的正向电压条件下，为使晶闸管导通，控制极所需的最小电压和电流。

（4）正向阻断峰值电压 U_{DRM}：在控制极开路时，允许加在晶闸管上的最大正向电压。

（5）反向阻断峰值电压 U_{RRM}：在控制极开路时，允许加在晶闸管上的最大反向电压。通

常把 U_{DRM} 和 U_{RRM} 中较小的电压值看作晶闸管的额定电压。

5．双向晶闸管介绍

双向晶闸管相当于两个单向晶闸管的反向并联，是只有一个触发电路的开关器件。它有三个电极，分别为第一电极 T_1、第二电极 T_2 和控制极 G，其等效电路和图形符号如图 6-3 所示。

双向晶闸管第一电极和第二电极的正、反两个方向均可触发导通，加在控制极的正 、负触发信号都能使它导通，因此可利用它实现交流调压、交流控制，也可用它制作交流电子开关、交流固态继电器（无触点）等。

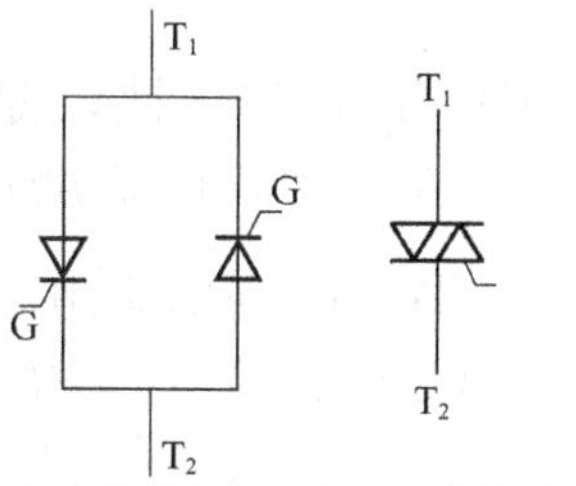

（a）等效电路　（b）图形符号

图 6-3　双向晶闸管的等效电路及图形符号

二、单结晶体管

1．单结晶体管的结构

单结晶体管有一个 PN 结和三个电极，三个电极分别为发射极 E，第一基极 B_1 和第二基极 B_2，所以又称为双基极二极管。单结晶体管的 PN 结可用二极管 VD 等效，当发射极开路时，两基极间相当于一个电阻，用 R_{BB} 表示，$R_{BB}=R_{B1}+R_{B2}$。其中，R_{B1} 随发射极电流的增大而减小。N 型单结晶体管的结构、等效电路、图形符号与引脚排列如图 6-4 所示。

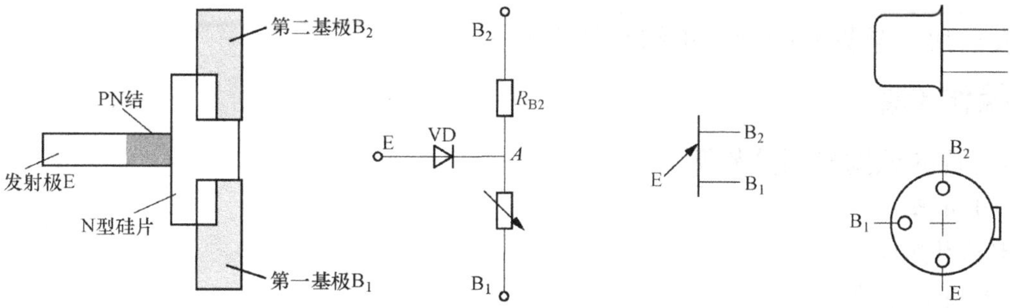

（a）结构　（b）等效电路　（c）图形符号　（d）引脚排列

图 6-4　N 型单结晶体管的结构、等效电路、图形符号及引脚排列

2．单结晶体管的伏安特性

在第一基极 B_1 和第二基极 B_2 间加一固定电压 U_{BB}，发射极电流 I_E 和发射极电压 U_E 之间的关系曲线称为单结晶体管的伏安特性曲线。单结晶体管的伏安特性测试电路及伏安特性曲线如图 6-5 所示，伏安特性曲线分为三个区段。

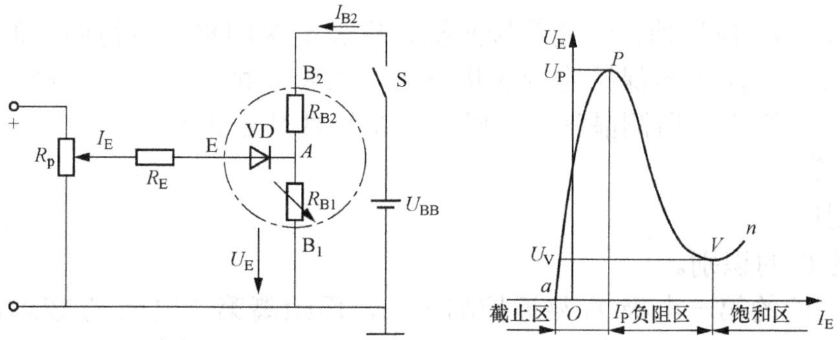

（a）测试电路　（b）伏安特性曲线

图 6-5　单结晶体管的伏安特性测试电路及伏安特性曲线

（1）截止区（aP 段）。

当 $U_E=0V$ 时，电压 U_{BB} 通过 R_{B1} 和 R_{B2} 分压，A 点的电压 U_A 为

$$U_{A}=\frac{R_{B1}}{R_{B1}+R_{B2}}U_{BB}=\eta U_{BB}$$

式中，η 为分压比，是单结晶体管的主要参数，一般为 0.3～0.9。

U_E 从 0V 逐渐增加，当 $U_E<U_P$（$U_P=U_A+U_D$，U_D 为 PN 结导通的结电压，一般为 0.7V）时，单结晶体管截止。

（2）负阻区（PV 段）。

当 $U_E=U_P$ 时，单结晶体管由截止状态转为导通状态，I_E 显著增大，使 R_{B1} 急剧减小，U_E 显著减小，呈现负阻特性，曲线 P 点和 V 点对应的电压分别为峰点电压 U_P 和谷点电压 U_V。

（3）饱和区（V 点右侧区段）。

随着 I_E 的增大，U_E 减小，当 $U_E=U_V$ 时，单结晶体管进入饱和状态，I_E 随着 U_E 的增大而增大；当 $U_E<U_V$ 时，单结晶体管由导通状态转为截止状态。

任务操作

晶闸管、单结晶体管识别与检测

一、器材

万用表一块，常见晶闸管、单结晶体管若干。

二、操作步骤

1. 晶闸管的识别与质量检测

1）单向晶闸管

（1）电极识别。

① 外形直观识别。

常见晶闸管的外形如图 6-1（a）所示，螺栓型晶闸管和平板型晶闸管的电极可以直接识别。

② 用万用表检测。

将万用表置于“R×1k”挡，测量晶闸管任意两引脚间的正、反向电阻，其中阻值较小的一次，黑表笔所接引脚为控制极 G，红表笔所接引脚为阴极 K，余下的一引脚为阳极 A。其他情况下测得的阻值均为无穷大。

（2）质量检测。

将万用表置于“R×1k”挡，红表笔接阴极，黑表笔接阳极，测得两极间的正、反向电阻都应为无穷大，然后在两表笔保持连接的状态下，黑表笔触碰一下控制极再断开，若阻值变得较小且维持不变，则表示所测晶闸管的触发维持特性基本正常。

2）双向晶闸管

（1）电极识别。

① 第二电极 T_2 的识别。

一般双向晶闸管的第一电极 T_1 靠近控制极 G，而距离第二电极 T_2 较远，因此 T_1 极和 G 极之间的正、反向电阻都很小。将万用表置于“R×1k”挡，测量三个引脚间的正、反向电阻，若其中有两次阻值较小，则此时被测的两个电极是第一电极 T_1 和控制极 G，余下的电极是第二电极 T_2。

② 第一电极 T_1 与控制极 G 的识别。

确定第二电极 T_2 后，假设另两个引脚分别为第一电极 T_1 和控制极 G。将万用表置于“R×1k”挡，黑表笔接假设的第一电极 T_1，红表笔接第二电极 T_2，阻值应为无穷大。接着用红表笔使第二电极 T_2 与假设的控制极 G 短路，阻值变得较小，再使红表笔与假设的控制极 G 脱开，若阻值不变，则假设成立，识别出第一电极 T_1 与控制极 G。

（2）质量检测。

将万用表置于“R×1k”挡，红表笔接第一电极 T_1，黑表笔接第二电极 T_2，测得的阻值应为无穷大，然后在两表笔保持连接的状态下，黑表笔触碰一下控制极 G 再断开，阻值应变得较小且维持不变；再将红表笔接第二电极 T_2，黑表笔接第一电极 T_1，阻值应为无穷大，然后在两表笔保持连接的状态下，红表笔触碰一下控制极 G 再断开，阻值应变得较小且维持不变。若检测结果与上述结果一致，则说明被测双向晶闸管的双向触发维持特性基本正常。

2．单结晶体管的识别与质量检测

（1）电极识别。

① 将万用表置于“R×1k”挡，依次测量三个电极中任意两极间的正、反向电阻，若测得其中两个电极间的正、反向电阻相等，则测量的两个电极分别为第一基极 B_1 和第二基极 B_2，余下的电极为发射极 E。

② 分别测量发射极 E 与其余两极间的正向电阻（黑表笔接发射极 E），其中阻值较小的一次，红表笔所接的电极为第二基极 B_2，另一电极则为第一基极 B_1。在实际应用中，若将第一基极 B_1 和第二基极 B_2 接错，不会损坏单结晶体管，只会影响输出脉冲的幅度。

（2）质量检测。

① 单结晶体管的 E-B_1 之间的 PN 结特性与一般晶体管的 PN 结特性相似，正向电阻小于反向电阻，且正向电阻比一般晶体管的正向电阻略大。

② B_1-B_2 之间的阻值 R_{BB} 为 3kΩ～10kΩ。

三、操作记录

1．检测

（1）晶闸管的识别与检测。

用万用表测量晶闸管任意两引脚间的正、反向电阻，判断晶闸管的电极和质量好坏。将检测结果填入表 6-1。

表 6-1　晶闸管的检测记录

序　号	型　号	万用表挡位	管脚判别	A-K 间电阻	A-G 间电阻	G-K 间电阻	质　量
1				正向：	正向：	正向：	
				反向：	反向：	反向：	
2				正向：	正向：	正向：	
				反向：	反向：	反向：	
3				正向：	正向：	正向：	
				反向：	反向：	反向：	
4				正向：	正向：	正向：	
				反向：	反向：	反向：	

（2）单结晶体管的识别与检测。

用万用表测量单结晶体管任意两引脚间的正、反向电阻，判断单结晶体管的电极和质量好坏，将检测结果填入表 6-2。

表 6-2 单结晶体管的检测记录

序号	型号	万用表挡位	管脚判别	E-B_1间电阻	E-B_2间电阻	B_1-B_2间电阻	质量
1				正向：	正向：	正向：	
				反向：	反向：	反向：	
2				正向：	正向：	正向：	
				反向：	反向：	反向：	
3				正向：	正向：	正向：	
				反向：	反向：	反向：	

2. 任务评价（见表 6-3）

表 6-3 任务评价

项目	配分/分	工艺标准	扣分标准	扣分记录	得分/分
直观识别	10	能正确识读晶闸管、单结晶体管的符号	识读符号错误，每处扣 1 分		
万用表检测	70	能正确使用万用表，判别晶闸管和单结晶体管的电极和质量	1.晶闸管、单结晶体管的电极判断错误，每处扣 5 分 2.不能区分晶闸管和单结晶体管，扣 5 分 3.万用表使用不当，每次扣 2 分		
查阅手册	10	正确查阅主要参数	1.参数错误，每处扣 3 分 2. 不会查阅，扣 10 分		
安全文明操作	10	安全操作、文明生产	1.违反安全操作规程，扣 10 分 2.违反文明生产要求，扣 10 分		

任务二 晶闸管调光电路装配与调试

任务引入

舞台、电视演播厅、娱乐场所等地方要求灯光能够明暗变化，很多常见的台灯能够调整亮度，这些调整灯光的功能正是利用晶闸管的可控特性来实现的。

任务目标

1. 理解单结晶体管自激振荡电路的工作原理。
2. 能进行晶闸管调光电路的装配与调试。

相关知识

一、单结晶体管自激振荡电路

晶闸管由阻断状态转为导通状态，除要求在阳极与阴极之间加正向电压外，还要求在控制极与阴极间加合适的触发电压，产生触发电压的电路称为触发电路。

图 6-6（a）所示为单结晶体管自激振荡电路，也是产生晶闸管触发脉冲的电路。

电源接通后，电源电压 U_B 通过 R_P 向电容器 C 充电，使 u_E 逐步升高。当 $u_E < U_P$ 时，单结晶体管截止，电阻 R_1 上流过的电流极小，$u_o \approx 0V$；当 $u_E = U_P$ 时，单结晶体管导通，电容器

通过单结晶体管向 R_1 放电，u_E 迅速降低；当 u_E 降至 U_V 时，单结晶体管恢复截止，电源再次向电容器 C 充电，如此循环。R_1 上的电压 u_o 的波形如图 6-6（b）所示。u_o 是一个前沿陡峭的电压脉冲，可用作晶闸管的触发脉冲。改变 R_P 的阻值和 C 的容量，即可改变电容充电电路的时间常数，从而改变电压脉冲的振荡频率（或周期）。

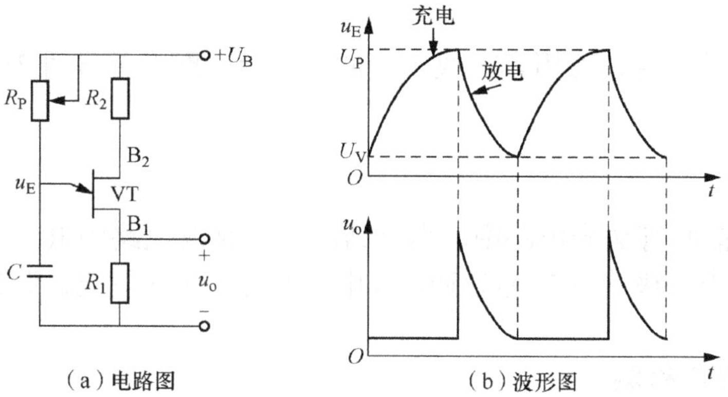

图 6-6　单结晶体管自激振荡电路及输出电压波形图

二、晶闸管调光电路

单结晶体管触发电路构成的晶闸管调光电路如图 6-7 所示。由 VD_1～VD_4 构成的桥式全波整流电路输出的脉动直流电压，经稳压二极管 VZ 钳位后作为单结晶体管触发电路的电源。R_P、R_2、C、R_3、VT_1、R_4 构成单结晶体管触发电路，R_4 上的触发脉冲通过 VD_6 接入晶闸管 VT_2 的控制极，控制其导通，晶闸管在电源电压过零或负值时截止。调整 R_P 的阻值可以改变电容器的充电时间常数，控制正向触发脉冲产生的时刻，即改变控制角的大小，进而控制晶闸管的导通角，达到调光的目的。单结晶体管触发电路在一个周期内能产生多个触发脉冲，但只有第一个触发脉冲对晶闸管起作用。

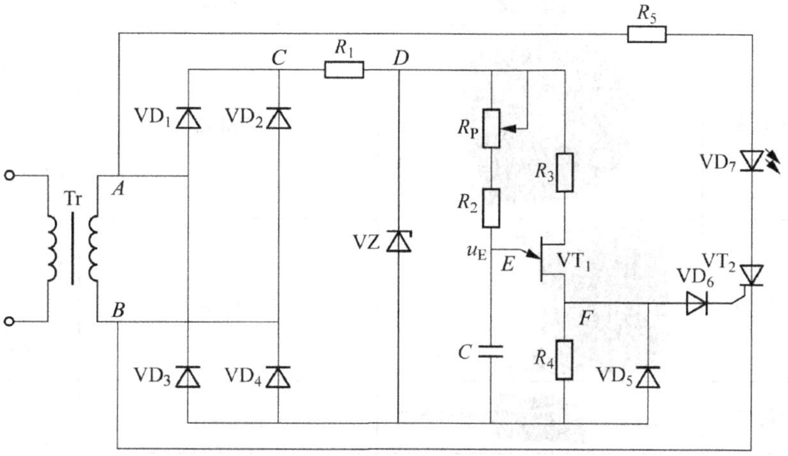

图 6-7　晶闸管调光电路

控制角是晶闸管承受正向电压但处于阻断状态的范围，导通角是晶闸管在一个周期内处于导通状态的范围。控制角越大，导通角越小，输出的平均电压越低。

由于加在晶闸管上的电源与单结晶体管触发电路的电源同频、同相，所以它们的过零点重合，从而保证了触发电路与晶闸管主电路间的同步。

任务操作

晶闸管调光电路装配与调试

一、器材

常用电子组装工具一套，万用表一块，示波器一台，配套元器件若干。

二、操作步骤

1．认识电路

在图 6-7 所示的晶闸管调光电路中，当单结晶体管触发电路中 R_4 上输出的触发脉冲使晶闸管 VT_2 导通时，发光二极管 VD_7 亦导通，有电流通过，从而发光。调整 R_P 的阻值可以改变发光二极管的亮度。

2．元器件的识别与检测

1）元器件的识别

图 6-7 所示电路的元器件识别与检测表如表 6-4 所示，对照电路图逐一对元器件进行识别。

表 6-4 晶闸管调光电路的元器件识别与检测表

符　号	名　称	实 物 图	规　格	检测结果
R_1	色环电阻		3kΩ	实测值：
R_2			4.3kΩ	实测值：
R_3			560Ω	实测值：
R_4			100Ω	实测值：
R_5			200Ω	实测值：
R_P	微调电位器		470kΩ	实测值： 质量：
C	涤纶电容器	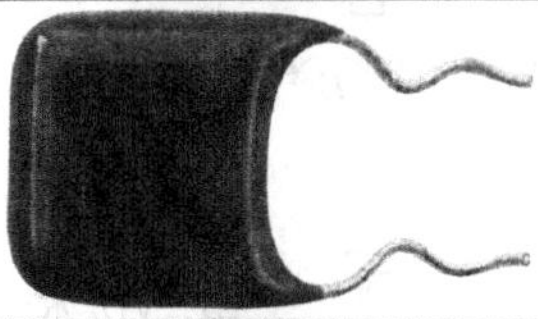	220nF/16V	标称值： 质量：
VD_1～VD_4	整流二极管		1N4001	正、反向电阻： 质量：
VD_5、VD_6	开关二极管		1N4148	正、反向电阻： 质量：
VZ	稳压二极管		8V	正、负极性： 正、反向电阻： 稳压值：
VD_7	发光二极管	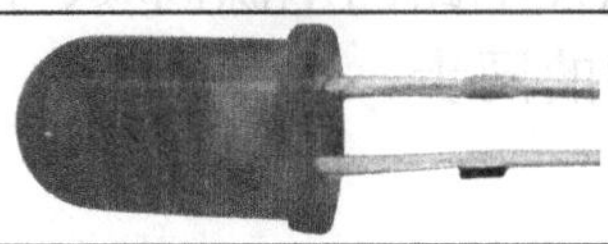	红色 ϕ3mm	正、反向电阻： 质量：

续表

符　号	名　称	实　物　图	规　格	检测结果
VT_1	单结晶体管	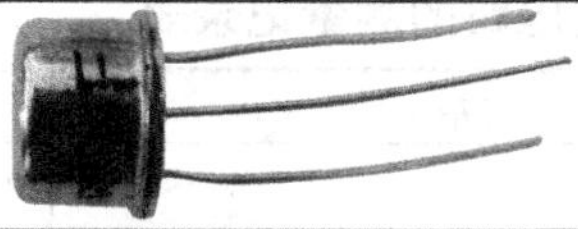	BT33	引脚排列： 质量：
VT_2	晶闸管	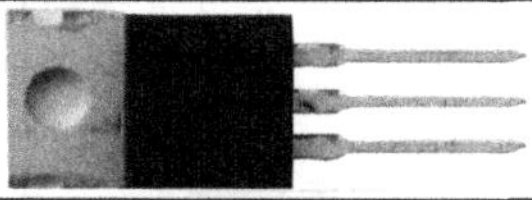	BT151	引脚排列： 质量：
Tr	电源变压器		AC 220V/12V　10W	一次绕组阻值： 二次绕组阻值：

2）元器件的检测

① 色环电阻、微调电位器、二极管的检测请参阅前文中的相关内容。

② 晶闸管、单结晶体管的检测。

用万用表的“R×1k”挡分别测量晶闸管和单结晶体管任意两引脚间的正、反向电阻，识别确定其电极并判断其质量。

3．电路的制作与调试

1）电路制作

根据图 6-7 所示电路和元器件实物，在通用印制电路板上进行元器件布局，对元器件的引脚进行成形加工，完成电路元器件的插装与焊接，如图 6-8 所示。

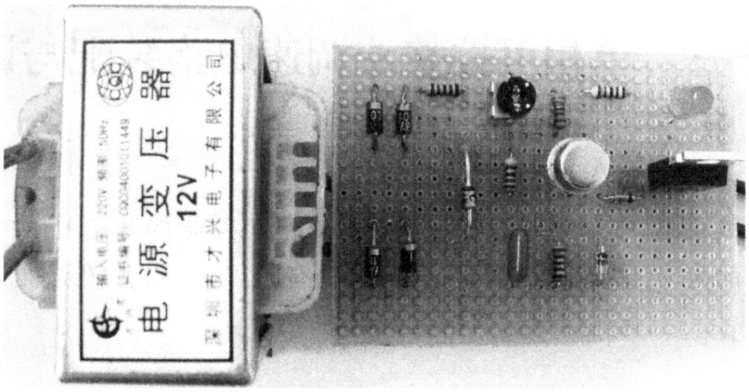

图 6-8　晶闸管调光电路的装接图

① 色环电阻水平安装。

② 涤纶电容器、晶闸管、单结晶体管、发光二极管垂直安装，元器件底部距离印制电路板 5mm。

2）电路调试

电路装接完成，进行电路调试。若电路工作正常，则接通电源后，调节 R_P 的阻值，发光二极管的亮度应能变化。若发光二极管不亮或亮度不变，则应检查电路是否有未连通之处；微调电位器 R_P、单结晶体管接触是否良好。

三、操作记录

1．测试

（1）用万用表分别测量 U_C、U_D。

（2）用示波器分别观察 AB 间、C、D、E、F 点的电压波形，将结果记录在表 6-5 中。

表 6-5　晶闸管调光电路的测量记录表

U_C		U_D	
波形图	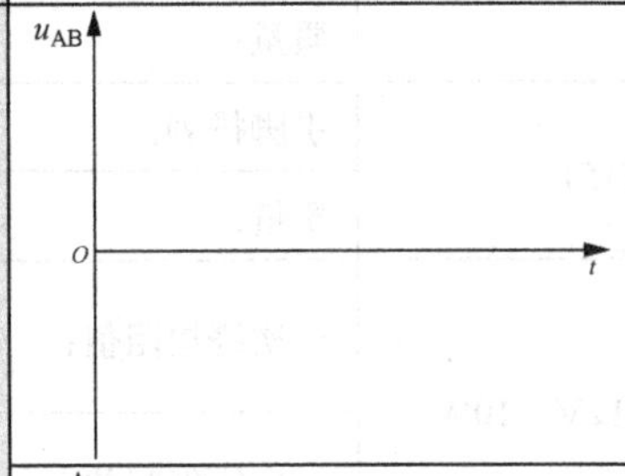	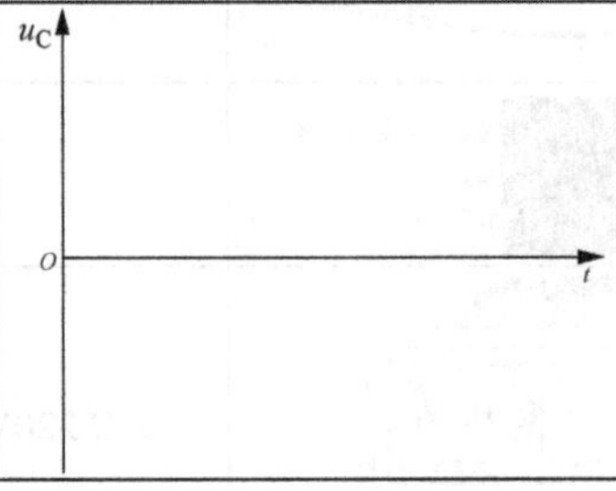	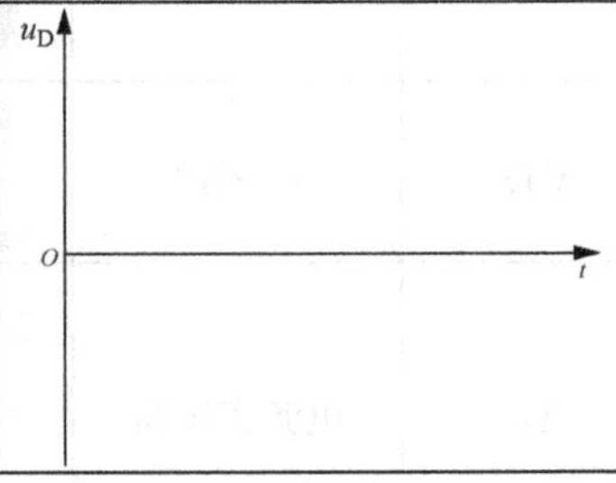
	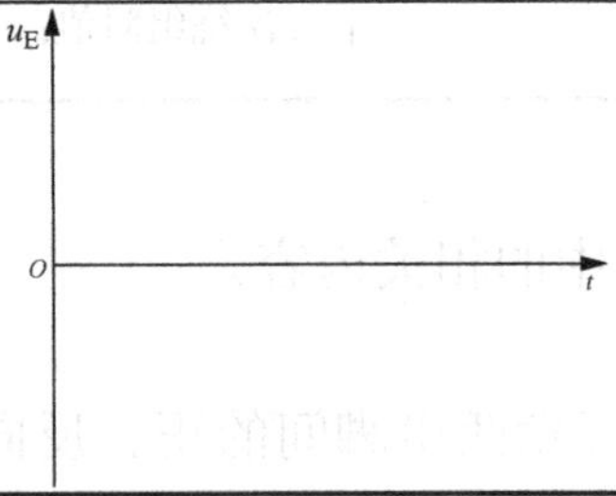	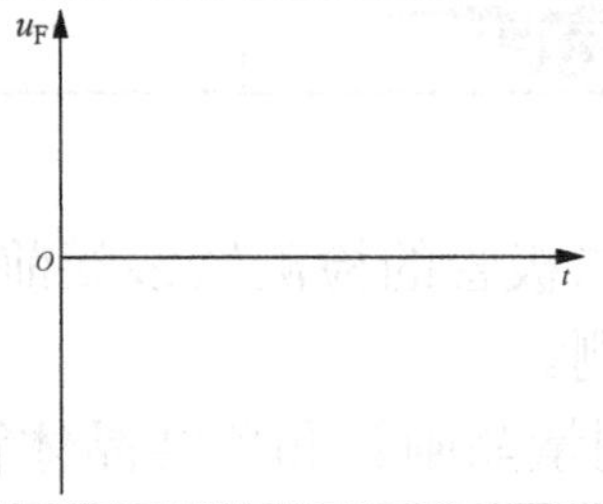	

2．分析

调节 R_P 的阻值，为什么发光二极管的亮度会发生变化？

3．任务评价

任务评价表见附录 A。

任务三　单相可控整流调速电路装配与调试

任务引入

直流电动机的无级调速可以通过改变电枢电压或励磁绕组电压的方法实现。利用可控整流电源对直流电动机的电枢供电，通过改变可控整流电源输出的直流电压实现直流电动机的调速控制。

任务目标

1. 理解单相半波可控整流电路的结构和工作原理。
2. 了解晶闸管的保护措施。
3. 能进行单相可控整流调速电路的装配与调试。

相关知识

可控整流电路是将交流电变换成电压值可调的直流电的电路。

一、单相半波可控整流电路

1．带电阻性负载的单相半波可控整流电路

图 6-9（a）所示为带电阻性负载的单相半波可控整流电路。在 u_2 的正半周，晶闸管承受正向电压。在 $\omega t=\alpha$ 时，晶闸管控制极接入触发脉冲电压，晶闸管导通。若忽略正向管压降，

电源电压加到 R_L 上，R_L 上通过的电流为 i_L。在 $\omega t=180°$ 时，$u_2=0V$，流过晶闸管的电流也随之降为零，小于晶闸管的维持电流，晶闸管自行关断。此时 u_L、i_L 也为零。在 u_2 的负半周，晶闸管因承受反向电压而阻断，直到下个正半周 $\omega t=\alpha$ 时，触发脉冲到来，晶闸管再次导通。如此周而复始，负载 R_L 两端的电压和电流的波形如图 6-9（b）所示。

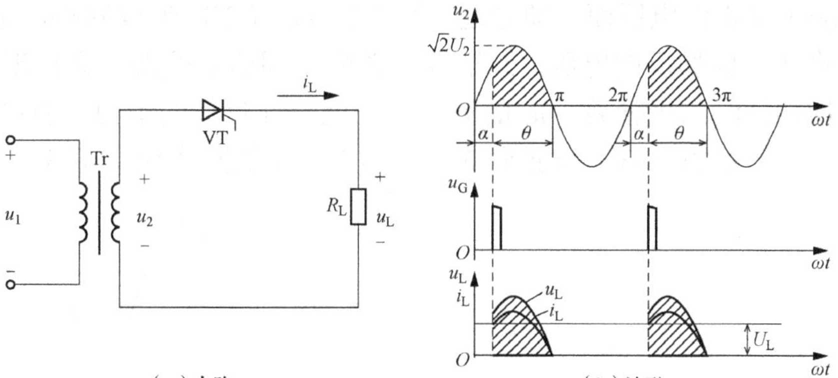

（a）电路　　（b）波形

图 6-9　带电阻性负载的单相半波可控整流电路

输出端的直流电压 U_L 是 i_L 在一个周期内的平均值。由图 6-9 可知，只要改变了触发脉冲到来的时刻，即改变控制角 α 的大小，就改变了导通角 θ，也就改变了输出电压的大小。可以证明，带电阻性负载的单相半波可控整流电路的输出电压、电流的平均值分别为

$$U_L=0.45U_2\left(\frac{1+\cos\alpha}{2}\right)$$

$$I_L=\frac{U_L}{R_L}=0.45\frac{U_2}{R_L}\left(\frac{1+\cos\alpha}{2}\right)$$

晶闸管承受的正向、反向峰值电压均为电源电压的最大值，即

$$U_{TM}=\sqrt{2}U_2$$

2．带电感性负载的单相半波可控整流电路

在实际应用中，整流设备的负载多为电感性负载，如各种电动机的励磁绕组、整流输出端采用电感滤波电路中的负载等。负载性质不同，晶闸管导通和关断的时刻也不同。图 6-10（a）所示为带电感性负载的单相半波可控整流电路。

（1）在 $0°\sim\omega t_1(\alpha)$ 期间，晶闸管虽然承受正向电压，但是控制极的触发脉冲尚未出现，晶闸管阻断。

（2）在 $\omega t_1\sim\omega t_2$ 期间，晶闸管触发导通，电源电压加到负载上。由于自感电动势 e_L 的作用，负载电流 i_L 不能突变，只能从零开始逐渐增大，直到 ωt_2 时刻，i_L 达到最大值。

（3）在 $\omega t_2\sim\omega t_3$ 期间，i_L 开始减小。在 ωt_3 时，虽然 $u_2=0V$，但晶闸管在自感电动势 e_L 的作用下，i_L 仍大于维持电流，晶闸管继续维持导通状态。

（4）在 $\omega t_3\sim\omega t_4$ 期间，电源电压 u_2 虽已变为负，但只要 $e_L>u_2$，晶闸管就仍然导通。直到 $e_L=u_2$ 时，晶闸管因两端电压为零而关断，i_L 也降为零，负载电压和电流的波形如图 6-10（b）所示。

综上所述，在带电感性负载的单相半波可控整流电路中，由于电感线圈 L 的自感电动势的作用，晶闸管的导通时间延长，负载端出现负电压，输出直流电压的平均值 U_L 下降。当 L 足够大时，会造成 $U_L=0V$，电路无法正常工作。为解决带大电感负载的单相半波可控整流电

路的直流平均电压近似为零，特别是负载电压出现负值的问题，可在负载两端并联一个续流二极管 VD，如图 6-11（a）所示。

在u_2的正半周，当$\omega t=\alpha$时，VT 触发导通，负载电压为正，VD 因承受反向电压而截止，其工作情况与未接续流二极管时一样。当u_2过零变负后，由于电感线圈的自感电动势的作用，续流二极管 VD 因承受正向电压而立即导通，负载电流i_L经 VD 形成回路，负载电压$u_L \approx 0V$，此时u_2通过 VD 向 VT 施加反向电压，从而使其关断，因而负载端不会出现负压。由图 6-11（b）可以看出，增加续流二极管后，u_L的波形与带电阻性负载的单相半波可控整流电路中的负载电压波形一样，而i_L的波形不但能维持电流连续，还能基本保持不变。

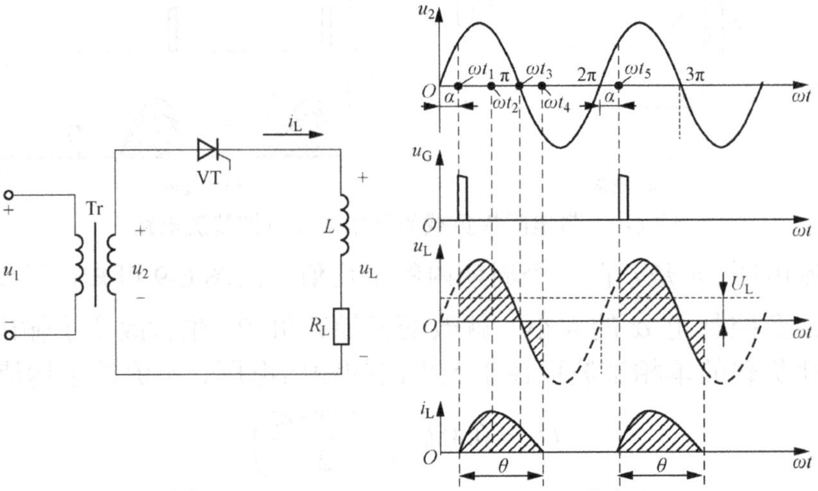

（a）电路　　（b）波形

图 6-10　带电感性负载的单相半波可控整流电路及负载电压、电流的波形图

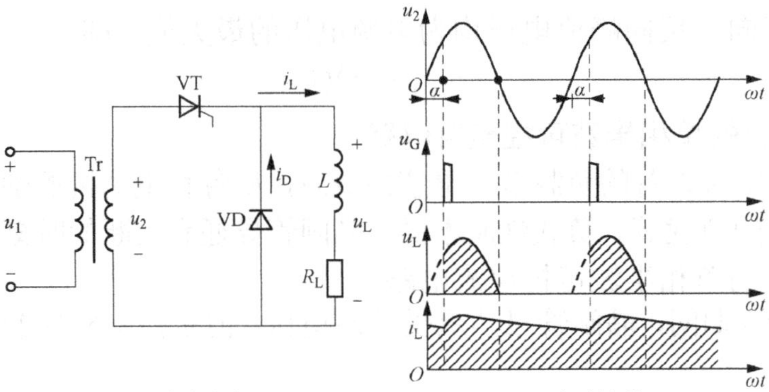

（a）电路　　（b）波形

图 6-11　电感性负载接续流二极管的单相半波可控整流电路

二、单相桥式全控整流电路

1．带电阻性负载的单相桥式全控整流电路

带电阻性负载的单相桥式全控整流电路如图 6-12（a）所示。电路中的 VT_1、VT_2 采用共阴极接法，VT_3、VT_4 采用共阳极接法。当电路工作时，共阴极的两个晶闸管同时触发，但只有阳极电位高的晶闸管导通，另一个晶闸管因承受反向电压而保持截止；同理，当共阳极的两个晶闸管同时触发时，只有阴极电位低的晶闸管导通，另一个晶闸管因承受反向电压而截止。

在u_2的正半周，VT_1、VT_3 承受正向电压，当$\omega t=\alpha$时，给 VT_1、VT_3 加触发脉冲，VT_1、VT_3 导通，电流i_L从电源 a 端→VT_1→R_L→VT_3 回电源 b 端。当u_2过零时，VT_1、VT_3 关断。

同理，在u_2的负半周，VT_2、VT_4承受正向电压，当$\omega t=\pi+\alpha$时，触发VT_2、VT_4导通，电流i_L从电源b端→VT_2→R_L→VT_4回电源a端。当u_2过零时，电流降为零，VT_2、VT_4关断。如此循环，R_L上得到与正半周一样的电压，其波形如图6-12（b）所示。因此，单相桥式全控整流电路可以看作由两个相位相反的单相半波整流电路叠加而成，整流输出电压值为单相半波整流电路的两倍，即

$$U_L=0.9U_2\left(\frac{1+\cos\alpha}{2}\right)$$

晶闸管承受的最大正向、反向峰值电压为电源电压峰值，即$\sqrt{2}U_2$。

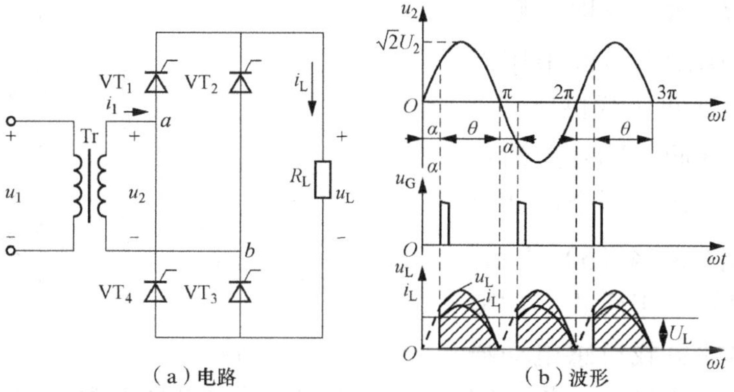

（a）电路　（b）波形

图6-12　带电阻性负载的单相桥式全控整流电路

2．带电感性负载的单相桥式全控整流电路

在实际应用中，带电感性负载的单相桥式全控整流电路如图6-13（a）所示。带电感性负载与带电阻性负载的单相桥式全控整流电路的不同之处在于：当电源电压过零时，晶闸管应该关断，但电感性负载自感电动势的作用使电流的变化滞后于电压的变化，晶闸管不能及时关断，负载两端电压出现负值，直到下半周触发另两个晶闸管导通。当u_2由正变零时，由于自感电动势的作用，VT_1、VT_3继续保持导通，直到u_2在负半周$\omega t=\pi+\alpha$时，VT_2、VT_4被触发导通，同时VT_1、VT_3因承受反向电压而关断。同理，VT_2、VT_4一直保持导通到下一个周期VT_1、VT_3被触发导通时才关断。下一周期重复上述过程，如此循环往复，波形如图6-13（b）所示。

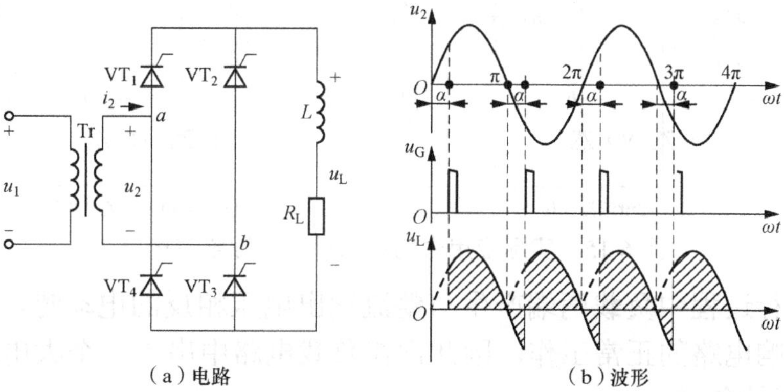

（a）电路　（b）波形

图6-13　带电感性负载的单相桥式全控整流电路及负载电压波形图

三、单相桥式半控整流电路

单相桥式全控整流电路共用了4个晶闸管，分为两个导电回路，每个导电回路中有2个晶闸管同时控制电路工作。实际上只需1个晶闸管就可以控制一个导电回路，另1个晶闸管

可用二极管代替，从而简化电路，将图 6-13（a）所示电路中的 VT_3、VT_4 分别换成二极管 VD_1、VD_2，即可构成带电感性负载的单相桥式半控整流电路，如图 6-14（a）所示。带电阻性负载时，单相桥式半控整流电路与单相桥式全控整流电路的工作情况相同，这里只讨论带电感性负载的单相桥式半控整流电路的工作情况。

在 u_2 正半周的 $\omega t=\alpha$ 时，触发脉冲加在 VT_1 上，u_2 经 VT_1 和 VD_1 向负载供电。当 u_2 过零变负时，VD_1 关断，VD_2 导通，由于电感性负载自感电动势的作用，VT_1 继续保持导通，电流不再经变压器二次绕组，而是由 VT_1 和 VD_2 续流。若忽略器件的管压降，则 u_L = 0V，不会出现负载两端电压为负的情况。

在 u_2 负半周的 $\omega t=\pi+\alpha$ 时，触发 VT_2、VD_2 导通，VT_1 因承受反向电压而关断，u_2 经 VT_2 和 VD_2 向负载供电。当 u_2 过零变正时，VD_1 导通，VD_2 关断，VT_2 和 VD_1 续流，u_L =0V。下个周期重复上述过程，波形如图 6-14（b）所示。

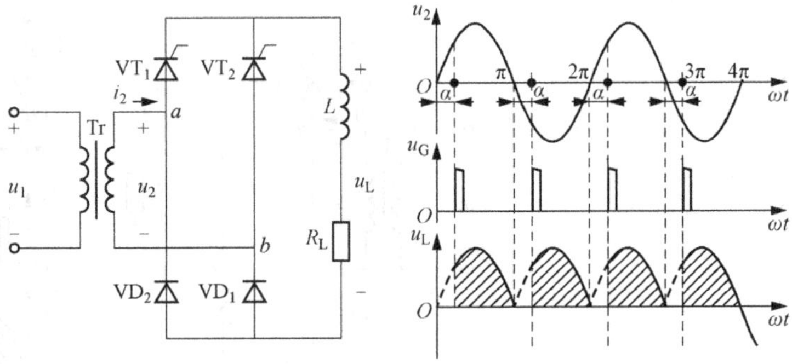

（a）电路　　（a）波形

图 6-14　带电感性负载的单相桥式半控整流电路

在带电感性负载的单相桥式半控整流电路中，由于电感性负载自感电动势的作用，晶闸管不能及时关断，当 α 突然增大至 180°或脉冲丢失时，会造成失控。为此可在电感性负载两端并联一个续流二极管，如图 6-15（a）所示。在电路中加设 VD_3 后，当 u_2 降为零时，负载电流经续流二极管续流，整流桥输出端只有不到 1V 的压降，迫使晶闸管与二极管串联电路中的电流降到晶闸管的维持电流以下，使晶闸管关断，从而避免失控。

实际应用中的单相桥式半控整流电路的另一种接法如图 6-15（b）所示，这样可以省去续流二极管 VD_3，续流由 VD_1 和 VD_2 实现。

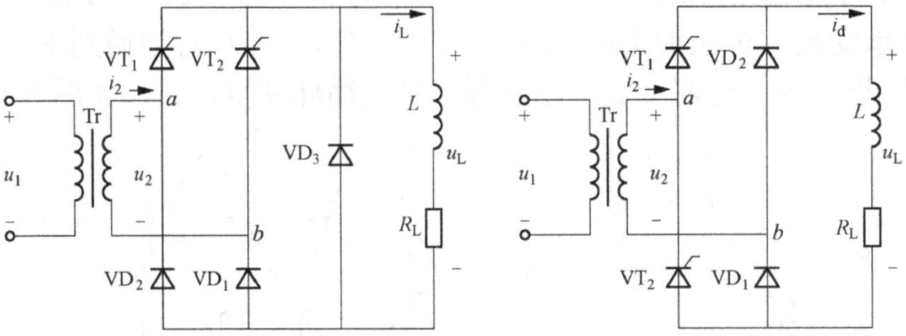

（a）加设续流二极管　　（b）不加设续流二极管

图 6-15　实际应用中的单相桥式半控整流电路

如果在电路运行过程中负载两端产生与整流输出电压相反的电动势，则称该负载为反电动势负载。它会影响电路的正常工作，因此常在负载电路中串入一个大电感器 L（平波电抗器），使其接近电感性负载。

四、晶闸管的保护

由于晶闸管承受过电压和过电流的能力较差，短时的过电压和过电流都有可能造成晶闸管的损坏，因此在使用过程中必须采取一定的保护措施，使其能长期可靠地工作。

1．过电流保护

晶闸管一般工作在大功率条件下，一旦出现过电流，温度急剧上升，很容易烧毁。造成晶闸管过电流的原因一般是过载或输出端短路。在实际应用中，常采用快速熔断器对晶闸管进行保护，快速熔断器的规格以晶闸管的额定正向平均电流乘以 1.57 后的数值为依据。快速熔断器在电路中可安装在交流侧、直流侧或与晶闸管串联。

2．过电压保护

在实际应用中，电源断电、负载切断、快速熔断器熔断、晶闸管由导通状态转为阻断状态等都可能使晶闸管的阳极与阴极之间过电压。虽然过电压持续时间很短，但是容易损坏晶闸管，必须采取保护措施。

产生过电压的实质是电路中积聚的电磁能量不能很快释放，所以常采用阻容吸收电路来实现晶闸管保护。阻容吸收电路的连接方式如图 6-16 所示。

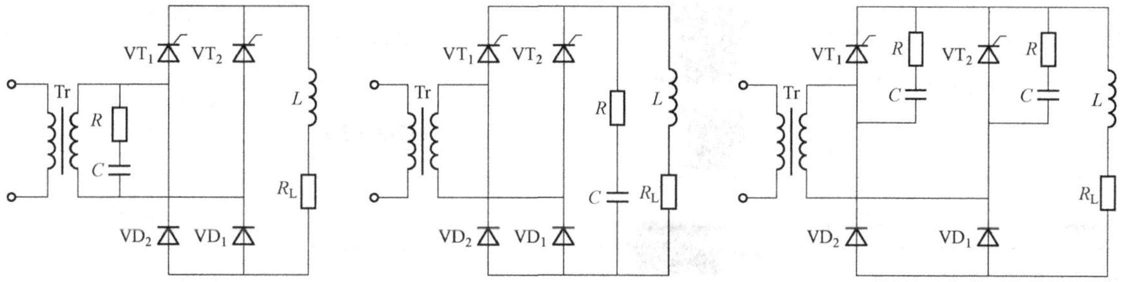

（a）安装在交流侧　（b）安装在直流侧　（c）与晶闸管并联

图 6-16 阻容吸收电路的连接方式

任务操作

单相可控整流调速电路装配与调试

一、器材

常用电子组装工具一套，万用表一块，双通道示波器一台，配套元器件若干。

二、操作步骤

1．认识电路

图 6-17 所示为单相可控整流调速电路，其主要由单结晶体管触发电路和单相桥式半控整流电路组成。为降低直流电动机电枢反向电动势的影响，在电枢回路中串联平波电抗器 L，VD_9 是续流二极管。过电流保护使用快速熔断器 FU，过电压保护采用在直流负载侧加装阻容吸收电路。调节 R_P 的阻值可以实现轴流风扇（直流电动机）的无级调速。

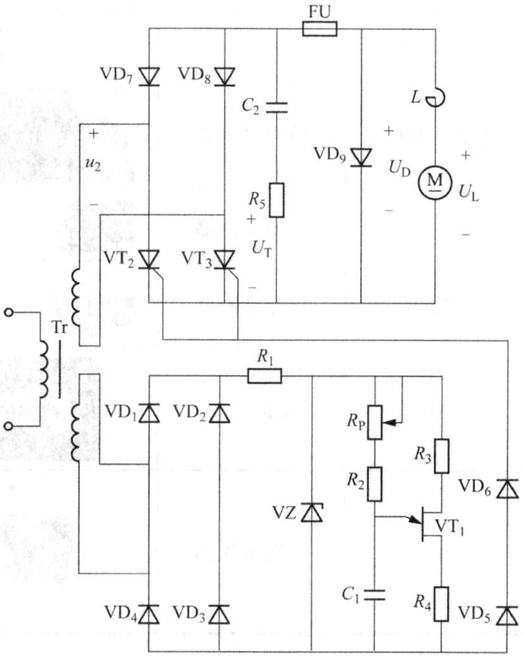

图 6-17 单相可控整流调速电路

2．元器件的识别与检测

1）元器件的识别

图 6-17 所示电路的元器件识别与检测表如表 6-6 所示，对照电路图逐一对元器件进行识别。

表 6-6　单相可控整流调速电路的元器件识别与检测表

符　号	名　称	实 物 图	规　格	检测结果
R_1	色环电阻	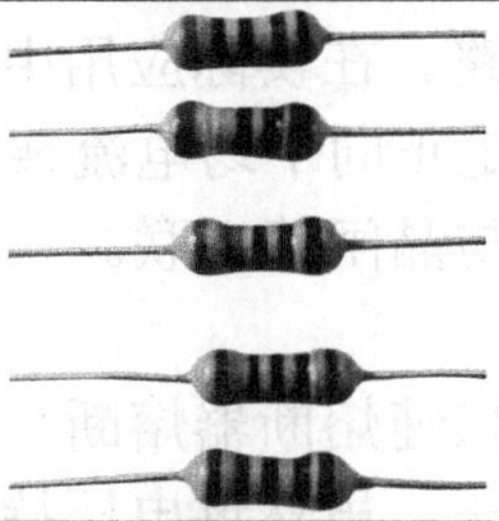	2kΩ	实测值：
R_2			3.9kΩ	实测值：
R_3			560Ω	实测值：
R_4			200Ω	实测值：
R_5			270Ω	实测值：
R_P	微调电位器		470kΩ	实测值：
				质量：
C_1	涤纶电容器	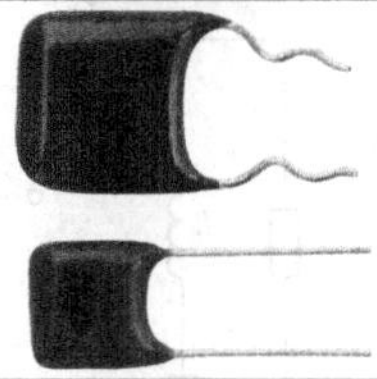	220nF/63V	标称值：
				质量：
C_2			47nF/63V	标称值：
				质量：
VD_1～VD_4、VD_7、VD_8	整流二极管		1N4001	正、反向电阻：
VD_9	续流二极管			质量：
VZ	稳压二极管		8V	正、负极性：
				正、反向电阻：
				稳压值：
VT_1	单结晶体管	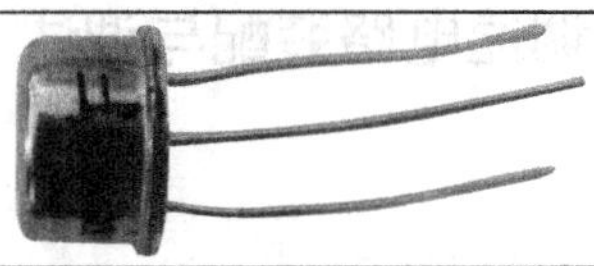	BT33	引脚排列：
				质量：
VD_5、VD_6	开关二极管		1N4148	正、反向电阻：
				质量：
VT_2、VT_3	单向晶闸管	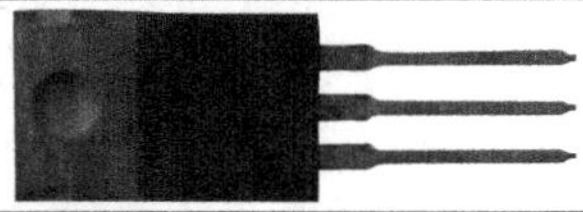	BT151	引脚排列：
				质量：
L	平波电抗器	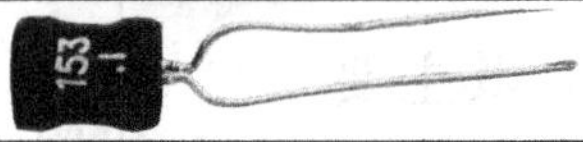	300mH	阻值：
				质量：
FU	快速熔断器		0.2A	阻值：
				质量：
M	轴流风扇		15 V	阻值：
				质量：
Tr	电源变压器		AC 220V/15V　10W	一次绕组阻值：
				二次绕组阻值：

2）元器件的检测

① 色环电阻、微调电位器、二极管、单向晶闸管、单结晶体管的检测请参阅前文中的相

关内容。

② 平波电抗器、快速熔断器的识别与检测。

首先，分别观察平波电抗器、快速熔断器，应标识清晰、外观整洁、引脚牢固可靠；然后，用万用表的欧姆挡分别检测平波电抗器、快速熔断器的阻值，测得的阻值应为零或很小，若阻值为无穷大，则说明平波电抗器或快速熔断器内部已开路。

③ 轴流风扇的识别与检测。

观察轴流风扇，应标识清晰、外观整洁，再用万用表的“$R\times1k$”挡测量其阻值，判断其质量好坏。

3．电路安装调试

1）电路制作

根据图 6-17 所示电路和元器件实物，在通用印制电路板上进行元器件布局，对元器件的引脚进行成形加工，完成电路元器件的插装与焊接，如图 6-18 所示。

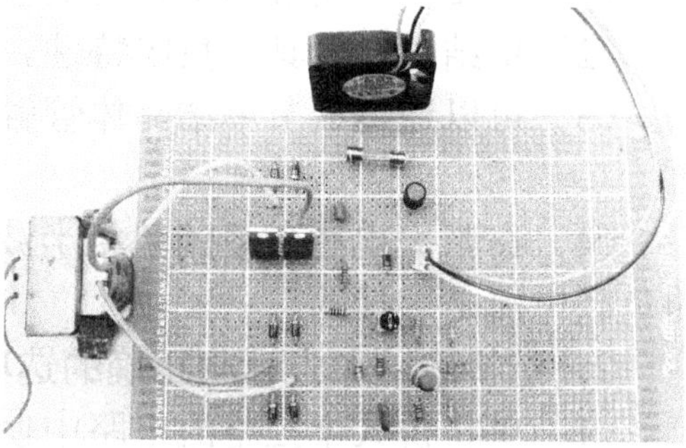

图 6-18 单相可控整流调速电路的装接图

① 色环电阻、二极管水平安装。

② 涤纶电容器、单向晶闸管、单结晶体管、微调电位器、平波电抗器垂直安装，元器件底部距离印制电路板 5mm。

2）电路调试

电路装接完成后，进行电路调试。若电路工作正常，则接通电源后，调节 R_P 的阻值，轴流风扇的转速应能变化。若转速不能变化，则应检查电路是否有未连通之处，微调电位器 R_P、单结晶体管等元器件接触是否良好。

三、操作记录

1．测试

改变控制角，分别用万用表和双通道示波器测量和观察变压器二次侧、负载两端、单向晶闸管两端、续流二极管两端的电压值和波形，将结果记录在表 6-7 中。

表 6-7 单相可控整流调速电路的测量记录表

控制角 α	变压器二次侧电压 u_2	单向晶闸管两端电压 u_T	续流二极管两端电压 u_D	负载两端电压 u_L
30°	$U_2=$ u_2, O, t	$U_T=$ u_T, O, t	$U_D=$ u_D, O, t	$U_L=$ u_L, O, t
60°	$U_2=$ u_2, O, t	$U_T=$ u_T, O, t	$U_D=$ u_D, O, t	$U_L=$ u_L, O, t
90°	$U_2=$ u_2, O, t	$U_T=$ u_T, O, t	$U_D=$ u_D, O, t	$U_L=$ u_L, O, t

2．分析

调节 R_P 的阻值，为什么轴流风扇的转速能发生变化？

3．任务评价

任务评价表见附录 A。

自我检测

1．判断题

（1）只要在晶闸管的阳极与阴极之间加正向电压，晶闸管就能导通。（　）

（2）单结晶体管具有负阻特性。（　）

（3）可以通过调节单结晶体管触发电路中 R_P 的阻值控制触发脉冲的产生时刻。（　）

（4）在带大电感负载的单相半波可控整流电路中，由于接入了续流二极管，所以电路中的负载电流是连续的。（　）

2．选择题（单选，将正确的选项填在括号内）

（1）单相桥式半控整流电路中使用了（　）个晶闸管。

A．1　　B．2　　C．3　　D．4

（2）单相桥式半控整流电路的输出电压受（　）的控制。

A．导通角　　B．控制角　　C．晶闸管数量　　D．二极管数量

（3）在带反电动势负载的单相桥式半控整流电路中串入平波电抗器的目的是（　）。

A．隔直通交　　B．滤波

C．续流　　D．改善电路及负载的工作条件

（4）单向晶闸管要由导通状态变为截止状态，应（　）。

A．升高阳极电压　　B．降低阴极电压　　C．断开阳极电源　　D．断开控制电路

（5）普通晶闸管是（　）半导体结构。

A．四层　　B．五层　　C．三层　　D．两层

3．填空题

（1）控制角是晶闸管承受（　）电压但处于（　）状态的范围，导通角是晶闸管在一个周期内（　）的范围。

（2）只要改变单相半波可控整流电路中（　）的大小，就能改变整流电路输出电压和输出（　）的大小。

（3）晶闸管承受（　）和（　）的能力较差，在使用过程中必须采取一定的保护措施，使其能（　）地工作。

项目七 综合应用电路

综合应用电路往往由若干个基本单元电路组合而成，以实现特定的功能。电路结构必须科学、合理、经济和最优。一般来说，综合应用电路包括信号源（外部信号或电路自身产生的信号）、信号处理（如放大、开关、变换、运算、传输、存储等）、功能实现和直流电源四部分。

任务一 光控双向控制电路装配与调试

任务引入

电子技术在生产生活中有着广泛的应用，本任务介绍的光控双向控制电路利用光线控制窗帘的开启和闭合，给居家生活带来了很大的便利。

任务目标

1. 能识读光控双向控制电路，理解其工作原理。
2. 完成光控双向控制电路的装配与调试。
3. 掌握综合应用电路的分析方法。

相关知识

一、电路分析的基本方法

所谓电路分析就是“读如图”。读如图可以为电路调试、电路检修中遇到的问题提供帮助。

在分析电路时，首先将整个电路分解成具有独立功能的几个部分，分析每部分电路的原理和功能；然后分析各部分电路间的联系；最后得出整个电路的功能及性能特点。基本分析方法如下。

1. 电路类型的判别

通过与基本电路结构形式（整流电路、基本放大电路、集成运放应用电路、信号产生电路、直流电源电路、晶闸管应用电路）的对照，判断出每一部分电路的类型，分析出其典型功能和性能特点。

2. 信号处理流程与变化分析

厘清电路的信号处理流程，并分析经过每级电路的处理后，信号发生的变化（如幅度、频率、相位、波形、性质等），从而得出整个电路的功能特点。

3. 附加电路分析

在实际应用中，为了提高电路的安全性和可靠性，常根据需要增加过电流保护、过电压保护、加速、频率补偿和稳定等附加电路，把它们区分出来加以分析。

二、电路调试

1. 电路常见故障处理

电路产生故障的原因有很多，情况也很复杂。有一种原因引起的简单故障，也有多种原因引起的复杂故障，这里仅进行一般性分析。

（1）元器件故障。

各类元器件有常见的损坏形式，如电阻易开路或阻值变大。元器件故障常使电路出现有输入而无输出或输出异常等情况。针对元器件故障，往往需要更换相应的元器件使电路恢复正常。

（2）电路连接点接触不良引起的故障。

电路中连接点接触不良的情况有焊点虚焊、连接断线、元器件脱焊、元器件引脚折断、印制电路板上的印制导线断裂等。这种故障检查起来往往比较困难，要格外注意。

（3）调试中仪器、仪表操作不当引起的故障。

为避免此类故障的发生，调试前必须熟悉仪器和仪表的性能、使用方法及注意事项。

2. 故障处理的基本原则

（1）先进行分析，后动手操作，不盲目乱拆、乱换。

（2）先简后繁。先用简易的方法检修，若无法处理故障，再用复杂的方法检修。

（3）先断电检查，后通电检修。

3. 故障处理的一般方法

电路故障分为工艺性故障和元器件故障。

（1）工艺性故障。

工艺性故障是指漏焊、虚焊、装接错误等，可通过直观的看、听、摸、闻、敲等措施判断出故障部位。此方法特别适用于检查由于装接错误而造成的整机故障。

（2）元器件故障。

元器件故障需要使用万用表的电压挡测量电路的工作电压，与原理图上的正常值进行比较，找出电路中的故障元器件。用万用表的电阻挡检查电路的短路、开路故障也很有效。

4. 故障处理的注意事项

（1）在进行故障处理时，要注意安全用电，防止造成事故；焊接时不要带电操作。

（2）严禁用手触摸电源进线部分的元器件和零部件，以免造成事故。

（3）测量晶体管、集成电路各引脚电压时，应防止极间短路。

任务操作

光控双向控制电路装配与调试

一、器材

常用电子组装工具一套，万用表一块，配套元器件若干。

二、操作步骤

1. 认识电路

图 7-1 所示为光控双向控制电路，其主要由光电转换及放大电路、二极反相器、正反转

驱动电路、执行机构（电路中采用红、绿发光二极管代替直流电动机，便于观察双向控制的效果）和串联型直流稳压电路等组成。光控双向控制电路的方框原理图如图 7-2 所示。

在图 7-1 所示电路中经过光电二极管 VD_5 的反向电流随光照强度的增加而成比例地增大，它和 R_{P2}、VT_4、VT_5 等元器件组成的电路可以实现光电转换及放大。当有光照时，VD_5 处于低阻状态，它和 R_{P2} 构成 VT_4、VT_5 复合管的上偏置电阻，使 VT_4 的基极电位上升，VT_4、VT_5 进入饱和状态，集电极输出低电平，三极管 VT_6 输出高电平，VT_7 导通，VT_8 截止，同时使三极管 VT_{11} 输出低电平，这个低电平使 VT_{10} 导通，VT_9 截止，电流经过 VT_7、VD_6、R_{13}、VT_{10} 构成回路，VD_6（红色）发光，表示正转；当无光照时，VD_5 处于高阻状态，使 VT_4、VT_5 处于截止状态，集电极输出高电平，三极管 VT_6 输出低电平，VT_7 截止，VT_8 导通，同时使三极管 VT_{11} 输出高电平，这个高电平使 VT_{10} 截止，VT_9 导通，电流经过 VT_9、R_{13}、VD_7、VT_8 构成回路，VD_7（绿色）发光，表示反转。可以通过调整 R_{P2} 的阻值来调整光控灵敏度。

实际应用中，可在 VD_6、VD_7 的位置直接接入直流电动机，在 VT_7、VT_9 组成的集电极回路中分别接入微动开关来进行限位控制，使窗帘移动到规定的位置时直流电动机停转。

2. 元器件的识别与检测

1）元器件的识别

图 7-1 所示电路的元器件识别与检测表如表 7-1 所示，对照电路图逐一对元器件进行识别。

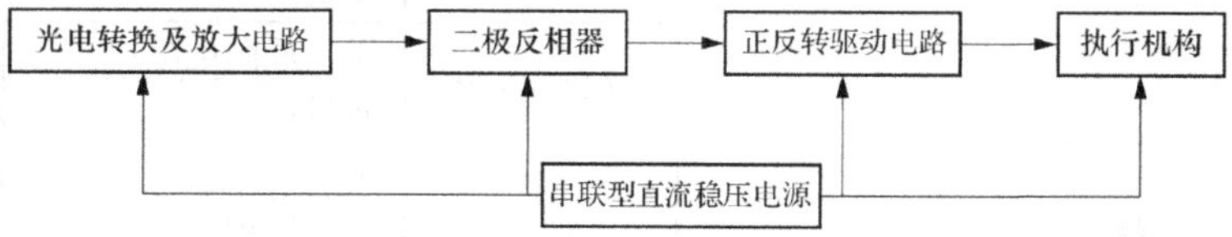

图 7-2　光控双向控制电路的方框原理图

2）元器件的检测

① 色环电阻、微调电位器、二极管、三极管、电解电容器的检测请参阅前文中的相关内容。

② 光电二极管的检测。

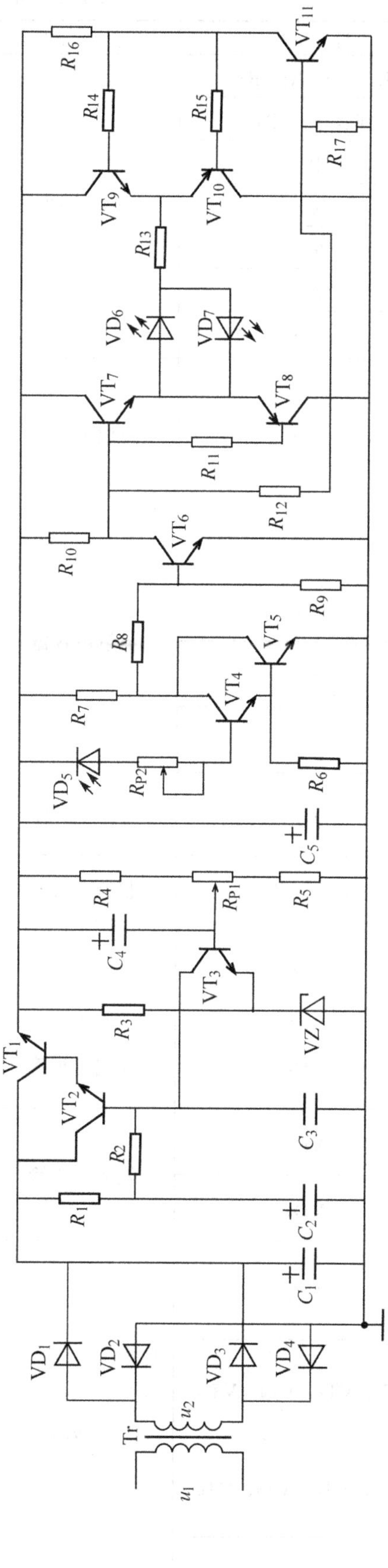

图 7-1　光控双向控制电路

表 7-1　光控双向控制电路的元器件识别与检测表

符　号	名　称	实 物 图	规　格	检测结果
R_1、R_5、R_7、R_{17}	色环电阻	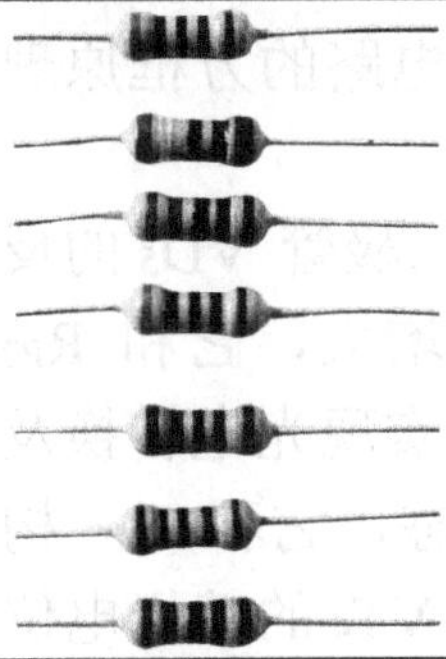	510Ω	实测值：
R_2、R_4、R_6、R_8、R_9			240Ω	实测值：
R_3			330Ω	实测值：
R_{10}			51Ω	实测值：
R_{12}			1kΩ	实测值：
R_{13}			2.2kΩ	实测值：
R_{11}、R_{14}、R_{15}、R_{16}			100Ω	实测值：
R_{P1}、R_{P2}	微调电位器		470Ω	实测值： 质量：
C_1	电解电容器	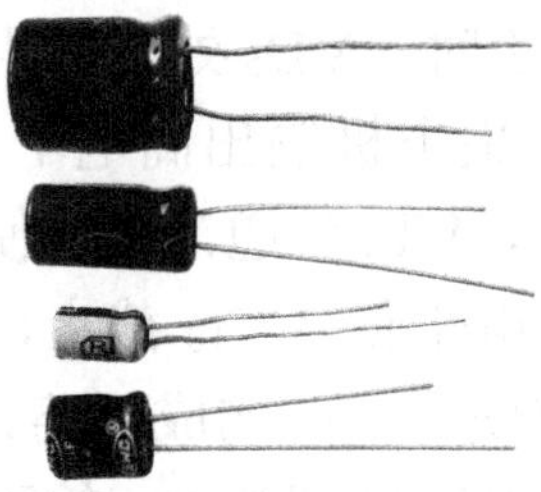	470μF/16V	正、负极性： 质量：
C_2			47μF/16V	正、负极性： 质量：
C_4			4.7μF/16V	正、负极性： 质量：
C_5			100μF/16V	正、负极性： 质量：
C_3	涤纶电容器	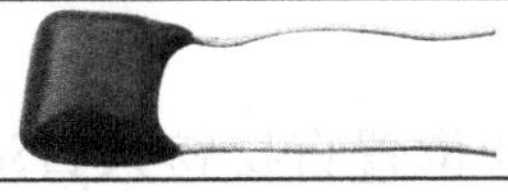	10nF/63V	标称值： 质量：
VD_1～VD_4	整流二极管		1 N4001	正、反向电阻： 质量：
VZ	稳压二极管		3.5V	正、负极性： 正、反向电阻： 稳压值：
VD_5	光电二极管		2CU1A	正、反向电阻： 质量：
VD_6	发光二极管	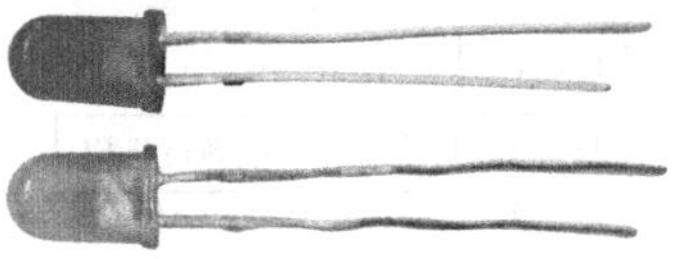	红色 ϕ3mm	正、反向电阻： 质量：
VD_7			绿色 ϕ3mm	正、反向电阻： 质量：
VT_1	三极管		8050	类型： 引脚排列： 质量：
VT_2、VT_3、VT_4、VT_{11}			9014	类型： 引脚排列： 质量：
VT_5、VT_6、VT_7、VT_9			9013	类型： 引脚排列： 质量：
VT_8、VT_{10}			9012	类型： 引脚排列： 质量：

续表

符　号	名　称	实 物 图	规　格	检测结果
Tr	电源变压器		AC 220V/12V 10W	一次绕组阻值： 二次绕组阻值：

将万用表置于“R×100”挡，使万用表的两表笔分别与光电二极管的引脚接触，将光电二极管的受光面对着光照方向，测量两引脚间的正、反向电阻，其中阻值较小的一次，黑表笔接的引脚是负极，红表笔接的引脚是正极。若遮挡住光电二极管受光面的光线，阻值明显变大，则说明光电二极管特性良好；或者使光照强度变化，若万用表的指针随光照强度的变化而摆动，则说明光电二极管特性良好。

3．电路安装调试

1）电路制作

根据图 7-1 所示电路和元器件实物，在通用印制电路板上进行元器件布局，对元器件的引脚进行成形加工，完成电路元器件的插装与焊接，如图 7-3 所示。

图 7-3　光控双向控制电路的装接图

① 色环电阻、整流二极管、稳压二极管水平安装。

② 电解电容器、涤纶电容器、三极管、发光二极管、光电二极管、微调电位器垂直安装，元器件底部距离印制电路板 5mm。

③ 电源变压器用螺钉紧固在印制电路板的元件面，一次绕组的引线向外，二次绕组的引线向内，印制电路板的另两个角上也固定两只螺钉，紧固件的螺母均安装在焊接面。在印制电路板上开孔，将电源线在开孔处从焊接面穿到元件面并打结，再与变压器一次绕组的引线焊接并完成电源连接，变压器二次绕组的引线插入安装孔后焊接。

2）电路调试

① 电路安装完成并检查无误后，接通电源，调节 R_{P1} 的阻值使直流稳压电源输出电压为 6V。

② 在光电二极管 VD_5 有光照时，调节 R_{P2} 的阻值，使 VD_6 从发光状态刚变为熄灭状态后，反方向调节 R_{P2} 的阻值至 VD_6 刚发光，若能实现上述操作，则说明电路满足光控灵敏度要求。

③ 在光电二极管 VD_5 有光照时，VD_6（红色）发光，VD_7 熄灭；在光电二极管 VD_5 无光照时，VD_7（绿色）发光，VD_6 熄灭。

三、操作记录

1．测试

在有光照和无光照时，用万用表分别测量 VT_4～VT_{11} 各电极的对地电压，将结果记录在表 7-2 中。

表 7-2 光控双向控制电路的测量记录表

三极管序号	有光照时			无光照时		
	U_B	U_C	U_E	U_B	U_C	U_E
VT_4						
VT_5						
VT_6						
VT_7						
VT_8						
VT_9						
VT_{10}						
VT_{11}						

2．分析

（1）在光控双向控制电路中，VT_7、VT_8、VT_9、VT_{10} 主要起什么作用？静态时它们工作在什么状态？

（2）若有光照时，直流电动机正转正常（VD_6 发光），无光照时，直流电动机不能反转（VD_7 不发光），试分析其故障原因。

3．任务评价

任务评价表见附录 A。

任务二　声振报警电路装配与调试

任务引入

随着生活水平的提高，人们希望生活不仅便利、舒适，而且安全。声振报警器可安装在家庭、公司及厂房的庭院或窗户等位置，当有人走近或打开窗户引起振动时，它便会发出警报，引起人们的警觉，确保生命及财产安全。

任务目标

1. 能识读声振报警电路。
2. 能进行声振报警电路的装配与调试。
3. 能够使用 Protel 软件设计印制电路板。

相关知识

光敏电阻是用具有光电效应的半导体材料制成的电阻。

根据光敏电阻的光敏特性，光敏电阻可分为可见光光敏电阻、红外光光敏电阻及紫外光光敏电阻。

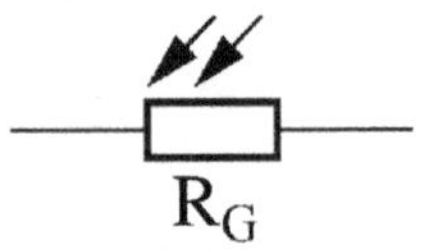

图 7-4　光敏电阻的图形符号

根据光敏层所用半导体材料的不同，光敏电阻分为单晶光敏电阻和多晶光敏电阻。光敏电阻的图形符号如图 7-4 所示。

光敏电阻的特点是对光线非常敏感，阻值随着光线的强弱发生变化，无光线照射时阻值很高，有光线照射时阻值很快下降。光敏电阻不仅可以用于各种光电自动控制系统，如自动报警系统、电子照相机的曝光电路，还可以用于非接触条件下的自动控制等。

任务操作

声振报警电路的装配与调试

一、器材

常用电子组装工具一套，万用表一块，示波器一台，电脑一台，配套元器件若干。

二、操作步骤

1．认识电路

声振报警电路对几米处的振动非常敏感。狗在休息时，一只耳朵总贴着地面，监听着地面传来的信号，一有动静，便发出“汪汪”的叫声。声振报警电路根据狗的这种特殊功能，将人运动时的接触摩擦声、振动声经高灵敏度电路接收、放大，触发模拟狗叫声的集成电路发声。

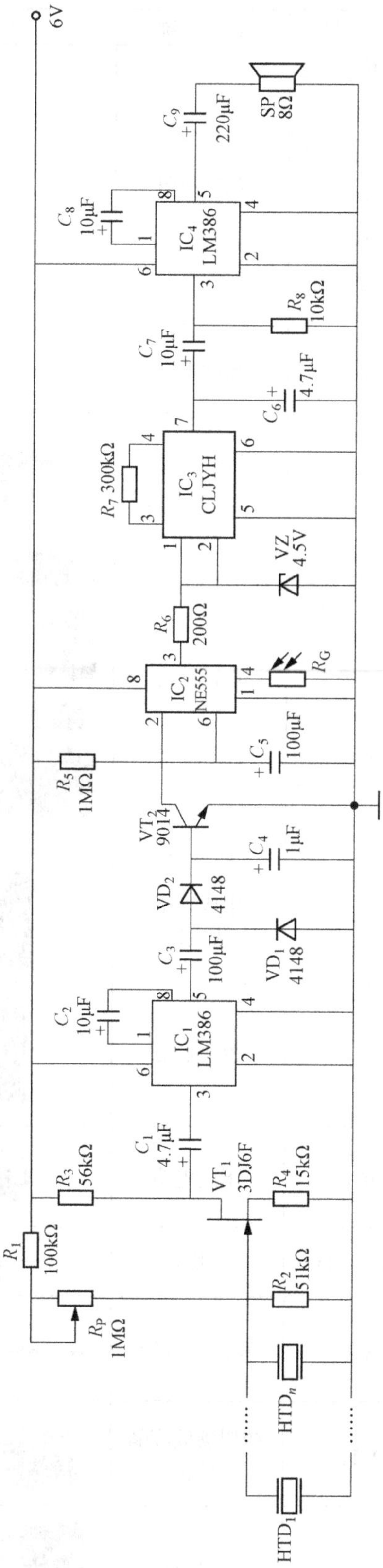

图 7-5 声振报警电路

图 7-5 所示为声振报警电路，HTD_1～HTD_n 是置于能感受到振动位置的压电陶瓷片，检测传来的声振动信号。当有人触动压电陶瓷片或在距压电陶瓷片 1m 左右的位置走动引起振动时，振动信号传到 HTD_1～HTD_n，经 VT_1 和 IC_1 接收并放大，再经 VD_1、VD_2、C_4 倍压整流滤波，滤波后的直流电压加于 VT_2 基极，使其导通，触发单稳态电路翻转进入暂稳态，IC_2 的 3 脚由原来的低电平变为高电平，经 R_6 限流、VZ 稳压的 4.5V 电压供 IC_3 工作，IC_3 的 7 脚输出的狗叫声经 C_7 耦合到 IC_4 进一步放大，扬声器 SP 发出响亮的狗叫声。暂稳时间 $t=1.1R_5C_5\approx 2\,\text{min}$，暂稳态过后，$IC_2$ 的 3 脚输出低电平，IC_3 停止工作，扬声器不再发出狗叫声。如果来人仍未离开监测区域，并且不断引起振动，则狗叫声始终不停，直到来人离开监测区域，保持宁静 2min 后，狗叫声才停止。此外，声振报警电路中设置了光控电路，白天不发出狗叫声，夜晚恢复工作，也可根据具体情况取舍，不用时，去掉光敏电阻 R_G。

2．元器件的识别与检测

1）元器件的识别

图 7-5 所示电路的元器件识别与检测表如表 7-3 所示，对照电路图逐一对元器件进行识别。

表 7-3 声振报警电路的元器件识别与检测表

符　号	名　称	实　物　图	规　格	检测结果
R_1	色环电阻		100kΩ	实测值：
R_2			51kΩ	实测值：
R_3			56kΩ	实测值：
R_4			15kΩ	实测值：
R_5			1MΩ	实测值：
R_6			200Ω	实测值：
R_7			300kΩ	实测值：
R_8			10kΩ	实测值：
R_G	光敏电阻		MG45-14	质量：
R_P	微调电位器	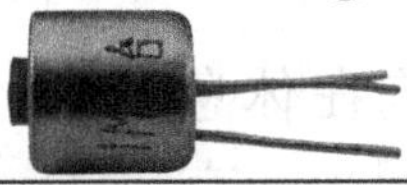	1MΩ	实测标称值： 质量：
C_1、C_6	电解电容器	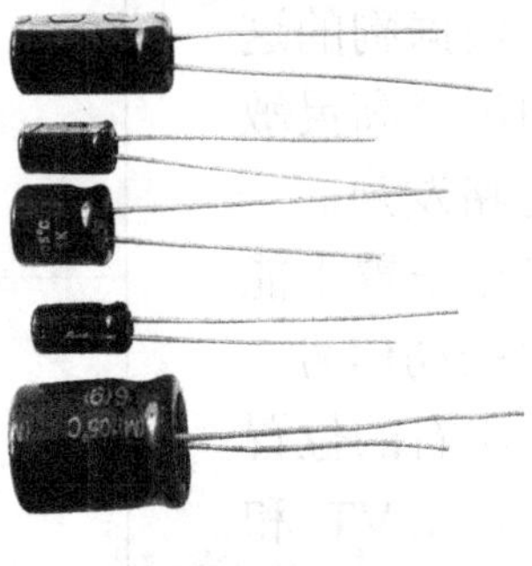	4.7μF/16V	正、负极性： 质量：
C_2、C_7、C_8			10μF/16V	正、负极性： 质量：
C_3、C_5			100μF/16V	正、负极性： 质量：
C_4			1μF/16V	正、负极性： 质量：
C_9			220μF/16V	正、负极性： 质量：
IC_1、IC_4	集成功率放大器		LM386	引脚排列： 引脚识别：
IC_2	集成运放		NE555	引脚排列： 引脚识别：
IC_3	集成电路		CLJYH	引脚排列： 引脚识别：
VD_1、VD_2	二极管		4148	正、反向电阻： 质量：
VZ	稳压二极管		4.5V	正、负极性： 正、反向电阻： 稳压值：
VT_1	结型场效应晶体管		3DJ6F	类型： 引脚排列： 质量：
VT_2	三极管		9014	类型： 引脚排列： 质量：
HTD_1～HTD_n	压电陶瓷片		ϕ27mm	阻值： 质量：

续表

符　号	名　称	实 物 图	规　格	检测结果
SP	扬声器		8Ω/0.5W	正、负极性： 质量：
	集成电路插座		8 孔×3	
U_{CC}	直流电源		6V	

2）元器件的检测

（1）色环电阻、微调电位器、二极管、三极管、电解电容器、集成运放、压电陶瓷片的检测请参阅前文中的相关内容。

（2）光敏电阻的检测。

使用万用表的“R×1k”挡，使万用表的两表笔分别与光敏电阻的引脚接触，观察有光照和无光照时，其阻值是否有变化，如果有变化，则说明光敏电阻是好的；或者使照射光线强弱变化，如果万用表的指针随光线的变化而摆动，则说明光敏电阻是好的。如果用上述方法检测时，光敏电阻的阻值都无变化，说明光敏电阻是坏的。

（3）结型场效应晶体管的检测。

① 结型场效应晶体管栅极的判别。

将万用表置于“R×1k”挡，用黑表笔接触结型场效应晶体管的一个极，用红表笔分别接触另外两个电极，若两次测得的阻值都很小，则黑表笔所接的电极是栅极，而且该结型场效应晶体管是 N 沟道场效应晶体管。用红表笔接触结型场效应晶体管的一个电极，用黑表笔分别接触另外两个电极，若两次测得的阻值都很小，则红表笔所接的电极是栅极，而且该结型场效应晶体管是 P 沟道场效应晶体管。如果测得的两个阻值相差很大，可改换电极重测，直到测得的两个阻值都很小或都很大为止。

② 结型场效应晶体管的质量检测。

将万用表置于“R×1k”挡，检测 P 沟道场效应晶体管时，将红表笔接源极 S 或漏极 D，黑表笔接栅极 G，测得的阻值很大；交换表笔重测，测得的阻值很小，表明该 P 沟道场效应晶体管基本是好的；如果测得的结果与上述结果不符，说明该 P 沟道场效应晶体管性能不好；当栅极与源极间、栅极与漏极间均无反向电阻时，说明该 P 沟道场效应晶体管是坏的。或者使红、黑表笔分别接触源极 S、漏极 D，然后用手触碰栅极，若万用表的指针偏转较大，则说明该 P 沟道场效应晶体管是好的；若万用表的指针不动，则说明该 P 沟道场效应晶体管是坏的或性能不良。

3. 电路安装调试

1）电路安装制作

根据图 7-5 所示电路和元器件实物，在印制电路板上进行元器件布局，对元器件的引脚进行成形加工，完成电路元器件的插装与焊接，如图 7-6 所示。

① 色环电阻、二极管水平安装。

② 电解电容器、三极管、结型场效应晶体管、微调电位器垂直安装，元器件底部距离印制电路板 5mm。

③ 压电陶瓷片 HTD_1～HTD_n 的安装。

本任务设计的电路可使用多个 HTD，分别安装在地下、窗上等位置，每个 HTD 用质地较好的塑料薄膜包装密封，以免漏水、透水，影响使用寿命。安装在地下的 HTD，采用 5 个一组并联，每个间隔 1m，用屏蔽线连接，埋入门前道路两侧 10cm 深处，屏蔽线接地（电路地）。

图 7-6 声振报警电路的装接图

2）电路调试

电路装接完成并检查无误后，接通电源（+6V），进行调试。

① 接通电源，振动压电陶瓷片，调节微调电位器 R_P 的阻值，使扬声器发出清脆的狗叫声。

② 通过调节 R_P 的阻值，可以改变 IC_3 的频率，改变狗叫的声频。

【加工注意事项】

◆ 此印制电路板为双面印制电路板。

双面印制电路板是在绝缘基板的两个面上印制导线，用双面敷铜板加工而成的。双面印制电路板可以在两面安装元器件，能大大减小产品的体积，降低产品的造价。

三、操作记录

1. 测试

遮住 R_G，使 HTD 处于不振动状态和振动状态，分别用万用表和示波器测量和观察 IC_1、IC_2、IC_3、IC_4 的输出电压和波形，将结果记录在表 7-4 中。

表 7-4 声控报警电路的测量记录表

状态	IC_1 输出电压及波形	IC_2 输出电压及波形	IC_3 输出电压及波形	IC_4 输出电压及波形
HTD 不振动	$U_{o1}=$ u_{o1} O t	$U_{o2}=$ u_{o2} O t	$U_{o3}=$ u_{o3} O t	$U_{o4}=$ u_{o4} O t
HTD 振动	$U_{o1}=$ u_{o1} O t	$U_{o2}=$ u_{o2} O t	$U_{o3}=$ u_{o3} O t	$U_{o4}=$ u_{o4} O t

2．分析

（1）调节 R_P 的阻值，为什么狗叫声会发生变化？

（2）为什么设置 R_G 后，声振报警电路白天不发出狗叫声，夜晚恢复工作？

3．任务评价

任务评价表见附录 A。

知识拓展

声振报警电路的印制电路板图

在电脑上利用 Protel 软件绘制出声振报警电路的印制板图，如图 7-7 所示。

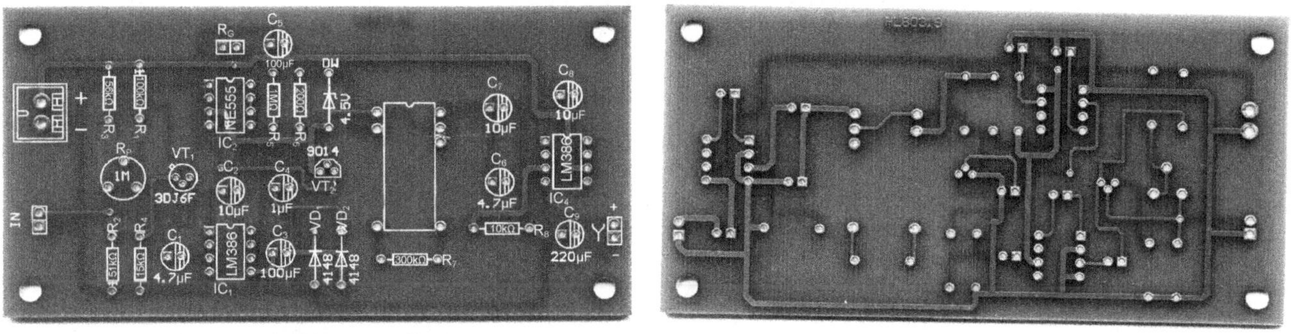

（a）印制电路板正面图　　（b）印制电路板反面图

图 7-7　声振报警电路的印制电路板图

自我检测

1．判断题

（1）光电二极管的正向电流大小与光照强度成正比。（　　）

（2）光控双向控制电路中的 VT_7、VT_8、VT_9、VT_{10} 构成互补型功率放大电路，能够克服交越失真。（　　）

（3）光敏电阻在无光线照射时的阻值很低。（　　）

（4）声振报警电路中的 LM386 为小功率音频集成功率放大器。（　　）

2．选择题（单选，将正确的选项填在括号内）

（1）当检测到受光的光电二极管阻值较小时，其与万用表黑、红表笔相接的引脚应分别是光电二极管的（　　）。

A．正极、负极　　B．无法确定　　C．基极、集电极　　D．负极、正极

（2）在图 7-1 所示的电路中，实现光控的元器件是（　　）。

A．VD_5　　B．VD_6　　C．VD_7　　D．VZ

（3）在声振报警电路中，能发出狗叫声的元器件是（　　）。

A．HTD　　B．IC_2　　C．IC_3　　D．SP

（4）在声振报警电路中，能够改变狗叫声频率的元器件是（　　）。

A．HTD　　B．R_7　　C．R_P　　D．R_G

3．填空题

（1）基本电路结构形式有（　　）、（　　）、（　　）、（　　）、（　　）、（　　）等。

（2）图 7-1 所示的光控双向控制电路由（　　）电路、（　　）、（　　）电路、（　　）和串联开关型直流稳压电路等组成。

（3）光敏电阻的阻值随着光线的（　　）发生变化，无光照时阻值（　　），有光照时阻值很快（　　）。

（4）在图 7-5 所示的声振报警电路中，HTD_1～HTD_n 是置于能感受到振动位置的（　　），设置光敏电阻 R_G 的目的是使白天（　　）狗叫声，而夜晚恢复工作。

第二篇

数字电子技术与技能

在电子技术中，电信号可分为模拟信号和数字信号。在数值和时间上都连续变化的信号称为模拟信号，如声音、温度、压力等物理量转换的连续变化的电压或电流，如图 8-1（a）所示。在第一篇中学习的放大电路、集成运放、正弦波振荡电路等是模拟信号的放大、产生和处理电路。在数值和时间上不连续变化的信号称为数字信号，如只有高、低电平的矩形脉冲信号，它是在时间和幅值上不连续的离散信号，如图 8-1（b）所示。数字电子技术是有关数字信号的产生、放大、整形、传送、控制、存储和计算的技术。

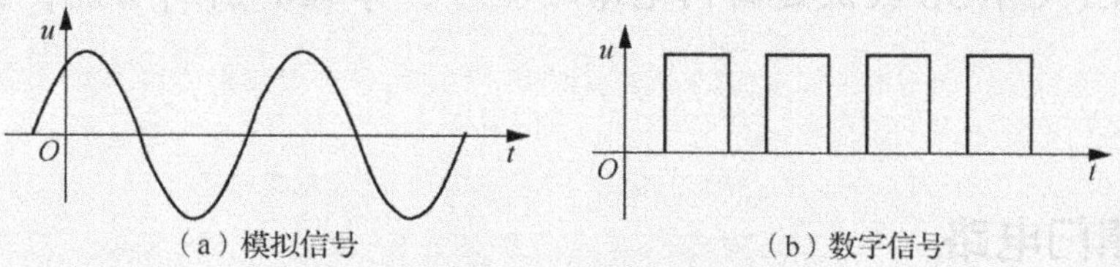

（a）模拟信号　（b）数字信号

图 8-1　模拟信号和数字信号

数字电路和模拟电路一样是由二极管、三极管、集成电路、电阻及电容器等元器件组成的，但构成数字电路的基本单元比较单一，元器件只要能区分“1”态和“0”态就可正常工作。数字电路的数据处理能力强，不仅能完成数值运算，进行逻辑运算和判断，还可对数字信号进行保存、传输和再现。随着新技术的发展，集成数字电路层出不穷，在众多领域已取代模拟电路，这一趋势将会继续发展下去。

数字电路按照是否具有记忆功能通常划分为组合逻辑电路和时序逻辑电路。组合逻辑电路任意时刻的输出仅取决于当时的输入信号，与电路原来的状态无关；时序逻辑电路任意时刻的输出不仅取决于当时的输入信号，还与电路原来的状态有关。

项目八 逻辑门电路

任务一 集成逻辑门电路逻辑功能测试

任务引入

数字电路往往用输入信号表示“条件”，用输出信号表示“结果”，条件与结果之间的因果关系称为逻辑关系。能实现某种逻辑关系的数字电路称为逻辑电路。基本的逻辑关系有与逻辑、或逻辑、非逻辑，对应的基本逻辑门电路有与门、或门、非门。

在数字电路中，通常用电位的高低控制逻辑门电路，输入信号与输出信号只有两种状态：高电平状态和低电平状态。用“1”表示高电平状态，用“0”表示低电平状态，称为正逻辑，反之称为负逻辑。本书中若无特殊说明均指正逻辑。

任务目标

1. 了解数字信号和模拟信号的区别。

2. 能说明基本逻辑门电路、组合逻辑门电路的逻辑功能，画出其逻辑符号，写出其逻辑表达式，列出其真值表。

3. 能识读 TTL、CMOS 集成逻辑门电路的型号，掌握其引脚功能，会测试其逻辑功能。

相关知识

一、基本逻辑门电路

1. 与门

如图 8-2 所示，在开关 A 与 B 的串联回路中，只有当两个开关都闭合时，指示灯 Y 才亮；只要有一个开关断开，指示灯 Y 就不亮。也就是说，当决定某种结果（指示灯亮）的所有条件（开关均闭合）全部成立时，该结果（指示灯亮）才能发生，否则不发生，这样的逻辑关系称为与逻辑关系。能实现与逻辑关系的电路称为与门电路，简称与门。

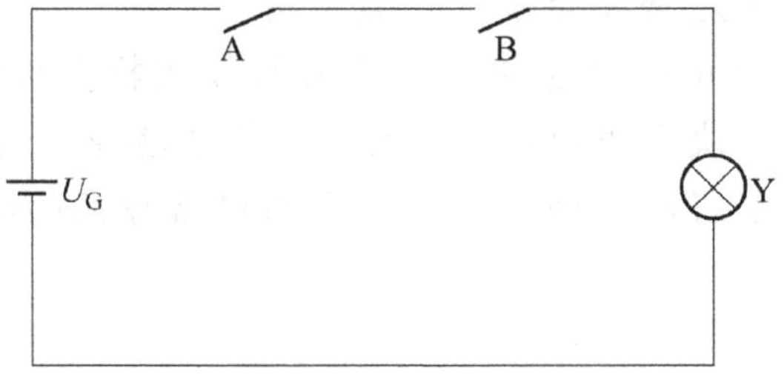

图 8-2 与逻辑实例

定义开关 A、B 断开为 0，闭合为 1；灯亮为 1，灯灭为 0，则表 8-1 可表示与门输入与输出间的逻辑关系。这种表明输入和输出逻辑对应关系的表称为真值表。

表 8-1　与门的真值表

输　入		输　出	备　注
A	B	Y	
0	0	0	定义开关闭合为 1，断开为 0；灯亮为 1，灯灭为 0
0	1	0	
1	0	0	
1	1	1	

与门的逻辑表达式为

$$Y = A \cdot B \text{ 或 } Y = AB$$

通过与门的真值表和逻辑表达式可以概括出与门的逻辑功能是："有 0 出 0，全 1 出 1"。

与门可由二极管、三极管、MOS 管和电阻等分立元器件组成，也可由集成电路组成。与门的输入端可以有多个，但一般不超过八个。与门的逻辑符号如图 8-3 所示。

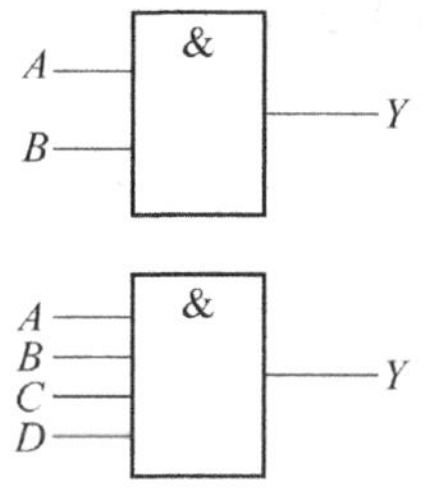

图 8-3　与门的逻辑符号

2．或门

如图 8-4 所示，在开关 A 与 B 的并联回路中，只要两个开关中有一个闭合，指示灯 Y 就亮；只有当两个开关都断开时，指示灯 Y 才不亮。也就是说，在决定某种结果（指示灯亮）的各个条件中，只要具备其中一个条件（一个开关闭合），该结果（指示灯亮）就会发生，否则不发生，这样的逻辑关系称为或逻辑关系。

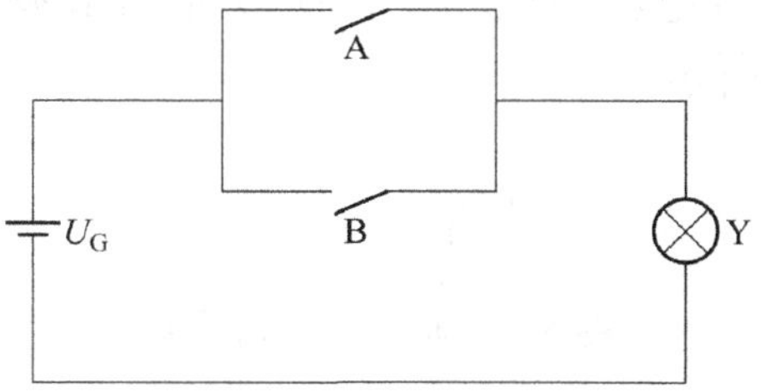

图 8-4　或逻辑实例

能实现或逻辑关系的电路称为或门电路，简称或门。或门的真值表如表 8-2 所示。

表 8-2　或门的真值表

输　入		输　出
A	B	Y
0	0	0
0	1	1
1	0	1
1	1	1

或门的逻辑表达式为

$$Y = A + B$$

或门的逻辑功能是："全 0 出 0，有 1 出 1"。图 8-5 所示为或门的逻辑符号。

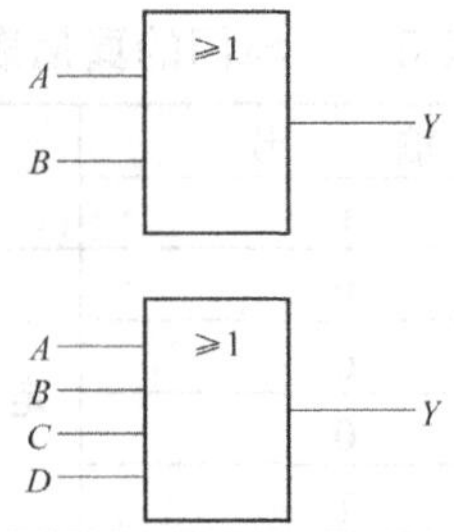

图 8-5　或门的逻辑符号

3．非门

如图 8-6 所示，开关 A 与指示灯 Y 并联，当开关断开时，指示灯 Y 亮；当开关闭合时，指示灯 Y 不亮。也就是说，结果（指示灯亮）和条件（开关闭合）总是呈相反状态，这样的逻辑关系称为非逻辑关系。

能实现非逻辑关系的电路称为非门电路，简称非门。非门的真值表如表 8-3 所示。

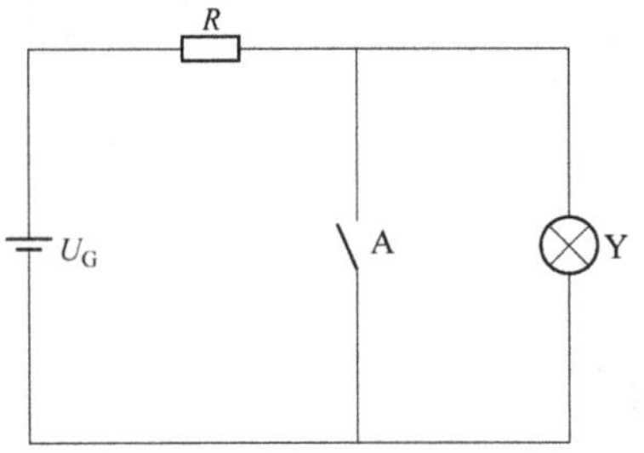

图 8-6　非逻辑实例

表 8-3　非门的真值表

输入	输出
A	***Y***
0	1
1	0

非门的逻辑表达式为

$$Y=\overline{A}$$

非门的逻辑功能是："入 0 出 1，入 1 出 0"。

非门的输出信号和输入信号电压相位相反，所以非门常被称为反相器。

非门的逻辑符号如图 8-7 所示。

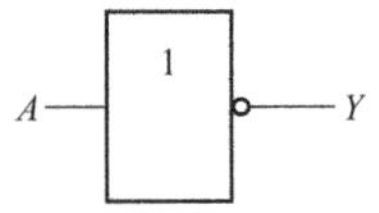

图 8-7　非门的逻辑符号

二、组合逻辑门电路

将上述三种基本逻辑门电路适当地组合，能构成多种组合逻辑门电路。

1．与非门

在与门后接一个非门就构成了与非门，图 8-8（a）所示为与非门的逻辑结构，图 8-8（b）所示为与非门的逻辑符号。

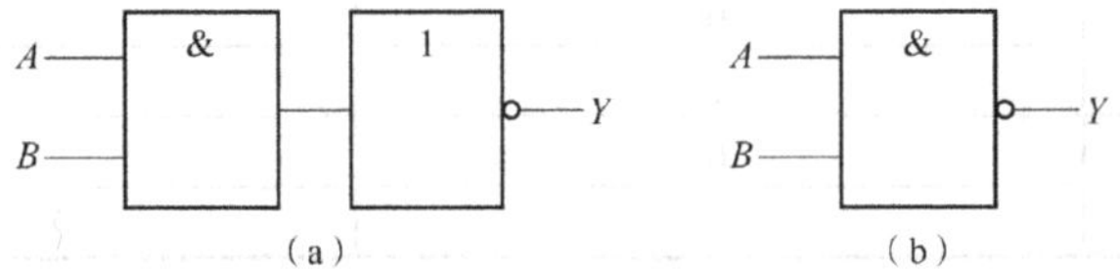

图 8-8　与非门的逻辑结构及逻辑符号

与非门的逻辑表达式为

$$Y=\overline{A\cdot B} \text{ 或 } Y=\overline{AB}$$

与非门的真值表如表 8-4 所示。与非门的逻辑功能是："有 0 出 1，全 1 出 0"。

表 8-4　与非门的真值表

输　　入		AB	输　出
A	B		$Y=\overline{A\cdot B}$
0	0	0	1
0	1	0	1
1	0	0	1
1	1	1	0

2. 或非门

在或门后接一个非门就构成了或非门，图 8-9（a）所示为或非门的逻辑结构，图 8-9（b）所示为或非门的逻辑符号。

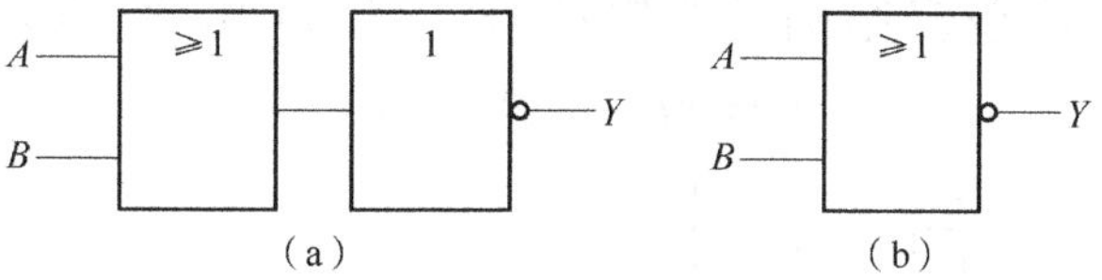

图 8-9　或非门的逻辑结构及逻辑符号

或非门的逻辑表达式是

$$Y=\overline{A+B}$$

或非门的真值表如表 8-5 所示。或非门的逻辑功能为"有 1 出 0，全 0 出 1"。

表 8-5　或非门的真值表

输　　入		$A+B$	输　出
A	B		$Y=\overline{A+B}$
0	0	0	1
0	1	1	0
1	0	1	0
1	1	1	0

3. 与或非门

把两个或两个以上与门的输出端接到一个或门的各输入端，或门后再接一个非门就构成了与或非门，图 8-10（a）所示为与或非门的逻辑结构，图 8-10（b）所示为与或非门的逻辑符号。

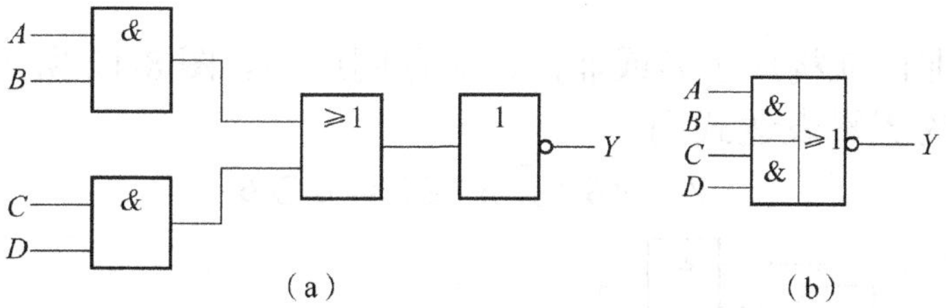

图 8-10　与或非门的逻辑结构及逻辑符号

与或非门的逻辑表达式为

$$Y=\overline{AB+CD}$$

与或非门的真值表如表 8-6 所示。与或非门的逻辑功能是："一组全 1 出 0，各组有 0 出 1"。

表 8-6　与或非门真值表

输　入				输　出	输　入				输　出
A	*B*	*C*	*D*	*Y*	*A*	*B*	*C*	*D*	*Y*
0	0	0	0	1	1	0	0	0	1
0	0	0	1	1	1	0	0	1	1
0	0	1	0	1	1	0	1	0	1
0	0	1	1	0	1	0	1	1	0
0	1	0	0	1	1	1	0	0	0
0	1	0	1	1	1	1	0	1	0
0	1	1	0	1	1	1	1	0	0
0	1	1	1	0	1	1	1	1	0

4. 异或门

图 8-11 所示为异或门的逻辑结构及逻辑符号。异或门的逻辑表达式为

$$Y=\overline{A}B+A\overline{B}=A\oplus B$$

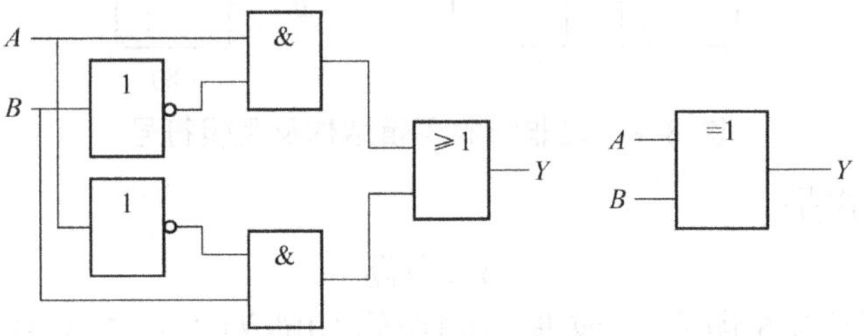

（a）　　（b）

图 8-11　异或门的逻辑结构及逻辑符号

异或门的真值表如表 8-7 所示。异或门的逻辑功能是：“入同出 0，入异出 1”。

表 8-7　异或门的真值表

输　入		输　出
A	*B*	*Y*
0	0	0
0	1	1
1	0	1
1	1	0

异或门是用于判断两个输入信号是否不同的组合逻辑门电路。

5. 同或门

在异或门后加上非门就构成了异或非门，又称同或门。图 8-12 所示为同或门的逻辑结构及逻辑符号。同或门的逻辑表达式为

$$Y=AB+\overline{A}\,\overline{B}\text{ 或 }Y=A\odot B$$

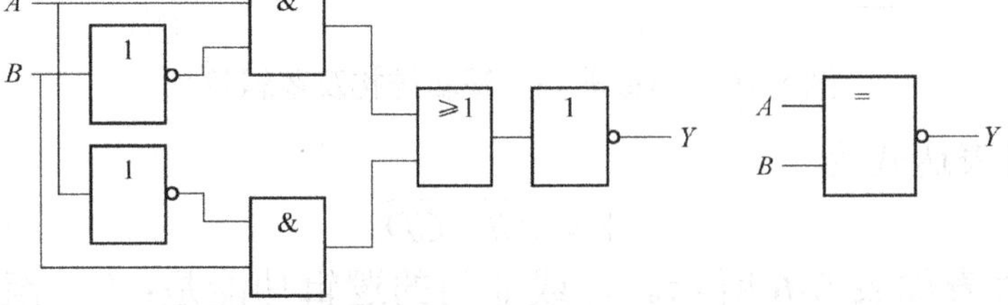

（a）　　（b）

图 8-12　同或门的逻辑结构及逻辑符号

同或门的真值表如表 8-8 所示。同或门的逻辑功能是：“入同出 1，入异出 0”。

表 8-8　同或门的真值表

输　入		输　出
A	*B*	*Y*
0	0	1
0	1	0
1	0	0
1	1	1

同或门是用于判断两个输入信号是否相同的组合逻辑门电路。

三、集成逻辑门电路

逻辑门电路在应用时大多是组合逻辑门电路形式，除前面讨论的几种简单组合逻辑门电路外，实际计算系统使用的是更为复杂的组合逻辑门电路，如编码器、译码器、数据分配器等，为使用方便，大多制作成集成逻辑门电路。无论是简单的还是复杂的集成逻辑门电路，都是由基本逻辑门电路组成的，整个电路的输入、输出关系满足一种逻辑关系。

集成逻辑门电路根据内部所采用元器件的不同，可分为 TTL 集成逻辑门电路和 CMOS 集成逻辑门电路两大类。

TTL 集成逻辑门电路内部的输入级和输出级都采用三极管，TTL 集成逻辑门电路主要有 74 标准（中速）系列、74H 高速系列、74S 肖特基（超高速）系列、74LS 低功耗肖特基系列和 74AS 先进的肖特基系列等。

CMOS 集成逻辑门电路是由 PMOS 场效应晶体管和 NMOS 场效应晶体管组成的互补电路。CMOS 集成逻辑门电路系列较多，主要有 4000（普通）系列、74HC（高速）系列、74HCT（与 TTL 兼容）系列等。

数字集成电路目前多数采用双列直插式外形封装，这类集成电路引脚编号的判读方法是：把凹槽标志置于左方，引脚向下，逆时针自下而上的顺序依次为 1 引脚、2 引脚、…。图 8-13 所示为部分 TTL74LS 集成逻辑门电路和 CMOS 集成逻辑门电路的引脚排列图。

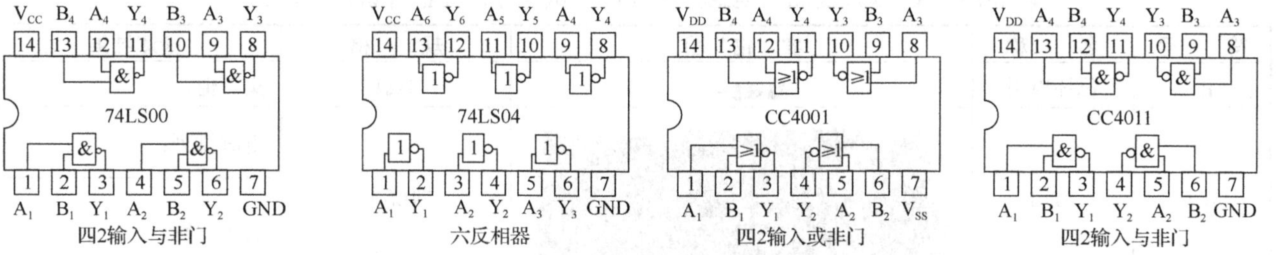

图 8-13　部分 TTL74LS 集成逻辑门电路和 CMOS 集成逻辑门电路的引脚排列图

任务操作

TTL 集成逻辑门电路逻辑功能测试

一、器材

数字万用表一块，元器件 74LS02、74LS04、74LS08 各一块，导线若干。

二、操作步骤

1．测试电路

与门 74LS08 逻辑功能测试电路、非门 74LS04 逻辑功能测试电路、或非门 74LS02 逻辑功能测试电路如图 8-14 所示。

2．元器件的识别与检测

1）元器件的识别

图 8-14 所示电路的元器件识别与检测表如表 8-9 所示，对照电路图对元器件进行识别。

2）元器件的检测

色环电阻、集成电路的检测请参阅前文中的相关内容。

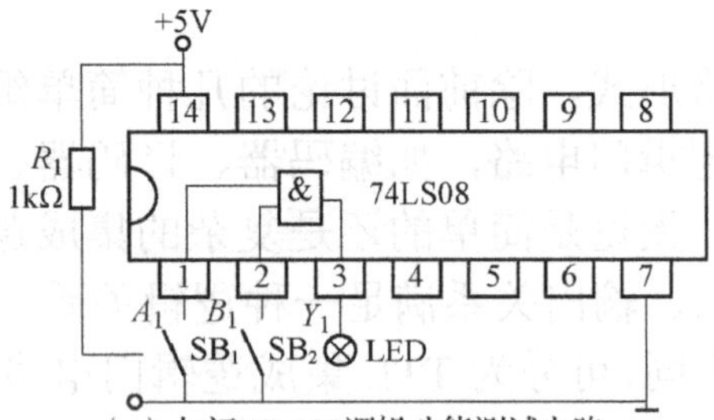

（a）与门74LS08逻辑功能测试电路

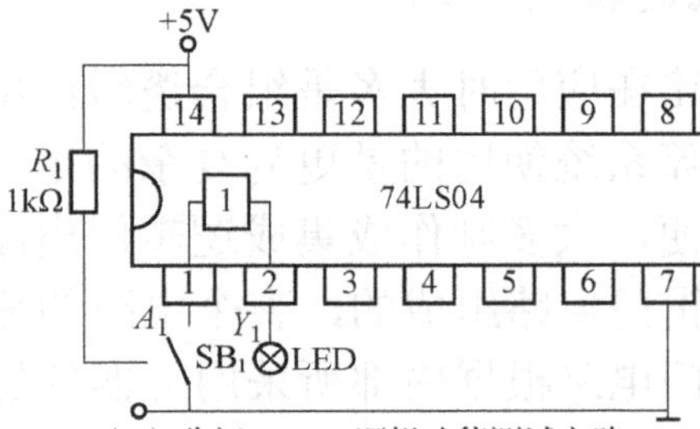

（b）非门74LS04逻辑功能测试电路

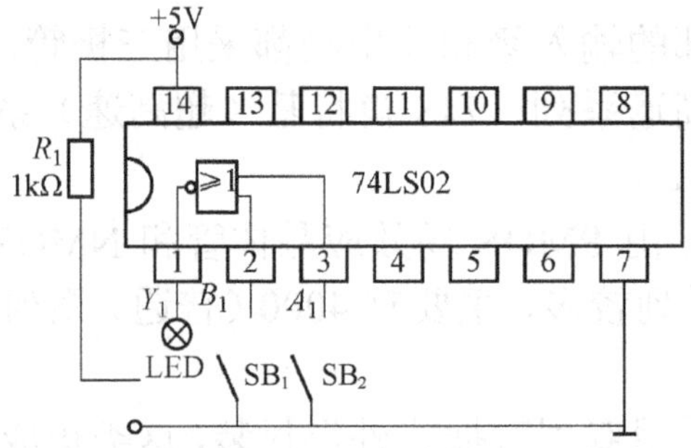

（c）或非门74LS02逻辑功能测试电路

图 8-14　TTL 集成逻辑门电路逻辑功能测试电路

表 8-9　TTL 集成逻辑门电路逻辑功能测试电路的元器件识别与检测表

符　号	名　称	实 物 图	规　格	检测结果
R_1	色环电阻		1kΩ	实测值：
IC_1	与门		74LS08	引脚排列：
				引脚识别：
IC_2	非门	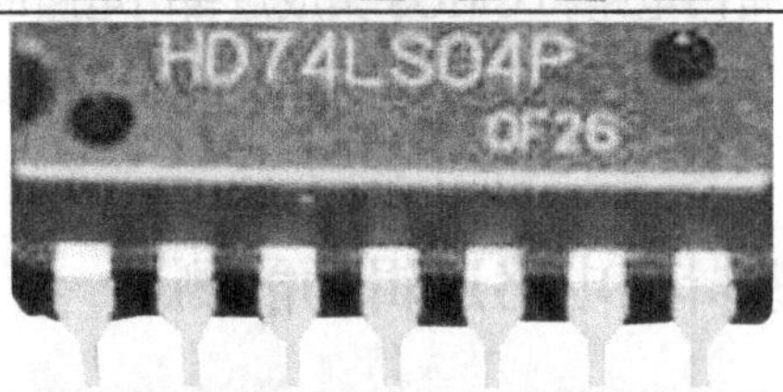	74LS04	引脚排列：
				引脚识别：
IC_3	或非门	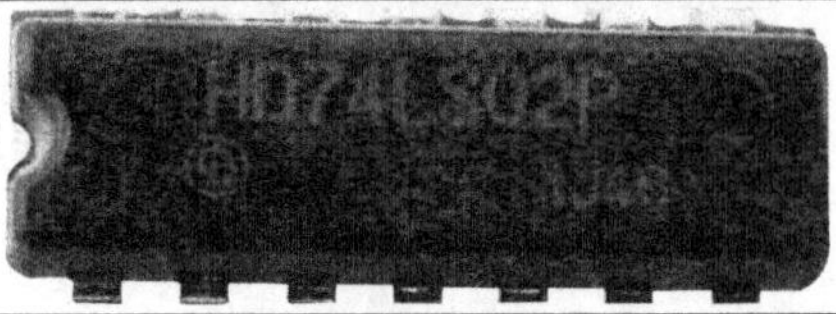	74LS02	引脚排列：
				引脚识别：

续表

符　号	名　称	实 物 图	规　格	检测结果
SB_1、SB_2	按钮开关		自锁	动合与动断端： 质量：
LED	发光二极管	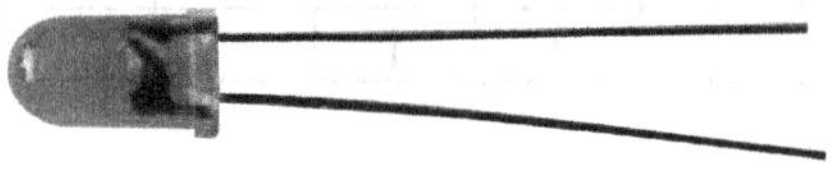	红色 ϕ10mm	正向电阻： 反向电阻：
U_{CC}	电源		+5V	

三、操作记录

1．测试

（1）根据图 8-14（a）所示电路，在通用印制电路板上进行元器件布局，完成电路元器件的插装与焊接，如图 8-15（a）所示。测试与门 74LS08 的逻辑功能，将测试值填入表 8-10。

表 8-10　与门 74LS08 的逻辑功能检测表

输　入		输　出		输　入		输　出		输　入		输　出		输　入		输　出	
A_1	B_1	Y_1	U_O	A_2	B_2	Y_2	U_O	A_3	B_3	Y_3	U_O	A_4	B_4	Y_4	U_O
0	0			0	0			0	0			0	0		
0	1			0	1			0	1			0	1		
1	0			1	0			1	0			1	0		
1	1			1	1			1	1			1	1		

（2）根据图 8-14（b）所示电路，在通用印制电路板上进行元器件布局，完成电路元器件的插装与焊接，如图 8-15（b）所示。测试非门 74LS04 的逻辑功能，将测试值填入表 8-11。

表 8-11　非门 74LS04 的逻辑功能检测表

输入	输出		输入	输出		输入	输出		输入	输出		输入	输出		输入	输出	
A_1	Y_1	U_O	A_2	Y_2	U_O	A_3	Y_3	U_O	A_4	Y_4	U_O	A_5	Y_5	U_O	A_6	Y_6	U_O
0																	
1																	

（3）根据图 8-14（c）所示电路，在通用印制电路板上进行元器件布局，完成电路元器件的插装与焊接，如图 8-15（c）所示。测试或非门 74LS02 的逻辑功能，将测试值填入表 8-12。

（a）与门74LS08逻辑功能测试电路的装接图

（b）非门74LS04逻辑功能测试电路的装接图

（c）或非门74LS02逻辑功能测试电路的装接图

图 8-15　TTL 集成逻辑门电路逻辑功能测试电路的装接图

表 8-12　或非门 74LS02 的逻辑功能检测表

输入		输出		输入		输出		输入		输出		输入		输出	
A_1	B_1	Y_1	U_O	A_2	B_2	Y_2	U_O	A_3	B_3	Y_3	U_O	A_4	B_4	Y_4	U_O
0	0			0	0			0	0			0	0		
0	1			0	1			0	1			0	1		
1	0			1	0			1	0			1	0		
1	1			1	1			1	1			1	1		

2. 任务评价

任务评价表见附录 A。

知识拓展

1. 与门的“开门”与“关门”

与门的两个输入信号 A、B 的波形及根据与门的逻辑功能画出的与门输出信号的波形如图 8-16 所示。当 $A=0$ 时，$Y=0$，说明此时输入信号 B 不能通过与门出现在输出端；当 $A=1$ 时，$Y=B$，说明此时输入信号 B 能通过与门出现在输出端。这里输入信号 A 的输入端为控制端（门控端），当门控端为 1 时，与门“开门”，让输入信号 B 通过；当门控端为 0 时，与门“关门”，输入信号 B 不能通过与门。

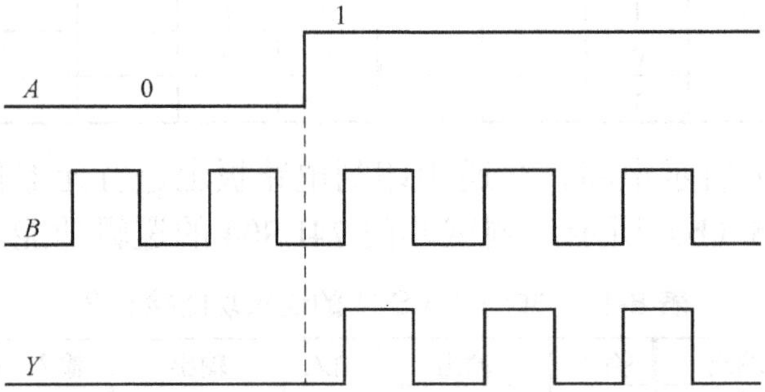

图 8-16　与门的输入和输出信号的波形图

2. 三态门与 OC 门

（1）三态门。

三态门在逻辑门电路上加了一个使能端，使它的输出可以出现除高电平和低电平两种状态以外的第三种状态，即高阻状态（逻辑门电路内部电源对地与输出端同时隔断），图 8-17 所示为 CMOS 三态门的逻辑符号及其应用。在图 8-17（a）中 A 是输入端，$\overline{EN}$ 是控制端，Y 是输出端。当控制信号 $\overline{EN}=1$ 时，从输出端看进去，输出端与电源之间、输出端与地之间全部隔离，呈高阻状态；当控制信号 $\overline{EN}=0$ 时，逻辑门电路内部恢复反相器功能，即 $Y=\overline{A}$。

三态门的一个重要用途是实现数据传输的控制。如图 8-17（b）所示，当 $\overline{EN_1}=0$，$\overline{EN_2}=1$，$\overline{EN_3}=1$ 时，Y_2、Y_3 呈高阻状态，与总线隔离，只有 Y_1 把输入信号 A_1 送到总线；当 $\overline{EN_1}=1$，$\overline{EN_2}=0$，$\overline{EN_3}=1$ 时，Y_1、Y_3 呈高阻状态，与总线隔离，只有 Y_2 把输入信号 A_2 送到总线。这种用三态门控制数据传输的方法在数字通信和计算机中被广泛应用。

（2）OC 门。

计算机中广泛使用母线结构，作为母线驱动器的各个与非门的输出端需要并联到一根“母线”上。实践证明，普通的 TTL 与非门电路是不允许这种情况出现的。为满足计算机的这一特殊需要，OC 门被生产出来，它是一种输出晶体管的集电极是开路的 TTL 与非门电路。该电路使用时要外接负载电阻，其逻辑功能与一般的 TTL 与非门电路相同。OC 门的逻辑符号如图 8-18 所示。

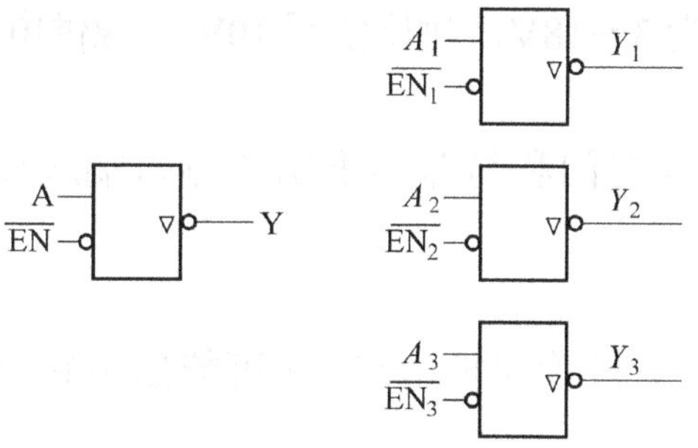

（a）逻辑符号　（b）用三态门控制数据传输

图 8-17　用 CMOS 三态门的逻辑符号及其应用

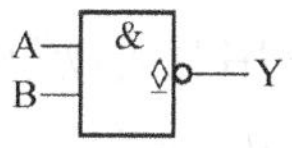

图 8-18　OC 门的逻辑符号

3．集成逻辑门电路的使用

1）TTL 集成逻辑门电路的使用技巧

（1）正确选择电源电压。

TTL 集成逻辑门电路对电源电压的稳定性要求较高，一般为 4.5～5.5V。为防止电路受到干扰，一般在电源与地之间接入滤波电容器。

（2）对输入端的处理。

TTL 集成逻辑门电路不使用的输入端相当于高电平，在实际使用中应妥善处理。

① 对与门和与非门不用的输入端的处理方法有三种，一是接电源 5V 或通过 1kΩ～3kΩ 的电阻接电源，如图 8-19（a）所示；二是与使用输入端并联，如图 8-19（b）所示，但并联后对信号的驱动电流要求增加了；三是若外界干扰很小，可悬空，如图 8-19（c）所示。

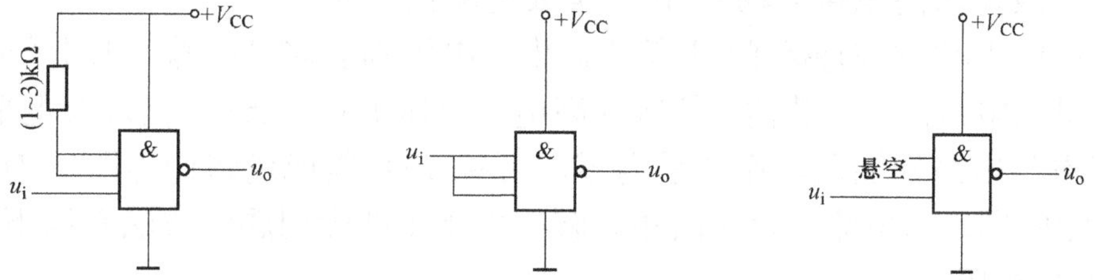

（a）通过上拉电阻接正电源　（b）与使用输入端并联　（c）悬空

图 8-19　对与非门不用的输入端的处理方法

② 对或门和或非门不用的输入端的处理方法有两种，一是接地，如图 8-20（a）所示；二是与使用输入端并联，如图 8-20（b）所示。

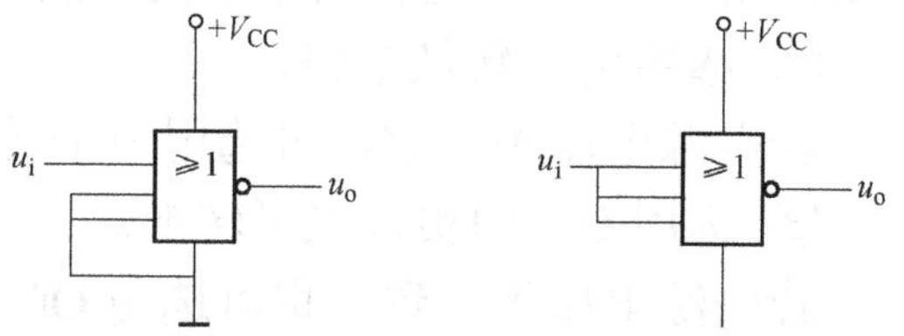

（a）接地　（b）与使用输入端并联

图 8-20　对或非门不用的输入端的处理方法

③ 对于触发器等中等规模的集成电路来说，不使用的输入端应根据逻辑功能接入适当电平。

（3）对输出端的处理。

① 除三态门、OC 门外，TTL 集成逻辑门电路的输出端不允许并联使用。

② 在将几个 OC 门的输出端并联，实现与逻辑功能时，应在输出端与电源之间接入一个适当阻值的上拉电阻。

③ TTL 集成逻辑门电路的输出端不允许直接与正电源或地短接。

（4）应在电路断电后插、拔，严禁带电操作。

2）CMOS 集成逻辑门电路的使用技巧

（1）正确选择电源电压。

CMOS 集成逻辑门电路的工作电压范围较大，一般为 3～18V，建议使用 10V 电源供电。

（2）对输入端的处理。

① CMOS 集成逻辑门电路不用的输入端不能悬空，与门和与非门不用的输入端应接至固定的高电平，或门和或非门不用的输入端应接地。

② 应保证输入信号的幅度在 0V～V_{DD}之间。

③ CMOS 集成逻辑门电路的输入端必须设有钳位二极管保护电路，在可能出现较大的瞬时输入电流时，应串接限流电阻。

（3）对输出端的处理。

① CMOS 集成逻辑门电路的输出端不能直接连接到一起。

② CMOS 集成逻辑门电路的输出端必须通过电阻与正电源或地连接，不允许直接与正电源或地短接。

③ 不同集成逻辑门电路的输出端不能并联。

（4）CMOS 集成逻辑门电路在存放、运输过程中应用防静电材料包装；组装和调试时，所有工具、仪表、工作台均应良好接地，防止静电干扰。

3）TTL 集成逻辑门电路与 CMOS 集成逻辑门电路的接口电路

在数字电路或系统的设计中，由于工作速度或功耗指标的要求，需要同时使用 TTL 集成逻辑门电路和 CMOS 集成逻辑门电路两种器件。由于两种器件的电压和电流参数不同，所以需要采用接口电路保证电平和电流匹配。

（1）TTL 集成逻辑门电路驱动 CMOS 集成逻辑门电路。

TTL 集成逻辑门电路作为驱动门，其输出高电平电压 U_{OH}≥2.4V，输出低电平电压 U_{OL}≤0.8V；CMOS 集成逻辑门电路作为负载门，其输入高电平电压 U_{IH}≥3.5V，输入低电平电压 U_{IL}≤1V。CMOS 集成逻辑门电路的输入电流几乎为零，可见 TTL 集成逻辑门电路的 U_{OH}不符合要求，存在电平不匹配问题，而电流不存在问题。解决电平不匹配问题的方法有以下几种。

① 外接上拉电阻。

当电源电压相同时，在 TTL 集成逻辑门电路的输出端外接一个上拉电阻 R_P，如图 8-21（a）所示，使 TTL 集成逻辑门电路的 U_{OH}≈5V。

② 选用电平转换电路。

若电源电压不一致，可选用电平转换电路（如 CC40109），如图 8-21（b）所示。

③ 选用 OC 门实现电平转换。

若电源电压不一致，也可选用 OC 门实现电平转换，如图 8-21（c）所示。

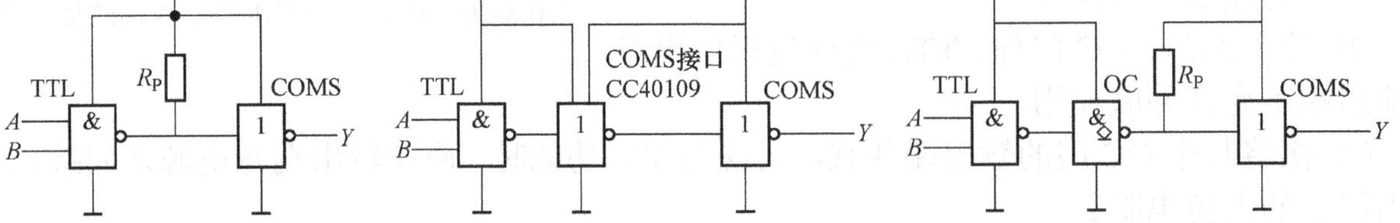

（a）TTL集成逻辑门电路驱动CMOS集成逻辑门电路之一　（b）TTL集成逻辑门电路驱动CMOS集成逻辑门电路之二　（c）TTL集成逻辑门电路驱动CMOS集成逻辑门电路之三

图 8-21　TTL 集成逻辑门电路驱动 COMS 集成逻辑门电路

（2）CMOS 集成逻辑门电路驱动 TTL 集成逻辑门电路。

CMOS 集成逻辑门电路作为驱动门，其输出高电平电压 $U_{OH}\approx5V$，输出低电平电压 $U_{OL}\leqslant 0V$；TTL 集成逻辑门电路作为负载门，其输入高电平电压 $U_{IH}\geqslant2.0V$，输入低电平电压 $U_{IL}\leqslant0.8V$。CMOS 集成逻辑门电路 4000 系列的最大允许灌电流为 0.4mA，TTL 集成逻辑门电路的 $I_{IS}\approx1.4mA$。可见电平匹配，CMOS 集成逻辑门电路 4000 系列的驱动电流不足。解决电流不匹配问题的方法有以下几种。

① 选用 CMOS 缓冲器。

选用 CMOS 缓冲器，如 CC4009 的驱动电流可达 4mA，图 8-22 所示为 CMOS 集成逻辑门电路驱动 TTL 集成逻辑门电路的专用接口电路。

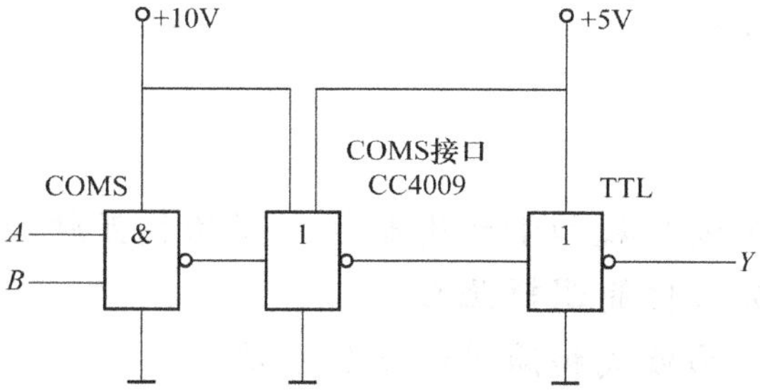

图 8-22　COMS 集成逻辑门电路驱动 TTL 集成逻辑门电路的专用接口电路

② 选用高速 CMOS 系列产品。

选用 CMOS 集成逻辑门电路的 54HC/74HC 系列产品可以直接驱动 TTL 集成逻辑门电路。

（3）逻辑门电路带负载时的接口电路。

① 用逻辑门电路直接驱动显示器件。

在数字电路中，常需要用发光二极管显示信息的传输，如简单的逻辑器件状态、七段数码显示、图形符号显示等，均需要接口电路将数字信息转换为模拟信息显示。图 8-23 所示为 CMOS 反相器 74HC04 驱动发光二极管 LED 的方法，电路中串联电阻 R 以保护 LED。

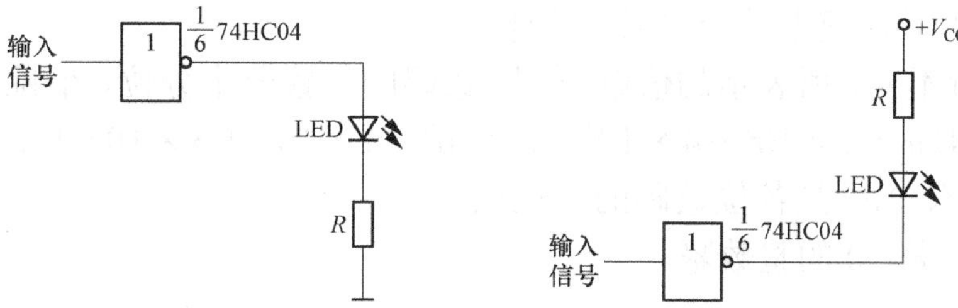

（a）输入信号为低电平　　（b）输入信号为高电平

图 8-23　COMS 反相器 74HC04 驱动发光二极管 LED 的专用接口电路

② 机电性负载接口。

在工程实践中，往往需要利用数字电路控制机电性负载，如控制继电器的接通和断开、电动机的位置和转速等。在继电器的应用中，一般情况下，用运算放大器将电压和电流提升到需要的数-模电压和电流值。对于小型继电器，可以将两个反相器并联作为驱动电路，如图 8-24 所示。

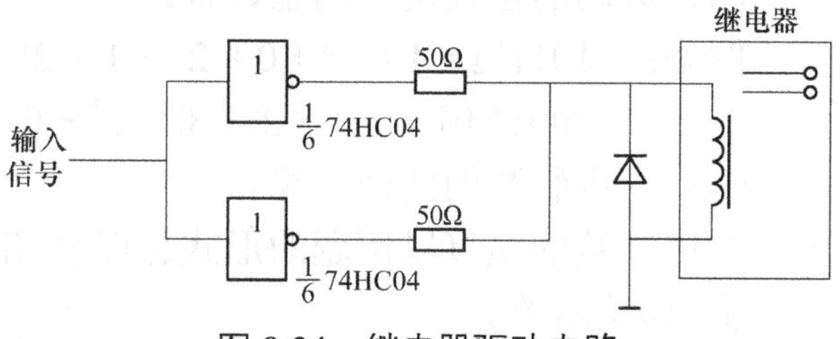

图 8-24　继电器驱动电路

任务二　逻辑电路应用装置 1 制作与调试

任务引入

在日常生活中，人们熟悉的是十进制数，它有“0、1、2、3、4、5、6、7、8、9”十个数码；在数字电路中，电路的状态用“0”和“1”表示，所以输出与输入之间的关系可以用二进制数作为数学工具，二进制数就是逻辑代数。进行逻辑设计时，利用逻辑代数的基本运算定律可以把一些复杂的逻辑函数式恒等变换为最简的函数表达式，从而设计出最简的逻辑电路，用较少的电路元器件实现相同的逻辑功能，不仅可以优化工艺，降低成本，提高系统的可靠性，还可以提高电路的可靠性。

任务目标

1. 会进行二进制数、十进制数和十六进制数之间的相互转换。
2. 会用逻辑代数基本公式化简逻辑函数。
3. 会用门电路实现逻辑函数式和简单的逻辑功能。
4. 能根据要求设计组合逻辑电路，进行电路的制作与调试。

相关知识

一、数制

数制就是计数的方法。根据进位的方法不同，可分为“逢十进一”的十进制计数、“逢二进一”的二进制计数和“逢十六进一”的十六进制计数等。

1．十进制

（1）十进制数有 0、1、2、3、4、5、6、7、8、9 十个数码。

（2）相邻位的关系为逢十进一，借一当十。

（3）数码的位置不同，所表示的值就不同，数码的位置分十分位、个位、十位、百位……。

例如：$(246.134)_{10} = 2\times10^2 + 4\times10^1 + 6\times10^0 + 1\times10^{-1} + 3\times10^{-2} + 4\times10^{-3}$。式中，$10^2$、$10^1$、$10^0$、$10^{-1}$、$10^{-2}$、$10^{-3}$ 是各位数码的“位权”。

十进制中，位权是 10 的整数幂。

2．二进制

（1）二进制数仅有 0、1 两个数码。

（2）相邻位的关系为逢二进一，借一当二。

（3）数码的位权是 2 的整数幂。

例如：$(1011)_2 = 1\times2^3 + 0\times2^2 + 1\times2^1 + 1\times2^0$

$(10011.01)_2 = 1\times2^4 + 0\times2^3 + 0\times2^2 + 1\times2^1 + 1\times2^0 + 0\times2^{-1} + 1\times2^{-2}$

（4）二进制数的四则运算。

二进制数的运算以例题的形式加以介绍。

① 加法运算。

【例 8-1】 $(1001)_2+(11)_2=?$

【解】在进行加法运算时，运算法则是“逢二进一”，即遇到 2 就向相邻高位进 1，本位为 0。

$$\begin{array}{r} 1001 \\ +\quad 11 \\ \hline 1100 \end{array}$$

故$(1001)_2+(11)_2=(1100)_2$。

② 减法运算。

【例 8-2】$(11001)_2-(110)_2=?$

【解】在进行减法运算时，运算法则是“借一当二”，即遇到 0 减 1 时，向高位借 1，在本位作为 2 使用。

$$\begin{array}{r} 11001 \\ -\quad 110 \\ \hline 10011 \end{array}$$

故$(11001)_2-(110)_2=(10011)_2$。

③ 乘法运算。

【例 8-3】$(1001)_2\times(101)_2=?$

【解】

$$\begin{array}{r} 1001 \\ \times\quad 101 \\ \hline 1001 \\ 0000 \\ 1001 \\ \hline 101101 \end{array}$$

故$(1001)_2\times(101)_2=(101101)_2$。

④ 除法运算。

【例 8-4】$(10111010)_2\div(1101)_2=?$

【解】

```
             1110
     1101)10111010
          1101
     -------------
          10100
           1101
     -------------
            1111
            1101
     -------------
             100……余数
```

故$(10111010)_2\div(1101)_2=(1110)_2$……余$(100)_2$。

当位数较多时，二进制数比较难于读取和书写，可将二进制数用十六进制数来表示。

3. 十六进制

十六进制数有 0、1、2、3、4、5、6、7、8、9、A、B、C、D、E、F 十六个数码，符号 A～F 分别代表十进制数的 10～15。数码的位权是 16 的整数幂，其计数规律是逢十六进一，借一当十六。

例如，十六进制数$(3AE)_{16}$可表示为$(3AE)_{16}=3\times16^2+A\times16^1+E\times16^0$。

表 8-13 所示为十六进制数、二进制数和十进制数的对照表。

表 8-13　十六进制数、二进制数和十进制数的对照表

数　制	数码表示															
十六进制	0	1	2	3	4	5	6	7	8	9	A	B	C	D	E	F

续表

数制	数码表示															
二进制	0	1	10	11	100	101	110	111	1000	1001	1010	1011	1100	1101	1110	1111
十进制	0	1	2	3	4	5	6	7	8	9	10	11	12	13	14	15

4．不同数制的转换

（1）非十进制数转换为十进制数。

采用“乘权相加法”，即将非十进制数的每位数码乘以它所在位的“位权”再相加，其结果就是对应的十进制数。

【例 8-5】把二进制数 11010 转换为十进制数。

【解】$(11010)_2 = 1 \times 2^4 + 1 \times 2^3 + 0 \times 2^2 + 1 \times 2^1 + 0 \times 2^0$

$= 2^4 + 2^3 + 0 + 2^1 + 0$

$= (26)_{10}$

【例 8-6】 把十六进制数 174 转换为十进制数。

【解】$(174)_{16} = 1 \times 16^2 + 7 \times 16^1 + 4 \times 16^0$

$= 256 + 112 + 4$

$= (372)_{10}$

（2）十进制数转换为二进制数。

采取“除 2 取余倒记法”，将十进制数不断地除以 2，直到商为零，然后把全部余数倒序排列，即为等值的二进制数。

【例 8-7】 把十进制数 37 转换为二进制数。

【解】

除数	被除数/商		余数
2	37	……	1
2	18	……	0
2	9	……	1
2	4	……	0
2	2	……	0
	1	……	1

余数倒序排列，由下向上记为$(100101)_2$

故$(37)_{10} = (100101)_2$。

（3）二进制数转换为十六进制数。

将二进制数自右向左每 4 位分为一组，最后不足 4 位的，高位用 0 补足，再把每 4 位二进制数对应的十六进制数写出来即可。

【例 8-8】把二进制数 11010110101 转换为十六进制数。

【解】二进制数 0110 1011 0101

十六进制数 6 B 5

所以，$(11010110101)_2 = (6B5)_{16}$。

（4）十六进制数转换为二进制数。

将每位十六进制数用 4 位二进制数表示，按十六进制数的排序将这些 4 位二进制数排列好，即得到相应的二进制数。

【例 8-9】把十六进制数 4E6 转换为二进制数。

【解】十六进制数 4 E 6

二进制数 0100 1110 0110

所以，$(4E6)_{16}=(10011100110)_2$。

二、逻辑代数及其在逻辑电路中的应用

逻辑代数是研究逻辑电路的数学工具，利用逻辑代数可以判定一个已知逻辑电路的功能或根据需要的功能设计、改进相应的逻辑电路。逻辑电路中的信号状态只有“高”“低”两种电平，逻辑变量只有“0”和“1”两种取值。

或运算、与运算、非运算是逻辑运算中三种最基本的运算，实现这些基本运算的逻辑门电路就是或门、与门和非门。

1. 逻辑代数的运算法则

表 8-14 列出了逻辑代数的基本定律。

表 8-14　逻辑代数的基本定律

说　明	公式名称	与运算公式	或运算公式
变量与常量的关系	01 律	$A\cdot 1=A$	$A+1=1$
		$A\cdot 0=0$	$A+0=A$
和普通代数相似的定律	交换律	$AB=BA$	$A+B=B+A$
	结合律	$ABC=(AB)C=A(BC)$	$A+B+C=A+(B+C)=(A+B)+C$
	分配率	$A(B+C)=AB+AC$	$A+BC=(A+B)(A+C)$
逻辑代数特有的定律	互补律	$A\cdot\overline{A}=0$	$A+\overline{A}=1$
	同一律	$A\cdot A=A$	$A+A=A$
	吸收率	$A+AB=A$	$A(A+B)=A$
		$A(\overline{A}+B)=AB$	$A+\overline{A}B=A+B$
		$AB+\overline{A}C+BC=AB+\overline{A}C$	
	反演律	$\overline{A\cdot B}=\overline{A}+\overline{B}$	$\overline{A+B}=\overline{A}\cdot\overline{B}$
	还原律	$\overline{\overline{A}}=A$	

以上定律最直接的证明办法就是通过真值表证明，若等号两边逻辑函数式的真值表相同，则等式成立。

表 8-15 所示的真值表验证了反演律$\overline{A\cdot B}=\overline{A}+\overline{B}$。

可见，$\overline{A\cdot B}=\overline{A}+\overline{B}$成立。

表 8-15　用真值表验证反演律

输　入		输　出	
A	B	$\overline{A\cdot B}$	$\overline{A}+\overline{B}$
0	0	1	1
0	1	1	1
1	0	1	1
1	1	0	0

2. 逻辑函数式的化简

从实际逻辑问题概括出来的逻辑函数式往往不是最简的，因此，一般要对逻辑函数式进行化简。运用逻辑代数的基本定律对逻辑函数式化简的方法有以下几种。

（1）并项法。

利用$A+\overline{A}=1$化简。

【例 8-10】化简逻辑函数式$Y=ABC+A\overline{BC}$。

【解】$Y=ABC+A\overline{BC}=A(BC+\overline{BC})=A$。

（2）吸收法。

利用 $A+AB=A$ 化简。

【例 8-11】化简逻辑函数式 $Y=\overline{A}B+\overline{A}BCD(E+F)$。

【解】$Y=\overline{A}B+\overline{A}BCD(E+F)=\overline{A}B$。

（3）消去法。

利用 $A+\overline{A}B=A+B$ 化简。

【例 8-12】化简逻辑函数式 $Y=AB+\overline{A}C+\overline{B}C$。

【解】$Y=AB+\overline{A}C+\overline{B}C=AB+(\overline{A}+\overline{B})C=AB+\overline{AB}C=AB+C$。

（4）配项法。

利用 $A=A(B+\overline{B})$ 化简。

【例 8-13】化简逻辑函数式 $Y=\overline{A\overline{B}+\overline{A}B}$。

【解】$Y=\overline{A\overline{B}+\overline{A}B}=(\overline{A\overline{B}})(\overline{\overline{A}B})=(\overline{A}+\overline{\overline{B}})\ (\overline{\overline{A}}+\overline{B})=(\overline{A}+B)\ (A+\overline{B})=AB+\overline{A}\cdot\overline{B}$。

3．逻辑代数在逻辑电路中的应用

【例 8-14】设计一个实现逻辑函数式 $Y=AB+AC$ 的逻辑电路。

根据题意，可画出图 8-25(a)所示的电路，但逻辑函数式化简后得 $Y=AB+AC=A(B+C)$，可简化成图 8-25（b）所示的电路。

可见，利用逻辑代数的基本定律对逻辑函数式进行化简，可得到更简单合理的电路。

逻辑函数的表达式可以有多种，如与或式、或与式、与非-与非式、或非-或非式、与-或-非式等，其中最常用的为与或式。但在实际应用中，往往根据现有的元器件写出相应的逻辑函数式，若生产和使用与非门集成电路较多，则在化简过程中将逻辑函数式变换成用与非门能实现的逻辑函数式。

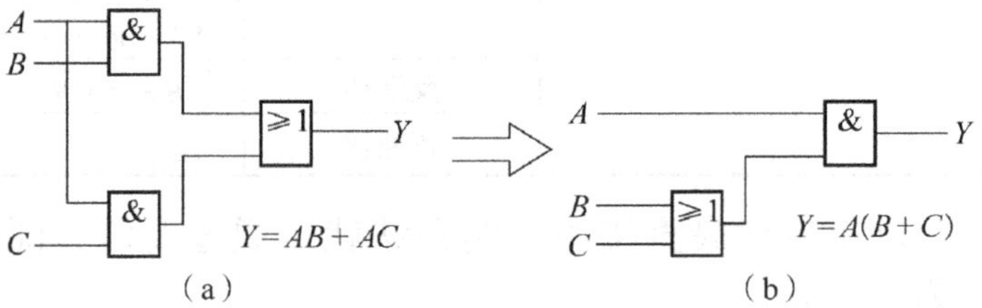

图 8-25　逻辑电路的简化

做中学

1．用四 2 输入与非门 74LS00 实现与或（$Y=AB+CD$）的逻辑功能。

（1）利用逻辑代数的基本定律进行恒等变换，将 Y 表达式变换为与非-与非表达式

$$Y=AB+CD=\overline{\overline{AB}\cdot\overline{CD}}$$

（2）根据逻辑函数式画出逻辑电路，如图 8-26 所示。

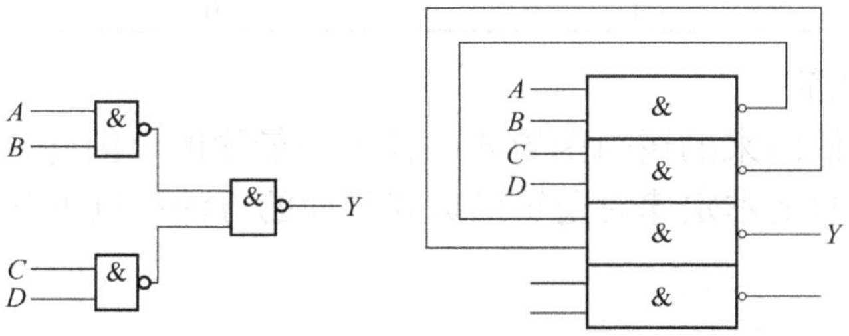

图 8-26　用 74LS00 实现“$Y=AB+CD$”的逻辑电路

（3）制作电路。

根据图 8-27 所示电路在通用印制电路板上进行元器件布局，完成电路元器件的插装与焊接，将 A、B、C、D 端接逻辑开关，Y 端接 LED 指示灯，如图 8-28 所示。

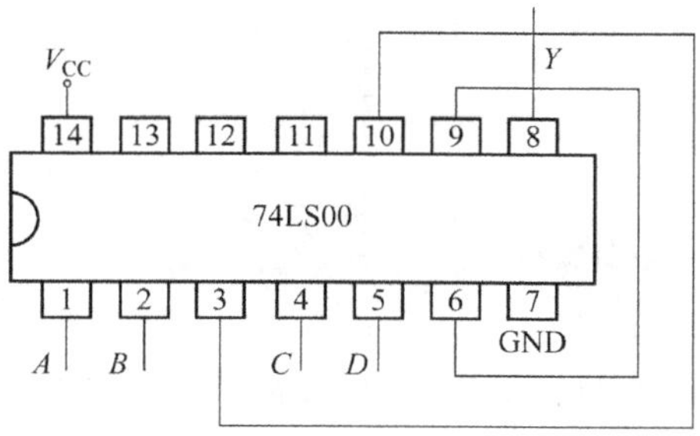

图 8-27　用 74LS00 实现“$Y=AB+CD$”的电路接线图

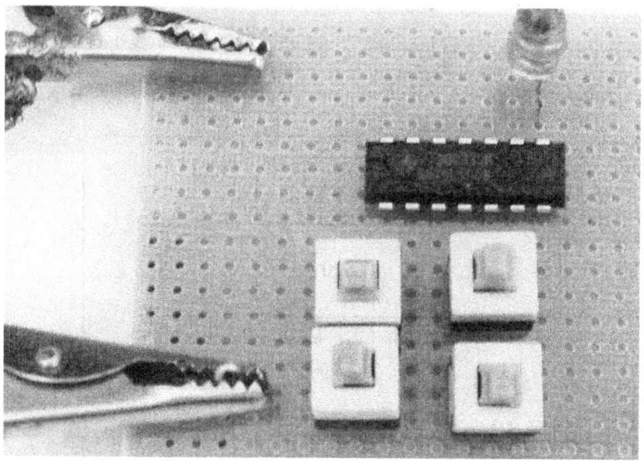

图 8-28　用 74LS00 实现“$Y=AB+CD$”的电路装接图

（4）按表 8-16 所示数据给 A、B、C、D 置值，将用 74LS00 实现“$Y=AB+CD$”的电路输出填入表 8-16，验证其正确性。

表 8-16　用 74LS00 实现“$Y=AB+CD$”的真值表

输入				输出	输入				输出
A	***B***	***C***	***D***	***Y***	***A***	***B***	***C***	***D***	***Y***
0	0	0	0		1	0	0	0	
0	0	0	1		1	0	0	1	
0	0	1	0		1	0	1	0	
0	0	1	1		1	0	1	1	
0	1	0	0		1	1	0	0	
0	1	0	1		1	1	0	1	
0	1	1	0		1	1	1	0	
0	1	1	1		1	1	1	1	

2. 用二 4 输入与非门 74LS20 实现 $Y=ABCD$ 的逻辑功能。

（1）将 Y 表达式变换为与非-与非表达式。

$$Y=ABCD=\overline{\overline{ABCD}}$$

（2）画出逻辑电路，如图 8-29 所示。

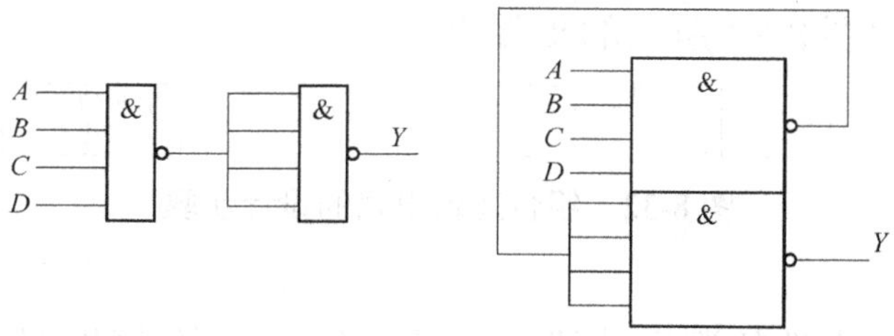

图 8-29　用 74LS20 实现“$Y=ABCD$”的逻辑电路图

（3）制作电路。

根据图 8-30 所示电路在通用印制电路板上进行元器件布局，完成电路元器件的插装与焊接，将 A、B、C、D 端接逻辑开关，Y 端接 LED 指示灯，如图 8-31 所示。

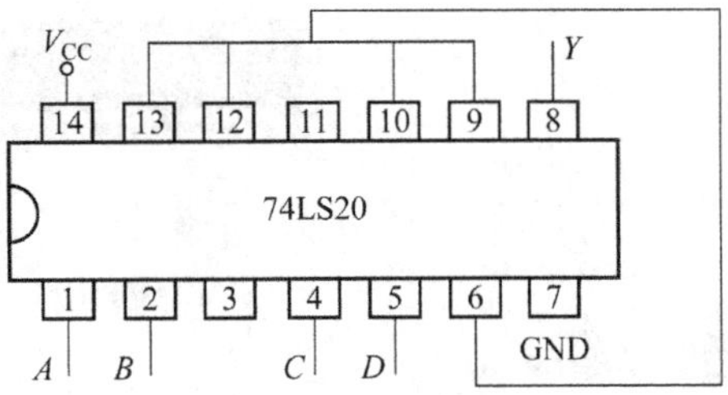

图 8-30　用 74LS20 实现“$Y=ABCD$”的逻辑电路接线图

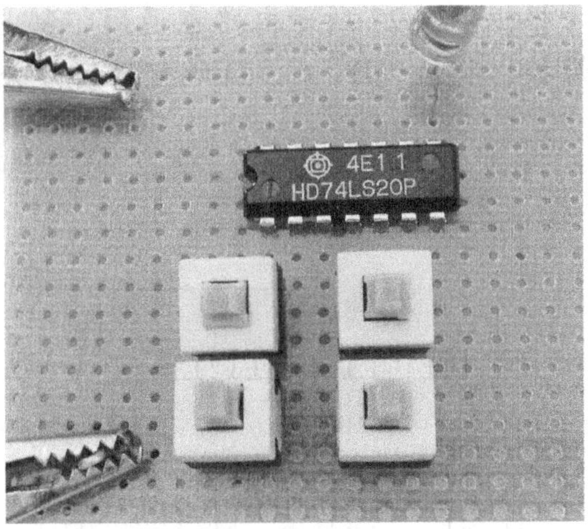

图 8-31　用 74LS20 实现“$Y=ABCD$”的逻辑电路装接图

（4）按表 8-17 所示数据给 A、B、C、D 置值，将用 74LS20 实现“$Y=ABCD$”的输出填入表 8-17，验证其正确性。

表 8-17　用 74LS20 实现“$Y=ABCD$”的真值表

输入				输出	输入				输出
A	*B*	*C*	*D*	*Y*	*A*	*B*	*C*	*D*	*Y*
0	0	0	0		1	0	0	0	
0	0	0	1		1	0	0	1	
0	0	1	0		1	0	1	0	
0	0	1	1		1	0	1	1	
0	1	0	0		1	1	0	0	
0	1	0	1		1	1	0	1	
0	1	1	0		1	1	1	0	
0	1	1	1		1	1	1	1	

三、组合逻辑电路的设计

组合逻辑电路由与门、或门、与非门、或非门等逻辑门电路组合而成，输入和输出之间只有信号的正向传输，电路任意时刻的输出状态仅仅取决于该时刻的输入信号。

组合逻辑电路的设计是指根据给定的逻辑功能要求，设计出实现该逻辑功能的逻辑电路。组合逻辑电路的设计可按图 8-32 所示的步骤进行。

图 8-32　组合逻辑电路的设计步骤

（1）逻辑状态赋值。

用逻辑电路实现某一事件的逻辑功能时，需要分析该事件的因果关系，将“因”作为逻辑电路的输入，“果”作为逻辑电路的输出，并用 0、1 分别代表输入和输出的两种不同状态，这个过程称为逻辑状态赋值。

（2）根据事件的因果关系，列出输入和输出对应的真值表。

（3）根据真值表写出逻辑表达式。

（4）将逻辑表达式化简或转换成合理的逻辑表达式。

（5）根据化简或转换后的逻辑表达式，画出逻辑电路图。

【例 8-15】 某楼宇控制室有 3 个报警灯：L_0（火警）、L_1（盗警）和 L_2（一般作业），当有多个报警信号同时出现时，按事态轻重缓急的要求，在同一时间内只能有一个信号通过。首先接通的是火警信号，其次是盗警信号，最后是一般作业信号。试按照上述要求设计一个信号控制电路。要求用 74LS00（每块含 4 个 2 输入端与非门）实现。

【解】（1）逻辑状态赋值。

根据电路设计要求可知，该电路有三个输出：L_0、L_1 和 L_2，对应的有 3 个输入，分别用 I_0、I_1 和 I_2 表示。设有输入信号为逻辑 1，无输入信号为逻辑 0；报警灯亮为逻辑 1，报警灯不亮为逻辑 0。

（2）列出真值表。

根据电路的功能要求给定的逻辑，列出该电路的真值表，如表 8-18 所示。表中“×”表示取任意值，该项输入对输出不产生影响。

表 8-18 楼宇报警控制电路的真值表

输入			输出		
I_0	I_1	I_2	L_0	L_1	L_2
0	0	0	0	0	0
1	×	×	1	0	0
0	1	×	0	1	0
0	0	1	0	0	1

（3）由真值表写出各输出的逻辑表达式。

$$L_0=I_0，\quad L_1=\overline{I_0}I_1，\quad L_2=\overline{I_0}\,\overline{I_1}I_2$$

（4）上述 3 个表达式已为最简表达式，需要用非门和与门实现，不符合设计要求，需将上式转换为与非表达式。

$$L_0=I_0,\quad L_1=\overline{\overline{\overline{I_0}I_1}},\quad L_2=\overline{\overline{\overline{I_0}\,\overline{I_1}I_2}}=\overline{\overline{\overline{\overline{\overline{I_0}\,\overline{I_1}}}\,I_2}}$$

（5）画出逻辑电路图，如图 8-33 所示，可用 2 块集成与非门 74LS00 实现。

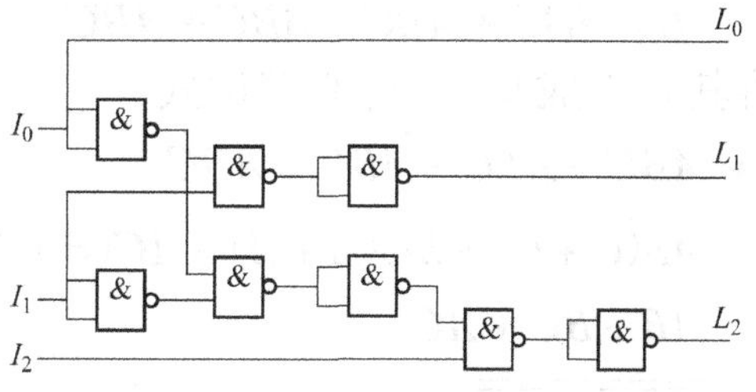

图 8-33 用 74LS00 实现楼宇报警控制的逻辑电路图

在实际设计逻辑电路时，有时并不是逻辑表达式最简单就能满足设计要求，还应考虑所使用集成器件的种类，将逻辑表达式转换为能用所要求的集成器件实现的形式，并尽量使所用的集成器件数量和种类最少。所以，需要根据实际情况将最简逻辑表达式转换为最合理的逻辑表达式。

任务操作

逻辑电路应用装置1制作与调试

一、器材

数字万用表一块，元器件 74LS00、74LS10 各一块，按钮开关三个，发光二极管一个，导线若干。

二、操作步骤

1．设计任务

制作三人表决器，每人各控制 SA、SB、SC 三个按钮开关中的一个，以少数服从多数的原则投票表决事件通过与否。按下按钮开关表示同意，否则表示不同意。若表决通过，则发光二极管 LED 点亮，否则 LED 不亮。

2．制作程序

（1）对三人表决器的逻辑状态进行分析，列出真值表。

根据设计要求可知，电路有一个输出 L，对应 3 个输入，分别用 A、B 和 C 表示。对于输入，若赞同，则按下按钮开关，表示为“1”；若不赞同，则不按下按钮开关，表示为“0”。对于输出，若表决通过，则 LED 点亮，表示为“1”；若表决没通过，则 LED 不亮，表示为“0”。列出真值表，如表 8-19 所示。

表 8-19　三人表决器的真值表

输入			输出	输入			输出
A	B	C	L	A	B	C	L
0	0	0	0	1	0	0	0
0	0	1	0	1	0	1	1
0	1	0	0	1	1	0	1
0	1	1	1	1	1	1	1

（2）根据真值表写出逻辑表达式。

$$L = AB\overline{C} + A\overline{B}C + \overline{A}BC + ABC$$

（3）化简逻辑表达式，将其转换成与非-与非表达式。

$$\begin{aligned} L &= AB\overline{C} + A\overline{B}C + \overline{A}BC + ABC \\ &= AB(\overline{C} + C) + BC(\overline{A} + A) + AC(\overline{B} + B) \\ &= AB + BC + AC \\ &= \overline{\overline{AB}\;\overline{BC}\;\overline{AC}} \end{aligned}$$

（4）画出三人表决器的逻辑电路图，如图 8-34 所示。

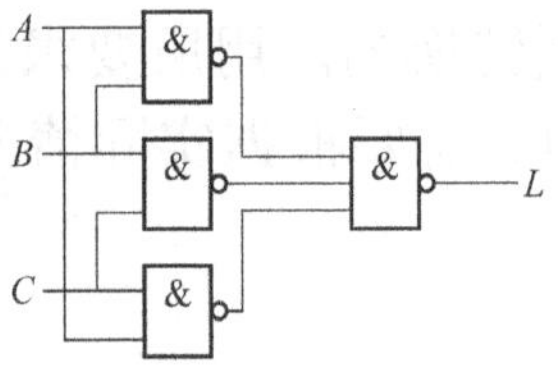

图 8-34　三人表决器的逻辑电路图

（5）设计电路图。

查手册或测试元器件的逻辑功能，设计三人表决器，用 1 块四 2 输入集成与非门 74LS00 和 1 块三 3 输入集成与非门 74LS10 完成电路接线，具体接线如图 8-35 所示。

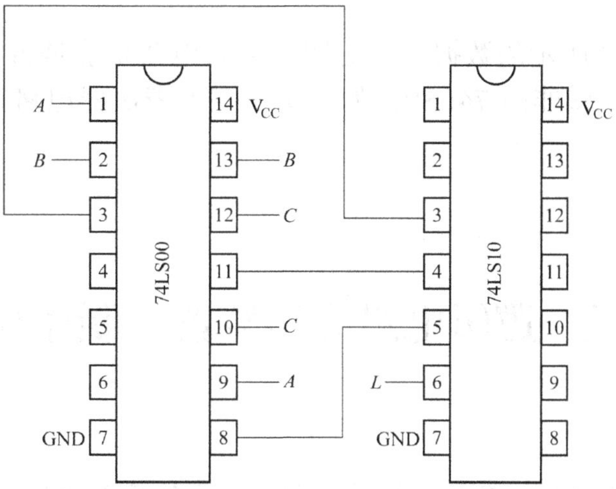

图 8-35 三人表决器电路的接线图

3．元器件的识别与检测

图 8-35 所示三人表决器电路的元器件识别与检测表如表 8-20 所示，对照电路图对元器件进行识别检测。

表 8-20 三人表决器的元器件识别与检测表

符 号	名 称	实 物 图	规 格	检测结果
IC_1	四 2 输入集成与非门		74LS00	引脚排列： 引脚识别：
IC_2	三 3 输入集成与非门		74LS10	引脚排列： 引脚识别：
SB_1、SB_2、SB_3	按钮开关		自锁	动合与动断端： 质量：
LED	发光二极管	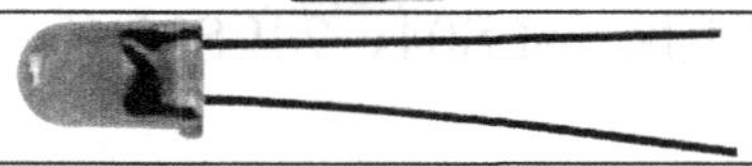	红色 ϕ10mm	正向电阻： 反向电阻：
U_{CC}	电源		+5V	

4．电路的制作与调试

1）电路制作

根据图 8-35 所示电路和元器件实物，在通用印制电路板上进行元器件布局，完成电路元器件的插装与焊接，如图 8-36 所示。

图 8-36 三人表决器的装接图

在插入集成门电路时，注意 1 脚的位置不能插错，插入时应用力均匀按下，拔出时应端正拔出，切勿摇晃拔出。

2）电路调试

电路装接完成并确认元器件安装正确后，接通电源

（+5V），改变 3 个按钮开关的状态，观察 LED 的亮与灭，进行调试。

三、操作记录

1. 测试

将调试结果与表 8-19 所示的数据进行对比，判断电路功能是否实现。

用 2 块四 2 输入集成或非门 74LS02 如何实现三人表决器电路？请同学们画出逻辑电路图及接线图。

2. 任务评价

任务评价表见附录 A。

任务三　逻辑电路应用装置 2 制作与调试

任务引入

正常情况下交通路口的车辆在交通灯的控制下，有条不紊地行驶。一旦交通灯出现故障，就会造成混乱，严重的情况下，还会造成事故，这就需要交通灯故障报警电路来提醒工作人员，使其能及时采取措施进行维护。

任务目标

1. 能根据要求设计逻辑电路，完成交通灯故障报警电路的设计。
2. 会根据逻辑电路图设计电路接线图。
3. 能按工艺要求正确制作电路，并完成调试。

任务操作

逻辑电路应用装置 2 制作与调试

一、器材

数字万用表一块，TTL 集成逻辑门电路 74LS04、74LS32 各一块，74LS21 两块，发光二极管一个，按钮开关三个，导线若干。

二、操作步骤

1. 设计任务

制作交通灯故障报警电路。正常情况下，交通信号红灯（R）亮——停车，黄灯（Y）亮——准备，绿灯（G）亮——通行，正常时只有一个灯亮。灯全亮、灯全不亮及两个灯同时亮都是故障。

2. 制作程序

（1）对交通灯逻辑状态进行分析，列出真值表。

根据电路要求，输入变量用 R、Y 和 G 表示，输入变量为“1”时表示灯亮，输入变量为“0”时表示灯不亮；输出变量为 L，有故障时出现报警，输出变量为“1”，无故障时输出变量为“0”。

根据任务要求列出交通灯故障报警电路的真值表，如表 8-21 所示。

表 8-21　交通灯故障报警电路的真值表

输入			输出	输入			输出
R	*Y*	*G*	*L*	*R*	*Y*	*G*	*L*
0	0	0	1	1	0	0	0
0	0	1	0	1	0	1	1
0	1	0	0	1	1	0	1
0	1	1	1	1	1	1	1

（2）根据真值表写出逻辑表达式。

$$L=\overline{R}\,\overline{Y}\,\overline{G}+\overline{R}YG+R\overline{Y}G+RY\overline{G}+RYG$$

（3）化简逻辑表达式，将其转换成与或表达式。

$$\begin{aligned}L&=\overline{R}\,\overline{Y}\,\overline{G}+\overline{R}YG+R\overline{Y}G+RY\overline{G}+RYG\\&=\overline{R}\,\overline{Y}\,\overline{G}+YG+RG+RY\end{aligned}$$

（4）画出交通灯故障报警电路的逻辑电路图，如图 8-37 所示。

（5）设计接线图。

查手册或测试元器件的逻辑功能，设计交通灯故障报警电路的接线图，采用 1 块 74LS04、2 块 74LS21 和 1 块 74LS32 完成电路接线，具体接线如图 8-38 所示。

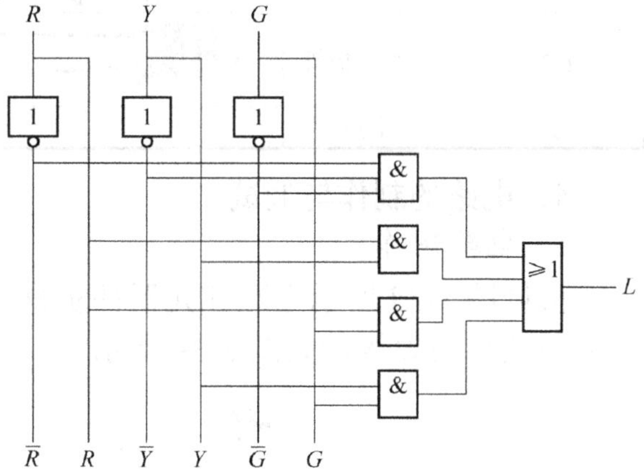

图 8-37　交通灯故障报警电路的逻辑电路图

3．元器件的识别与检测

图 8-38 所示交通灯故障报警电路的元器件识别与检测表如表 8-22 所示，对照电路图对元器件进行识别检测。

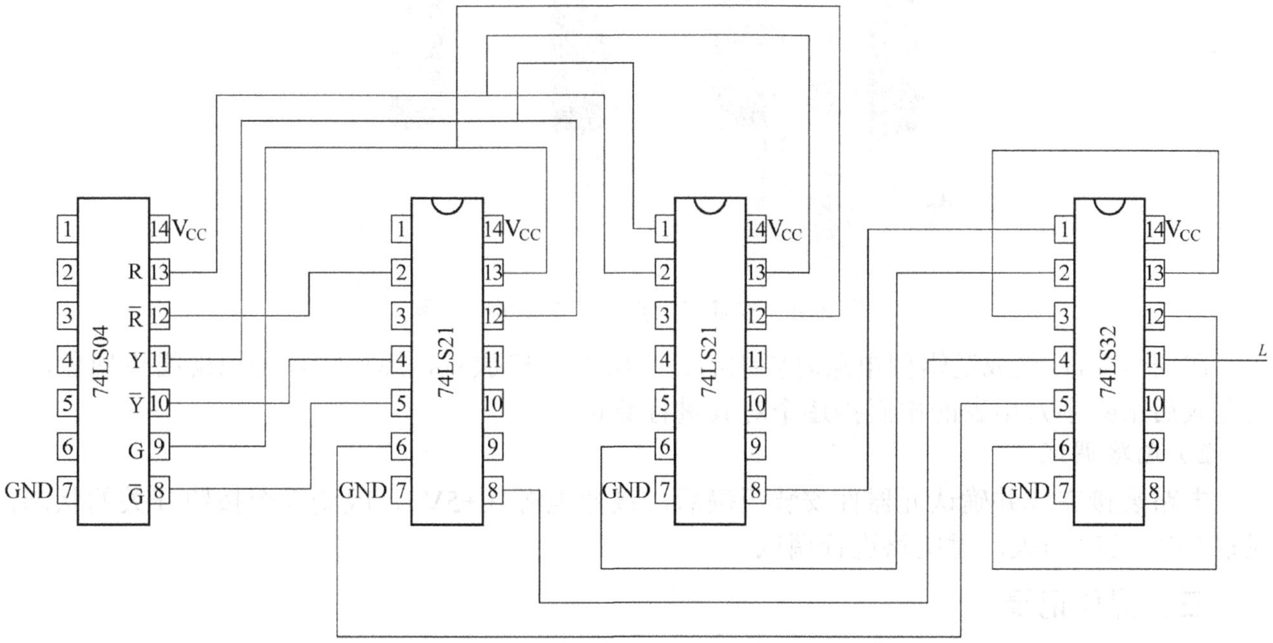

图 8-38　交通灯故障报警电路的接线图

表 8-22　交通灯故障报警电路的元器件识别与检测表

符　　号	名　　称	实 物 图	规　　格	检测结果
IC_1、IC_2、IC_3、IC_4	TTL 集成逻辑门电路		74LS04	引脚排列：
				引脚识别：
			74LS21	引脚排列：
				引脚识别：
			74LS32	引脚排列：
				引脚识别：
S_R、S_Y、S_G	按钮开关		自锁	动合与动断端：
				质量：
LED	发光二极管	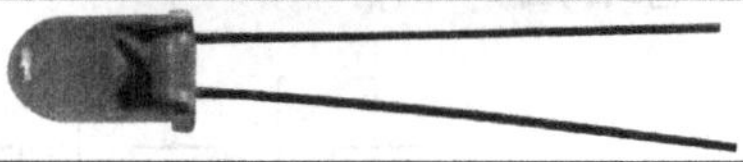	红色 ϕ10mm	正向电阻：
				反向电阻：
U_{CC}	电源		+5V	

4．电路的制作与调试

1）电路制作

根据图 8-38 所示电路和元器件实物，在通用印制电路板上进行元器件布局，完成电路元器件的插装与焊接，如图 8-39 所示。

图 8-39　交通灯故障报警电路的装接图

在安装 TTL 集成逻辑门电路时要细心，引脚要准确放置，焊接时杜绝出现搭锡现象，焊接完成后用数字万用表的电阻挡逐个对其进行测试。

2）电路调试

电路装接完成并确认元器件安装正确后，接通电源（+5V），改变 3 个按钮开关的状态，观察 LED 的亮与灭，对电路进行调试。

三、操作记录

1．测试

将调试结果与表 8-21 所示的数据进行对比，判断电路功能是否实现。

2．任务评价

任务评价表见附录 A。

自我检测

1．判断题

（1）在数字电路中，高电平和低电平指的是一定的电压范围，而不是固定不变的数值。　（　　）

（2）或非门的逻辑功能是：当输入端全是低电平时，输出是高电平；只要输入端有一个是高电平，输出就是低电平。　（　　）

（3）因为逻辑表达式 $A+B+AB=A+B$ 成立，所以 $AB=0$ 成立。　（　　）

（4）若两个逻辑函数具有不同的真值表，则这两个逻辑函数必然不相等。　（　　）

（5）常用的组合逻辑门电路由基本逻辑门电路组成。　（　　）

2．选择题（单选，将正确的选项填在括号内）

（1）输出状态除高电平和低电平状态外，还可以出现高阻状态的门电路是（　　）。

A．与或非门　　B．异或门　　C．同或门　　D．三态门

（2）与门的门控端输入的是 A 信号，其开门的条件是（　　）。

A．$A=1$　　B．$A=0$　　C．$B=1$　　D．$B=0$

（3）逻辑函数式 DD，简化后的结果是（　　）。

A．$2D$　　B．D　　C．D^2　　D．1

（4）下列不属于基本逻辑门电路的是（　　）。

A．与门　　B．或门　　C．非门　　D．与非门

3．填空题

（1）在逻辑门电路中，最基本的逻辑门电路是（　　）、（　　）和（　　）。

（2）异或门的逻辑功能为（　　），同或门的逻辑功能为（　　）。

（3）二进制数 1101 转换为十进制数为（　　）；十六进制数 3AD 转换为十进制数为（　　）。

（4）组合逻辑门电路的输入和输出之间只有信号的（　　），电路任意时刻的输出状态仅仅取决于（　　）的输入信号。

项目九　编码器、译码器

在数字电路中，用 0 和 1 组成二进制数码表示数值的大小或一些特定的信息，这种具有特定意义的二进制数码称为二进制代码。

用二进制代码表示十进制数 0～9 十个数，至少要用 4 位二进制数码。4 位二进制数码有 16 种组合，在 16 种组合中选取 10 种组合来表示十进制数的 0～9 十个数，有多种方案，这就形成了不同的 BCD 码。表 9-1 所示为三种常见的 BCD 码。

表 9-1　三种常见的 BCD 码

十进制数	8421BCD 码	5421BCD 码	余三 BCD 码
0	0000	0000	0011
1	0001	0001	0100
2	0010	0010	0101
3	0011	0011	0110
4	0100	0100	0111
5	0101	1000	1000
6	0110	1001	1001
7	0111	1010	1010
8	1000	1011	1011
9	1001	1100	1100

8421BCD 码和一个 4 位二进制数一样，从高位到低位的权依次为 8、4、2、1，故称为 8421BCD 码。BCD 码用 4 位二进制数码表示 1 位十进制数，如果是多位十进制数，则先将每一位用 BCD 码表示，然后组合起来。

例如，十进制数 1987 用 8421BCD 码表示为

$$(1987)_{10}=(0001\quad 1001\quad 1000\quad 0111)_{8421BCD}$$

任务一　编码器逻辑功能测试

任务引入

日常生活中，人们已经习惯使用十进制数，而数字电路只能识别 0 和 1 两个二进制数码。所以在数字电路的输入、输出中仍采用十进制数，电路对输入、输出进行处理时则采用二进制数。将若干个 0 和 1 按一定的规律编排在一起，组成不同的代码，并给这些代码赋予特定的含义，这就是数字电路中的编码。能完成编码功能的组合逻辑门电路称为编码器。

任务目标

1. 能说明二进制编码器、二-十进制编码器的基本功能。
2. 能描述优先编码器的编码特点。
3. 能识读集成编码器的引脚，会测试其逻辑功能。

相关知识

一、二进制编码器

1 位二进制数有 0 和 1 两个状态，可表示 2 种不同的输入；2 位二进制数有 00、01、10、11 四个状态，可以表示 4 种不同的输入；3 位二进制数有八个状态，可以表示 8 种不同的输入。以此类推，n 位二进制数有 2^n 个状态，可以表示 2^n 种不同的输入。例如，对 0～7 八个十进制数进行编码，需要一个 3 位二进制数（$2^3=8$），对应 000～111；对 0～14 十五个十进制数进行编码，需要一个 4 位二进制数（$2^4=16>15$），对应 0000～1110。

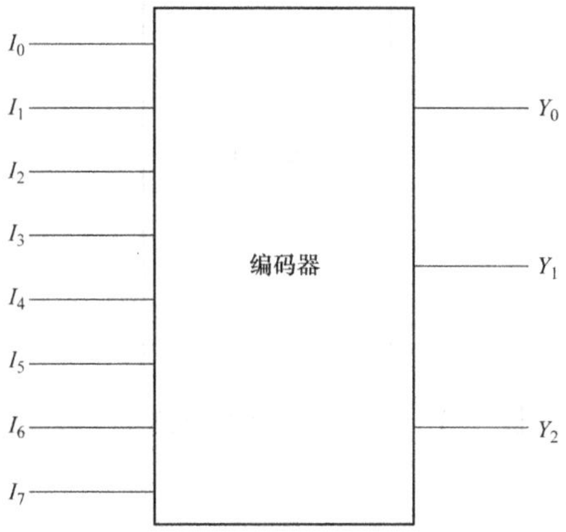

图 9-1 3 位二进制编码器的示意图

用 n 位二进制数对 2^n 个信号进行编码的电路称为二进制编码器。

图 9-1 所示为 3 位二进制编码器的示意图，因其有 8 个输入，3 个输出，故称 8 线-3 线编码器。图中的 I_0、I_1、I_2、I_3、I_4、I_5、I_6、I_7 表示 8 个输入，分别代表 8 个编码对象；编码器的输出是 3 位二进制代码，从高位到低位分别用 Y_2、Y_1、Y_0 表示。

在任何时刻，编码器都只能对一个输入信号编码，即 8 个输入中只能有一个输入有效为 1，其余 7 个均为 0，由此得出 3 位二进制编码器的真值表，如表 9-2 所示。

表 9-2 3 位二进制编码器的真值表

十进制数	输入								输出		
	I_7	I_6	I_5	I_4	I_3	I_2	I_1	I_0	Y_2	Y_1	Y_0
0	0	0	0	0	0	0	0	1	0	0	0
1	0	0	0	0	0	0	1	0	0	0	1
2	0	0	0	0	0	1	0	0	0	1	0
3	0	0	0	0	1	0	0	0	0	1	1
4	0	0	0	1	0	0	0	0	1	0	0
5	0	0	1	0	0	0	0	0	1	0	1
6	0	1	0	0	0	0	0	0	1	1	0
7	1	0	0	0	0	0	0	0	1	1	1

根据真值表可写出 3 位二进制编码器的逻辑表达式为

$$Y_2=I_4+I_5+I_6+I_7$$
$$Y_1=I_2+I_3+I_6+I_7$$
$$Y_0=I_1+I_3+I_5+I_7$$

上述逻辑表达式已为最简或表达式，据此画出用或门组成的 3 位二进制编码器的逻辑电路，如图 9-2 所示。

若要对 I_1 编码，则 $I_1=1$，I_0、I_2、I_3、I_4、I_5、I_6、I_7 均为 0，Y_2、Y_1、Y_0 输出编码为 001，其余可依此类推。

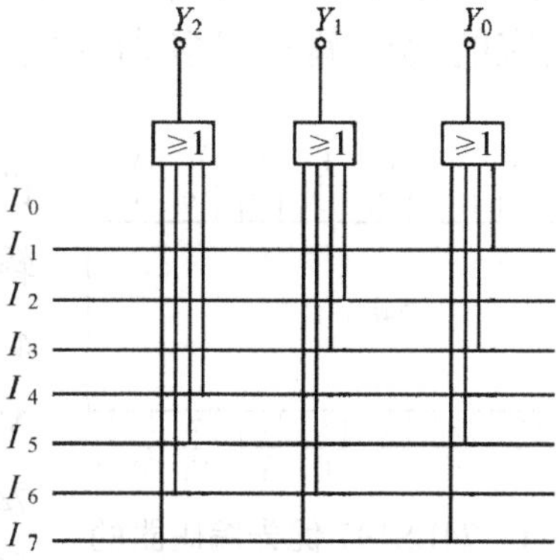

图 9-2 3 位二进制编码器的逻辑电路图

当 I_0 输入 1 时，输出编码为 000，与所有输入端无有效信号输入时电路默认的输出状态相同，称此编码为隐含码。隐含码对应输入端的输入状态对输出结果没有影响，所以在图 9-2 所示电路中，I_0 输入端没有接入逻辑电路。

二、二-十进制编码器

将十进制数 0～9 这 10 个数编成二进制代码的电路，称为二-十进制编码器。要对 10 个信号进行编码，至少需要一个 4 位二进制代码（$2^4=16$），所以二-十进制编码器的输出信号为 4 位，图 9-3 所示为其示意图。图中 I_0、I_1、I_2、I_3、I_4、I_5、I_6、I_7、I_8、I_9 表示编码器的 10 个输入，分别代表 10 个编码对象；编码器的输出 Y_3、Y_2、Y_1、Y_0 表示 4 位二进制代码。

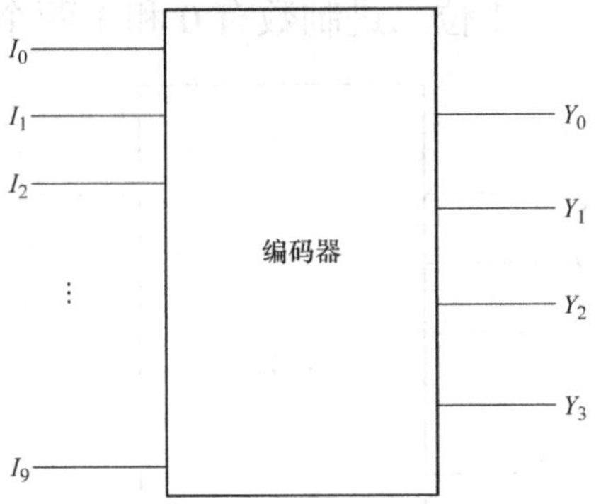

图 9-3　二-十进制编码器的示意图

一个 4 位二进制代码有 16 种组合，可任意选取 10 种来表示 0～9 十个数，不同的选取方式表示不同的编码方法，如 8421BCD 码、5421BCD 码等。

8421BCD 编码器的真值表如表 9-3 所示。

表 9-3　8421BCD 编码器的真值表

十进制数	输　入										输　出			
	I_9	I_8	I_7	I_6	I_5	I_4	I_3	I_2	I_1	I_0	Y_3	Y_2	Y_1	Y_0
0	0	0	0	0	0	0	0	0	0	1	0	0	0	0
1	0	0	0	0	0	0	0	0	1	0	0	0	0	1
2	0	0	0	0	0	0	0	1	0	0	0	0	1	0
3	0	0	0	0	0	0	1	0	0	0	0	0	1	1
4	0	0	0	0	0	1	0	0	0	0	0	1	0	0
5	0	0	0	0	1	0	0	0	0	0	0	1	0	1
6	0	0	0	1	0	0	0	0	0	0	0	1	1	0
7	0	0	1	0	0	0	0	0	0	0	0	1	1	1
8	0	1	0	0	0	0	0	0	0	0	1	0	0	0
9	1	0	0	0	0	0	0	0	0	0	1	0	0	1

请同学们根据真值表，按照逻辑电路的设计方法，自行写出 8421BCD 编码器的逻辑表达式，画出逻辑电路图。

三、二-十进制优先编码器

对编码器的输入信号赋予不同的优先级别，当电路运行时，优先编码器允许几个信号同时输入，但电路只对优先级别高的输入信号编码，不理睬优先级别低的输入信号。目前市场上供应的集成编码器多为优先编码器。

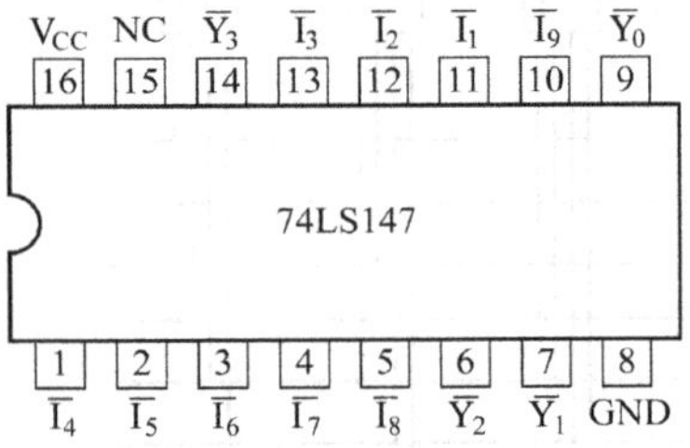

图 9-4　74LS147 优先编码器的引脚图

74LS147 芯片是一种常用的 8421BCD 码集成优先编码器，图 9-4 所示为该编码器的引脚图。它有 $\overline{I_0}$、$\overline{I_1}$、$\overline{I_2}$、…、$\overline{I_9}$ 10 个输入端（其中，$\overline{I_0}$ 端对应 15 脚；NC 端表示空脚，可空置），有 4 个 8421BCD 码输出端，从高位到低位分别为 $\overline{Y_3}$、$\overline{Y_2}$、$\overline{Y_1}$ 和 $\overline{Y_0}$，输出均为低电平有效，即 0 表示信号有效。表 9-4 所示为 74LS147 优先编码器的真值表。表中“×”表示该输入的取值不影响输出状态，由此可判定各输入端的优先级别为 $\overline{I_9}$ 端最高，$\overline{I_0}$ 端最低。

表 9-4　74LS147 优先编码器的真值表

十进制数	输入									输出			
	$\overline{I_9}$	$\overline{I_8}$	$\overline{I_7}$	$\overline{I_6}$	$\overline{I_5}$	$\overline{I_4}$	$\overline{I_3}$	$\overline{I_2}$	$\overline{I_1}$	$\overline{Y_3}$	$\overline{Y_2}$	$\overline{Y_1}$	$\overline{Y_0}$
0	1	1	1	1	1	1	1	1	1	1	1	1	1
1	1	1	1	1	1	1	1	1	0	1	1	1	0
2	1	1	1	1	1	1	1	0	×	1	1	0	1
3	1	1	1	1	1	1	0	×	×	1	1	0	0
4	1	1	1	1	1	0	×	×	×	1	0	1	1
5	1	1	1	1	0	×	×	×	×	1	0	1	0
6	1	1	1	0	×	×	×	×	×	1	0	0	1
7	1	1	0	×	×	×	×	×	×	1	0	0	0
8	1	0	×	×	×	×	×	×	×	0	1	1	1
9	0	×	×	×	×	×	×	×	×	0	1	1	0

任务操作

74LS147 优先编码器逻辑功能测试

一、器材

数字万用表一块，元器件若干，单刀双掷开关九个，导线若干。

二、操作步骤

1. 测试电路

74LS147 优先编码器的逻辑功能测试电路如图 9-5 所示。电路中的 S_1～S_9 为单刀双掷开关，74LS147 优先编码器的各输入端通过 1kΩ 电阻接开关公共端，开关的两触点一个接+5V 电源，一个接地，以实现 0、1 输入；输出端各接一个发光二极管，用于指示输出信号电平的高低。LED 的负极通过 100Ω 电阻接地，起限流作用。

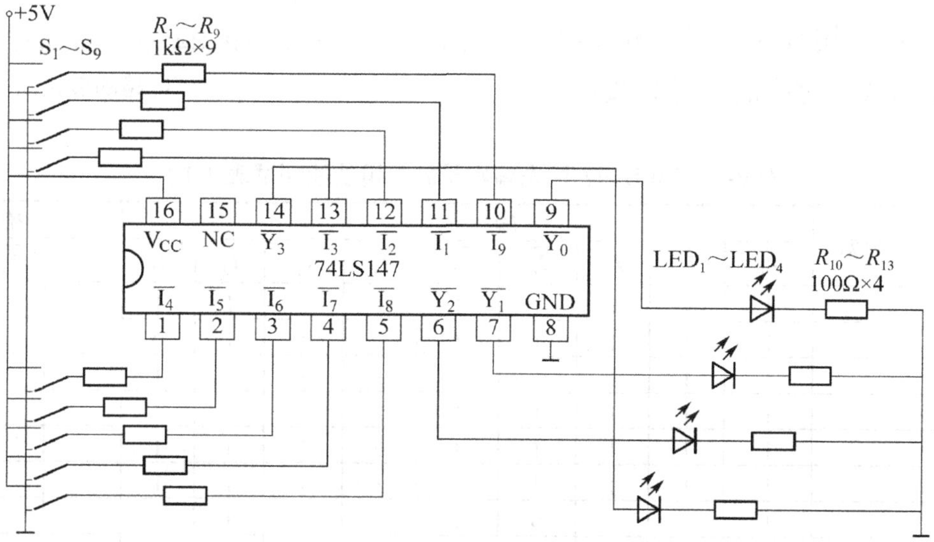

图 9-5　74LS147 优先编码器的逻辑功能测试电路

2. 元器件的识别与检测

图 9-5 所示电路的元器件识别与检测表如表 9-5 所示，对照电路图对元器件进行识别检测。

表 9-5　74LS147 优先编码器的逻辑功能测试电路的元器件识别与检测表

符　号	名　称	实 物 图	规　格	检测结果
R_1～R_9	色环电阻		1kΩ	实测值：
R_{10}～R_{13}			100Ω	实测值：
LED_1～LED_4	发光二极管	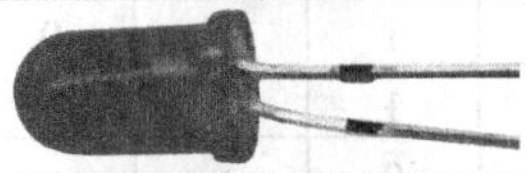	红色 ϕ10mm	正向电阻：
				反向电阻：
IC	优先编码器	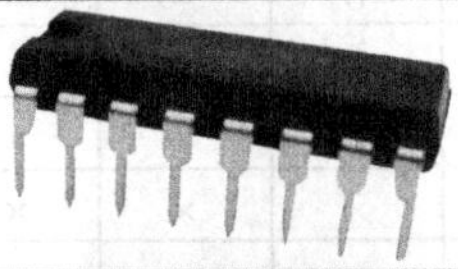	74LS147	引脚排列：
				引脚识别：
	集成电路插座		16 孔	
S_1～S_9	单刀双掷开关		轻触	质量：
U	电源		+5V	

三、操作记录

1．测试

（1）根据图 9-5 所示电路和元器件实物，在通用印制电路板上进行元器件布局，完成电路元器件的插装与焊接，接好测试电路，如图 9-6 所示。

（2）操作 S_1～S_9 分别按表 9-6 和表 9-7 所示的数据给 $\overline{I_1}$ ～ $\overline{I_9}$ 置值，同时写出相应 $\overline{Y_3}$ ～ $\overline{Y_0}$ 的值（LED 亮为 1，不亮为 0），用数字万用表测量输出端 $\overline{Y_0}$ 的电压，并记录输出代码对应的十进制数。

图 9-6　74LS147 优先编码器的逻辑功能测试电路的装接图

表 9-6　74LS147 优先编码器的逻辑功能测试表（1）

$\overline{Y_0}$ 端电压	十进制数	输　入									输　出			
		$\overline{I_9}$	$\overline{I_8}$	$\overline{I_7}$	$\overline{I_6}$	$\overline{I_5}$	$\overline{I_4}$	$\overline{I_3}$	$\overline{I_2}$	$\overline{I_1}$	$\overline{Y_3}$	$\overline{Y_2}$	$\overline{Y_1}$	$\overline{Y_0}$
		1	1	1	1	1	1	1	1	1				
		1	1	1	1	1	1	1	1	0				
		1	1	1	1	1	1	1	0	1				
		1	1	1	1	1	1	0	1	1				
		1	1	1	1	1	0	1	1	1				
		1	1	1	1	0	1	1	1	1				
		1	1	1	0	1	1	1	1	1				
		1	1	0	1	1	1	1	1	1				
		1	0	1	1	1	1	1	1	1				
		0	1	1	1	1	1	1	1	1				

表 9-7　74LS147 优先编码器的逻辑功能测试表（2）

$\overline{Y_0}$ 端电压	十进制数	输入									输出			
		$\overline{I_9}$	$\overline{I_8}$	$\overline{I_7}$	$\overline{I_6}$	$\overline{I_5}$	$\overline{I_4}$	$\overline{I_3}$	$\overline{I_2}$	$\overline{I_1}$	$\overline{Y_3}$	$\overline{Y_2}$	$\overline{Y_1}$	$\overline{Y_0}$
		1	1	1	1	0	1	1	1	1				
		1	1	1	0	1	1	1	1	0				
		1	1	1	1	1	0	1	0	0				
		1	1	1	1	1	1	0	0	0				
		1	1	1	1	1	0	0	0	0				
		1	1	1	0	0	1	0	0	0				
		1	1	1	1	0	0	0	0	0				
		1	1	0	0	1	0	0	0	0				
		1	0	0	0	0	0	0	0	0				
		0	0	0	0	0	0	0	0	0				

在操作过程中，注意 S_1～S_9 与 $\overline{I_1}$～$\overline{I_9}$、4 个 LED 与 $\overline{Y_3}$～$\overline{Y_0}$ 的对应关系。

2．分析

（1）74LS147 优先编码器各输入信号的优先级别是如何排序的？

（2）74LS147 优先编码器各输入信号的顺序对输出结果是否有影响？为什么？

3．任务评价

任务评价表见附录 A。

任务二　译码器逻辑功能测试

任务引入

译码是编码的逆过程，如同翻译加密的电报，译码器的作用是将某种代码的原意“翻译”出来，如将编码器产生的二进制代码还原成编码前的状态，以表示其原意。能实现译码功能的数字电路称为译码器。按其功能划分，译码器可分为通用译码器和显示译码器。

任务目标

1. 能说明二进制译码器、二–十进制译码器的基本功能。
2. 能识读集成译码器的引脚，会测试其逻辑功能。

相关知识

一、二进制译码器

通用译码器常用的有二进制译码器和二–十进制译码器。

二进制译码器的功能是将二进制代码按其原意“翻译”成对应的输出信号。二进制译码器有 n 个输入端（n 位二进制代码）和 2^n 个输出端。按其输入和输出的线数划分，可分为 2 线-4 线译码器、3 线-8 线译码器和 4 线-16 线译码器等。

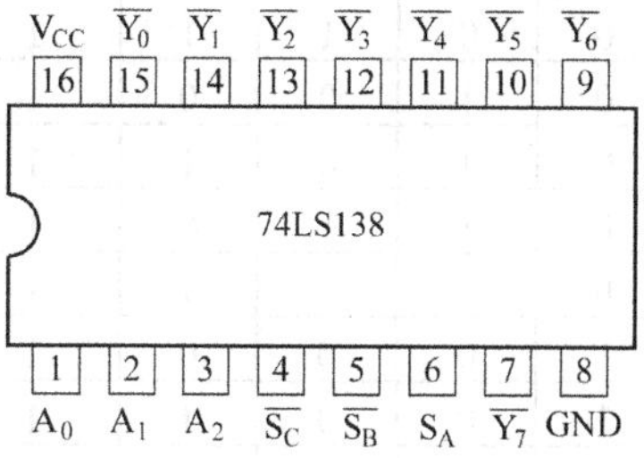

图 9-7　74LS138 译码器的引脚图

74LS138 芯片是一种典型的二进制译码器，其引脚如图 9-7 所示，其逻辑功能表如表 9-8 所示。它有 3 个输入端 A_2、A_1 和

A_0，8 个输出端 $\overline{Y_0}$～$\overline{Y_7}$，输出低电平有效。

表 9-8　74LS138 译码器的逻辑功能表

输入						输出							
S_A	$\overline{S_B}$	$\overline{S_C}$	A_2	A_1	A_0	$\overline{Y_0}$	$\overline{Y_1}$	$\overline{Y_2}$	$\overline{Y_3}$	$\overline{Y_4}$	$\overline{Y_5}$	$\overline{Y_6}$	$\overline{Y_7}$
×	1	×	×	×	×	1	1	1	1	1	1	1	1
×	×	1	×	×	×	1	1	1	1	1	1	1	1
0	×	×	×	×	×	1	1	1	1	1	1	1	1
1	0	0	0	0	0	0	1	1	1	1	1	1	1
1	0	0	0	0	1	1	0	1	1	1	1	1	1
1	0	0	0	1	0	1	1	0	1	1	1	1	1
1	0	0	0	1	1	1	1	1	0	1	1	1	1
1	0	0	1	0	0	1	1	1	1	0	1	1	1
1	0	0	1	0	1	1	1	1	1	1	0	1	1
1	0	0	1	1	0	1	1	1	1	1	1	0	1
1	0	0	1	1	1	1	1	1	1	1	1	1	0

S_A、$\overline{S_B}$、$\overline{S_C}$ 为三个使能控制端。由表 9-8 可以看出，只有当 $S_A=1$，$\overline{S_B}=0$，$\overline{S_C}=0$ 时，译码器才有有效的输出信号，即译码器处于译码状态，各输出信号由输入 A_2、A_1 和 A_0 决定；若三个使能控制端中有一个不满足上述条件，则译码器被封锁，不工作，输出全为高电平。

二、二-十进制译码器

二-十进制译码器又称为 BCD 译码器，其功能是将输入的 BCD 码（4 位二进制代码）“翻译”成对应的 10 个十进制输出信号，因此也称为 4 线-10 线译码器。

图 9-8 所示为二-十进制译码器 74LS42 的引脚图，图中 A_3、A_2、A_1 和 A_0 为 4 个输入端，$\overline{Y_0}$～$\overline{Y_9}$ 为 10 个输出端，分别对应十进制数的 0～9 十个数码，输出低电平有效。

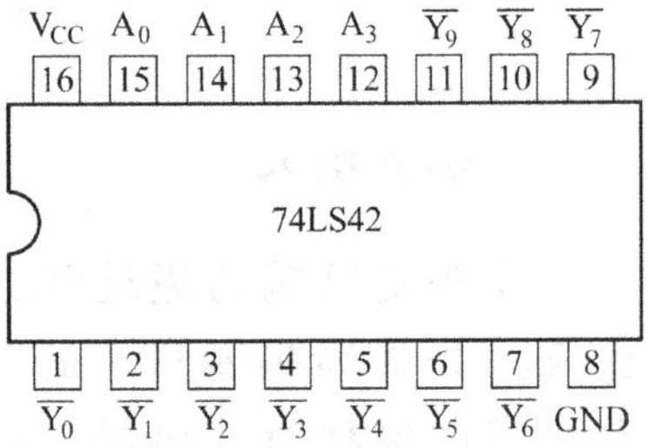

图 9-8　二-十进制译码器 74LS42 的引脚图

74LS42 的逻辑功能表如表 9-9 所示。由于 4 位二进制输入有 16 种组合状态，故 74LS42 自动将其中的 6 种状态识别为伪码，即当输入为 1010～1111 时，输出均为 1，译码器拒绝输出。

表 9-9　74LS42 的逻辑功能表

输入				输出									
A_3	A_2	A_1	A_0	$\overline{Y_0}$	$\overline{Y_1}$	$\overline{Y_2}$	$\overline{Y_3}$	$\overline{Y_4}$	$\overline{Y_5}$	$\overline{Y_6}$	$\overline{Y_7}$	$\overline{Y_8}$	$\overline{Y_9}$
0	0	0	0	0	1	1	1	1	1	1	1	1	1
0	0	0	1	1	0	1	1	1	1	1	1	1	1
0	0	1	0	1	1	0	1	1	1	1	1	1	1
0	0	1	1	1	1	1	0	1	1	1	1	1	1
0	1	0	0	1	1	1	1	0	1	1	1	1	1
0	1	0	1	1	1	1	1	1	0	1	1	1	1
0	1	1	0	1	1	1	1	1	1	0	1	1	1
0	1	1	1	1	1	1	1	1	1	1	0	1	1
1	0	0	0	1	1	1	1	1	1	1	1	0	1
1	0	0	1	1	1	1	1	1	1	1	1	1	0
1	0	1	0	1	1	1	1	1	1	1	1	1	1
1	0	1	1	1	1	1	1	1	1	1	1	1	1

续表

输入				输出									
A_3	A_2	A_1	A_0	$\overline{Y_0}$	$\overline{Y_1}$	$\overline{Y_2}$	$\overline{Y_3}$	$\overline{Y_4}$	$\overline{Y_5}$	$\overline{Y_6}$	$\overline{Y_7}$	$\overline{Y_8}$	$\overline{Y_9}$
1	1	0	0	1	1	1	1	1	1	1	1	1	1
1	1	0	1	1	1	1	1	1	1	1	1	1	1
1	1	1	0	1	1	1	1	1	1	1	1	1	1
1	1	1	1	1	1	1	1	1	1	1	1	1	1

任务操作

二-十进制译码器 74LS42 逻辑功能测试

一、器材

数字万用表一块，元器件若干，单刀双掷开关四个，导线若干。

二、操作步骤

1. 测试电路

74LS42 的逻辑功能测试电路如图 9-9 所示。在该电路中，74LS42 的各输入端通过 1kΩ 电阻接开关公共端，开关的两触点一个接+5V 电源，一个接地，以实现 0、1 输入；输出端各接一个发光二极管，用于指示输出信号电平的高低。

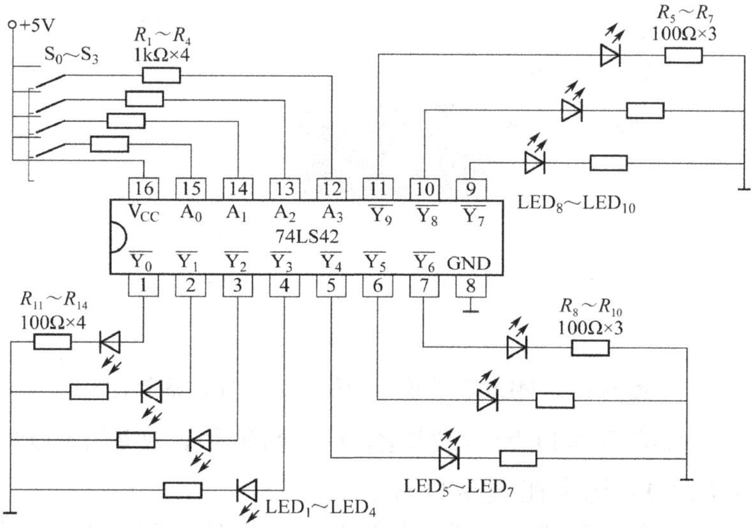

图 9-9　74LS42 的逻辑功能测试电路

2. 元器件的识别与检测

图 9-9 所示电路的元器件识别与检测表如表 9-10 表示，对照电路图对元器件进行识别检测。

表 9-10　74LS42 的逻辑功能测试电路的元器件识别与检测表

符　号	名　称	实 物 图	规　格	检测结果
R_1～R_4	色环电阻		1kΩ	实测值：
R_5～R_{14}			100Ω	实测值：
LED_1～LED_{10}	发光二极管	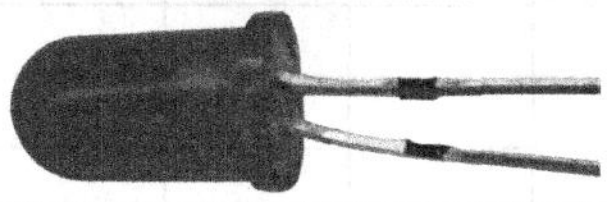	红色 ϕ10mm	正向电阻：
				反向电阻：

续表

符　号	名　称	实　物　图	规　格	检测结果
IC	二-十进制译码器	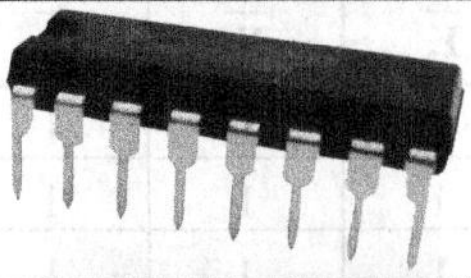	74LS42	引脚排列： 引脚识别：
	集成电路插座		16 孔	
S_0～S_3	单刀双掷开关		轻触	质量：
U_{CC}	电源		+5V	

三、操作记录

1. 测试

根据图 9-9 所示电路在通用印制电路板上进行元器件布局，完成电路元器件的插装与焊接，接好测试电路，如图 9-10 所示。

图 9-10　74LS42 的逻辑功能测试电路的装接图

（1）操作开关 S_0～S_3 按表 9-11 所示数据给 A_3～A_0 置值，观察 LED 的亮灭，将 $\overline{Y_0}$～$\overline{Y_9}$ 的值（LED 亮为 1，不亮为 0）记录在表 9-11 中。

（2）操作开关 S_0～S_3 按表 9-12 所示数据给 A_3～A_0 置值，观察 LED 的亮灭，将 $\overline{Y_0}$～$\overline{Y_9}$ 的值记录在表 9-12 中，简单分析看到的现象。

表 9-11　74LS42 的逻辑功能测试表（1）

输　入				输　出									
A_3	A_2	A_1	A_0	$\overline{Y_0}$	$\overline{Y_1}$	$\overline{Y_2}$	$\overline{Y_3}$	$\overline{Y_4}$	$\overline{Y_5}$	$\overline{Y_6}$	$\overline{Y_7}$	$\overline{Y_8}$	$\overline{Y_9}$
0	0	0	0										
0	0	0	1										
0	0	1	0										
0	0	1	1										
0	1	0	0										
0	1	0	1										
0	1	1	0										

续表

输入				输出									
A_3	A_2	A_1	A_0	$\overline{Y_0}$	$\overline{Y_1}$	$\overline{Y_2}$	$\overline{Y_3}$	$\overline{Y_4}$	$\overline{Y_5}$	$\overline{Y_6}$	$\overline{Y_7}$	$\overline{Y_8}$	$\overline{Y_9}$
0	1	1	1										
1	0	0	0										
1	0	0	1										

表 9-12　74LS42 的逻辑功能测试表（2）

输入				输出									
A_3	A_2	A_1	A_0	$\overline{Y_0}$	$\overline{Y_1}$	$\overline{Y_2}$	$\overline{Y_3}$	$\overline{Y_4}$	$\overline{Y_5}$	$\overline{Y_6}$	$\overline{Y_7}$	$\overline{Y_8}$	$\overline{Y_9}$
1	0	1	0										
1	0	1	1										
1	1	0	0										
1	1	0	1										
1	1	1	0										
1	1	1	1										

2. 任务评价

任务评价表见附录 A。

任务三　编码器、显示译码器和数码管电路制作与调试

任务引入

与二进制译码器不同，显示译码器是驱动显示器件显示数字或字符的中规模集成电路。显示译码器随显示器件的类型而异，常用的半导体数码管、液晶数码管和荧光数码管等是由 7 个或 8 个笔段构成字形的，与之相配的有 BCD 七段或 BCD 八段显示译码器。

任务目标

1. 能描述半导体数码管的基本结构与工作原理。
2. 能说明显示译码器的基本功能，识读其引脚。
3. 能正确识读并连接编码器、显示译码器和数码管的电路，完成功能测试。

相关知识

一、半导体数码管

半导体数码管是将 7 个发光二极管（LED）排列成“日”字形状制成的。如图 9-11（a）所示，7 个发光二极管分别用 a、b、c、d、e、f、g 7 个英文字母表示，DP 为小数点。半导体数码管按其内部发光二极管的接法划分，可分为共阴极和共阳极两种类型，如图 9-11（b）所示。共阴极接法中，各发光二极管的负极连在一起接低电平；共阳极接法中，各发光二极管的正极连在一起接高电平。只要按规律控制各引脚的电平高低，就可控制发光二极管的亮、灭，显示各种字形和符号。共阴极半导体数码管的型号主要有 BS201、BS202 等，共阳极半导体数码管的型号主要有 BS211、BS212 等。

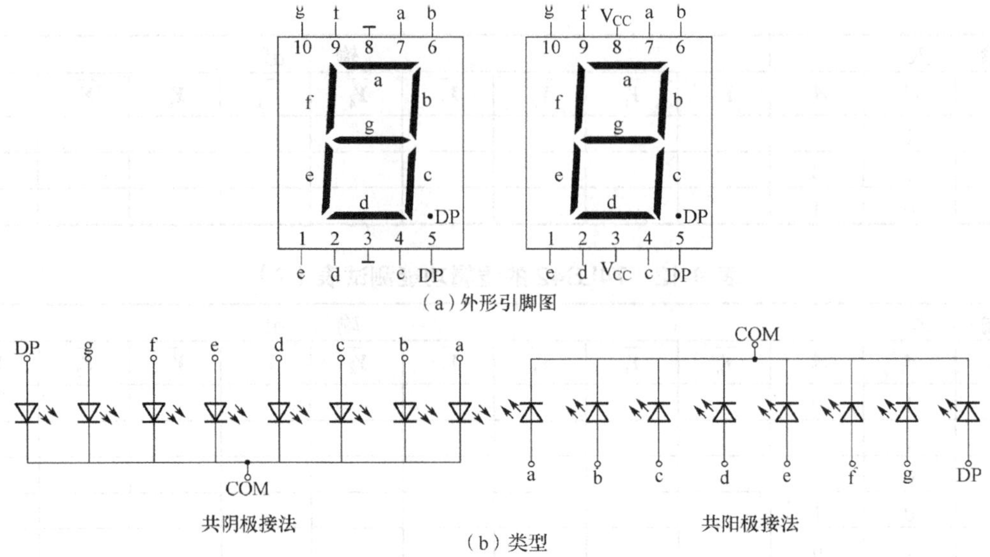

图 9-11 半导体数码管的外形引脚图和类型

做中学

七段数码管测试

(1) 观察七段数码管 BS201（或 BS202）、BS211（或 BS212），找出公共引脚端的位置（3 脚和 8 脚）。

(2) 用万用表判断七段数码管的类型。

将万用表置于“$R\times10k$”挡，红表笔接至七段数码管的公共引脚，黑表笔接至七段数码管除公共引脚外的任一引脚，观察测得的阻值，阻值较小的为共阴极七段数码管，阻值较大的为共阳极七段数码管。

(3) 测试。

图 9-12 所示为七段数码管测试电路，其元器件识别与检测表如表 9-13 所示，对照电路图对元器件进行识别检测。

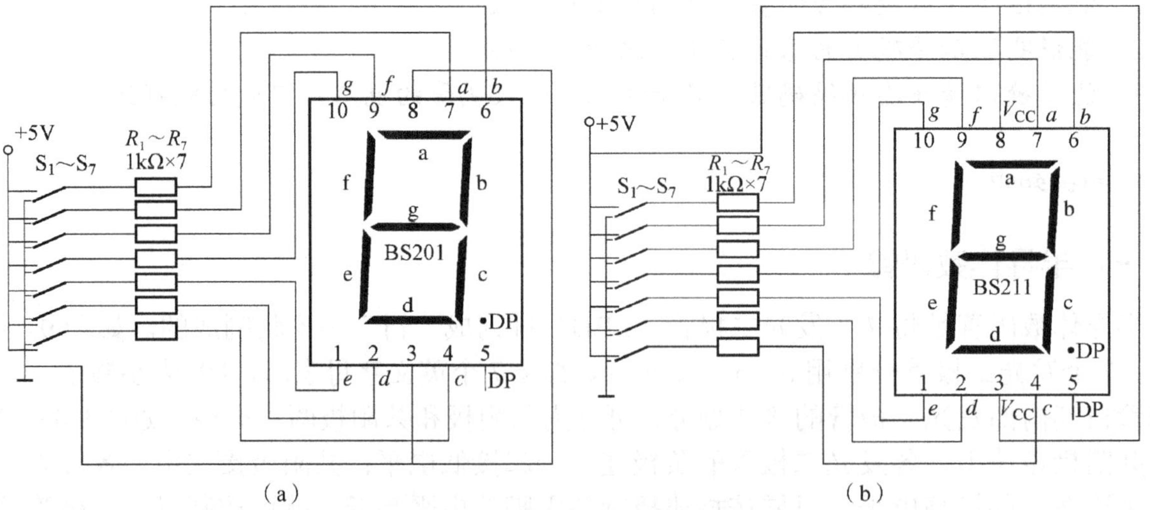

图 9-12 七段数码管测试电路

表 9-13　七段数码管测试电路的元器件识别与检测表

符　号	名　称	实 物 图	规　格	检测结果
R_1～R_7	色环电阻	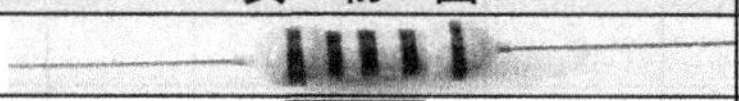	1kΩ	实测值:
DS_1	七段数码管		BS201	引脚排列: 引脚识别:
DS_2	七段数码管		BS211	引脚排列: 引脚识别:
	数码管插座	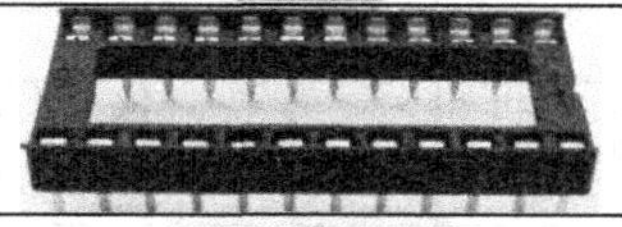	10 孔	
S_1～S_7	单刀双掷开关	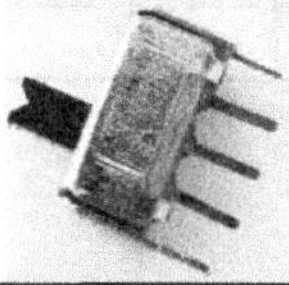	轻触	质量:
U_{CC}	电源		+5V	

根据图 9-12 所示电路在通用印制电路板上进行元器件布局，完成电路元器件的插装与焊接，接好测试电路，如图 9-13 所示。

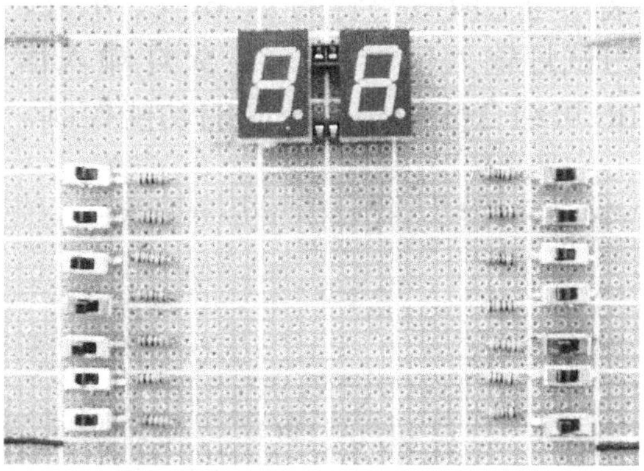

图 9-13　七段数码管测试电路的装接图

操作开关 S_1～S_7，观察各引脚与笔段的关系及显示 0～9 十个数字的情况。分别将测试结果记录在表 9-14 和表 9-15 中（亮为 1，不亮为 0）。

表 9-14　七段数码管 BS201 的测试表

输　入							输　出							显示数字
S_7	S_6	S_5	S_4	S_3	S_2	S_1	g	f	e	d	c	b	a	
0	0	0	0	0	0	0								
1	0	0	0	0	0	1								
0	1	1	1	0	1	1								
1	1	0	1	0	1	1								
1	0	0	1	1	0	1								
1	1	0	1	1	1	0								
1	1	1	1	1	1	0								
1	0	0	0	0	1	1								
1	1	1	1	1	1	1								
1	1	0	1	1	1	1								

表 9-15　七段数码管 BS211 的测试表

输　入							输　出							显示数字
S_7	S_6	S_5	S_4	S_3	S_2	S_1	g	f	e	d	c	b	a	
1	1	1	1	1	1	1								
0	1	1	1	1	1	0								
1	0	0	0	1	0	0								
0	0	1	0	1	0	0								
0	1	1	0	0	1	0								
0	0	1	0	0	0	1								
0	0	0	0	0	0	1								
0	1	1	1	1	0	0								
0	0	0	0	0	0	0								
0	0	1	0	0	0	0								

二、显示译码器 74LS48

显示译码器 74LS48 的作用是将输入端的 4 位 BCD 码译成能驱动半导体数码管的信号，并使其显示相应的十进制数字。74LS48 输出高电平有效，与共阴极半导体数码管配合使用。图 9-14 所示为 74LS48 的引脚排列图。图中 A_3、A_2、A_1、A_0 为 4 个输入端，Y_a、Y_b、Y_c、Y_d、Y_e、Y_f、Y_g 为 7 个输出端，与七段数码管的 a、b、c、d、e、f、g 笔段相对应；另外，还有 3 个控制信号端，分别为试灯输入信号端 $\overline{LT}$、灭灯输入信号端 $\overline{RBI}$ 和特殊控制信号端 $\overline{BI}/\overline{RBO}$，$\overline{LT}$、$\overline{RBI}$ 和 $\overline{BI}/\overline{RBO}$ 可组合应用实现不同的功能控制。

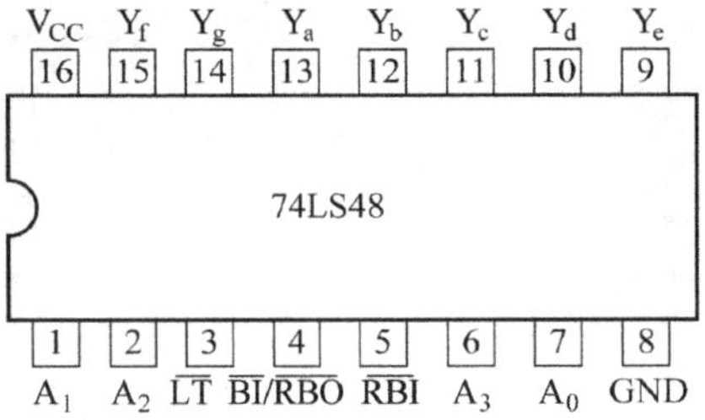

图 9-14　74LS48 的引脚排列图

74LS48 的逻辑功能表如表 9-16 所示。

表 9-16　74LS48 的逻辑功能表

功能	输　入							输　出						
	$\overline{LT}$	$\overline{RBI}$	A_3	A_2	A_1	A_0	$\overline{BI}/\overline{RBO}$	Y_a	Y_b	Y_c	Y_d	Y_e	Y_f	Y_g
0	1	1	0	0	0	0	1	1	1	1	1	1	1	0
1	1	×	0	0	0	1	1	0	1	1	0	0	0	0
2	1	×	0	0	1	0	1	1	1	0	1	1	0	1
3	1	×	0	0	1	1	1	1	1	1	1	0	0	1
4	1	×	0	1	0	0	1	0	1	1	0	0	1	1
5	1	×	0	1	0	1	1	1	0	1	1	0	1	1
6	1	×	0	1	1	0	1	0	0	1	1	1	1	1
7	1	×	0	1	1	1	1	1	1	1	0	0	0	0
8	1	×	1	0	0	0	1	1	1	1	1	1	1	1
9	1	×	1	0	0	1	1	1	1	1	1	0	1	1
10	1	×	1	0	1	0	1	0	0	0	1	1	0	1
11	1	×	1	0	1	1	1	0	0	1	1	0	0	1

续表

功能	输入							输出						
	$\overline{LT}$	$\overline{RBI}$	A_3	A_2	A_1	A_0	$\overline{BI}/\overline{RBO}$	Y_a	Y_b	Y_c	Y_d	Y_e	Y_f	Y_g
12	1	×	1	1	0	0	1	0	1	0	0	0	1	1
13	1	×	1	1	0	1	1	1	0	0	1	0	1	1
14	1	×	1	1	1	0	1	0	0	0	1	1	1	1
15	×	×	1	1	1	1	1	0	0	0	0	0	0	0
灭灯	0	×	×	×	×	×	0	0	0	0	0	0	0	0
灭零	0	0	0	0	0	0	0	0	0	0	0	0	0	0
试灯	0	×	×	×	×	×	1	1	1	1	1	1	1	1

74LS47 的引脚排列和功能与 74LS48 相同，区别在于 74LS47 的输出为低电平有效，与共阳极半导体数码管配合使用。

任务操作

编码器、显示译码器和数码管的功能测试电路制作与调试

一、器材

数字万用表一块，元器件若干，单刀双掷开关十二个，导线若干。

二、操作步骤

1．测试电路

编码器、显示译码器和数码管的功能测试电路如图 9-15 所示。

显示译码器 74LS48 内部有限流电阻，故后接数码管时不需外接限流电阻。由于 74LS48 拉电流能力小（2mA），而数码管的点亮电流为 5mA～10mA，所以一般都通过外接电阻来推动数码管。

2．元器件的识别与检测

图 9-15 所示测试电路的元器件识别与检测表如表 9-17 所示，对照电路图对元器件进行识别检测。

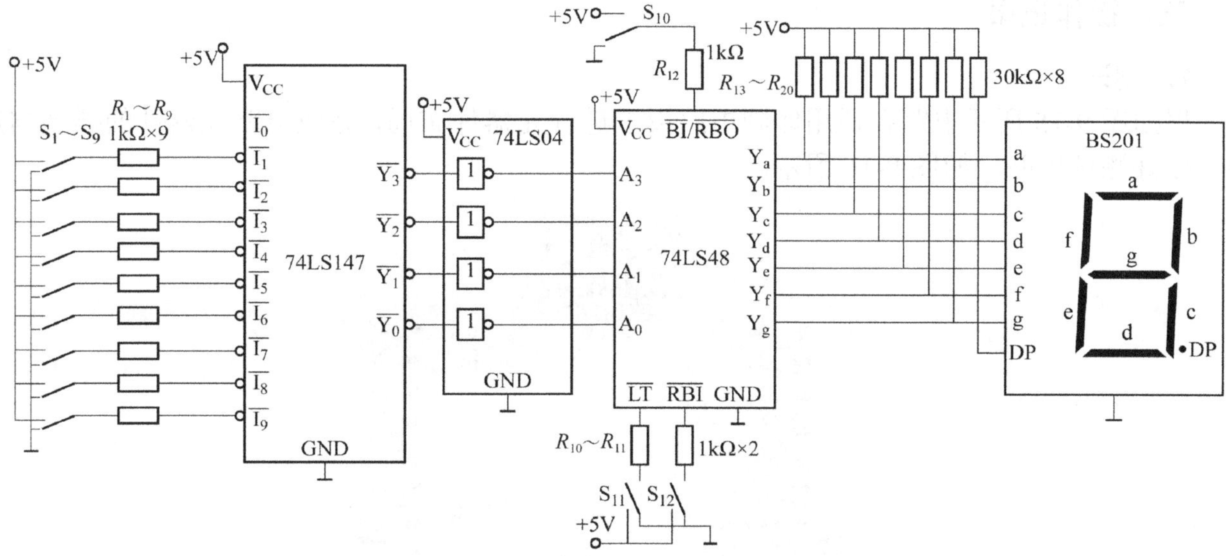

图 9-15　编码器、显示译码器和数码管的功能测试电路

表 9-17 编码器、显示译码器和数码管的功能测试电路的元器件识别与检测表

符　号	名　称	实 物 图	规　格	检测结果
R_1～R_{12}	色环电阻		1kΩ	实测值：
R_{13}～R_{20}			30kΩ	实测值：
IC_1	优先编码器		74LS147	引脚排列：
				引脚识别：
IC_2	TTL 集成逻辑门电路		74LS04	引脚排列：
				引脚识别：
IC_3	显示译码器		74LS48	引脚排列：
				引脚识别：
DS	七段数码管		BS201	引脚排列：
				引脚识别：
	集成电路插座	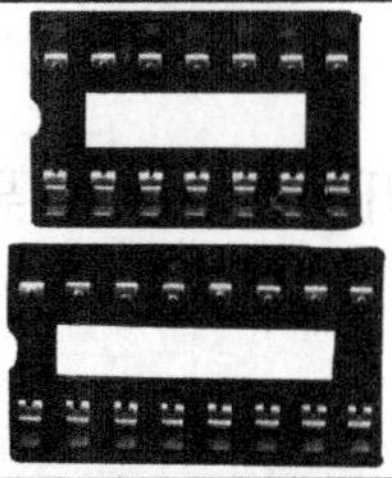	14 孔×1 16 孔×2	
	数码管插座	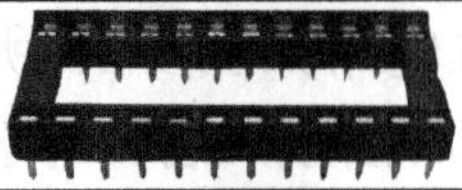	10 孔	
S_1～S_{12}	单刀双掷开关		轻触	质量：
U_{CC}	电源		+5V	

三、操作记录

1．测试

根据图 9-15 所示电路在通用印制电路板上进行元器件布局，完成电路元器件的插装与焊接，接好测试电路，如图 9-16 所示。

图 9-16　编码器、显示译码器和数码管的功能测试电路的装接图

（1）根据 74LS48 的逻辑功能表，依次拨动 S_{10}、S_{11}、S_{12}，进行试灯、灭零、灭灯测试，填写表 9-18。

（2）74LS48 的 $\overline{LT}$、$\overline{RBI}$ 和 $\overline{BI}/\overline{RBO}$ 端均置 1，依次拨动 S_1～S_9，使 BS201 分别显示 0～9 十个数字。观察 S_1～S_9 在什么状态下，BS201 显示数字 0。

表 9-18　编码器、显示译码器和数码管电路的功能测试表

	S_{10}（$\overline{BI}/\overline{RBO}$）	S_{11}（$\overline{LT}$）	S_{12}（$\overline{RBI}$）	BS201 的显示状态
试灯				
灭零				
灭灯				

2. 任务评价

任务评价表见附录 A。

自我检测

1. 判断题

（1）编码器在任意时刻都只有一个输入端输入有效信号。（　　）

（2）优先编码器允许几个信号同时输入，但电路只对优先级别高的输入信号编码。（　　）

（3）译码器的功能是将二进制代码还原成给定的信息符号。（　　）

（4）输出高电平有效的显示译码器应该与共阳极半导体数码管配合使用。（　　）

2. 选择题（单选，将正确的选项填在括号内）

（1）若编码器中有 50 个编码对象，则输出的二进制代码为（　　）。

A. 5 位　　B. 6 位　　C. 10 位　　D. 50 位

（2）二-十进制优先编码器输出的是（　　）。

A. 二进制数　　B. 八进制数　　C. 十进制数　　D. 十六进制数

（3）要将 BCD 码转换为数码管显示的十进制数字，需要用到的电路是（　　）。

A. 二-十进制编码器　　B. 二-十进制译码器

C. 显示译码器　　D. 优先编码器

（4）74LS138 译码器有（　　）。

A. 3 条输入线，8 条输出线　　B. 3 条输出线，8 条输入线

C. 4 条输入线，8 条输出线　　D. 4 条输出线，8 条输入线

3. 填空题

（1）编码器的功能是把输入信号转换为（　　）数码，8421BCD 编码器有（　　）个输入端，有（　　）个输出端，因此也称为（　　）编码器。

（2）半导体数码管按其内部发光二极管的接法划分，可分为（　　）和（　　）两种类型。

（3）对共阳极接法的数码管，应采用输出（　　）有效的（　　）译码器驱动。

（4）显示译码器 74LS48 的作用是将输入端的（　　）译成能驱动半导体数码管的（　　），并使其显示相应的（　　）数字。

项目十　触发器

数字电路需要具有记忆和存储功能的逻辑部件，触发器就是构成寄存器、计数器等逻辑部件的基本单元。

任务一　基本 RS 触发器逻辑功能测试

任务引入

触发器是由门电路构成的时序逻辑单元，具有“0”“1”两个稳定的输出状态，在输入信号的作用下可以从一个稳态翻转到另一个稳态，输入信号消失后，保持原状态不变，即具有记忆功能。触发器被广泛应用于现代数字电路，凡是涉及数字信号处理的装置，无不采用触发器来储存数据信息。触发器可被用来制作抢答器。

任务目标

1. 能说明基本 RS 触发器的电路结构和逻辑功能。
2. 能说明同步 RS 触发器的电路结构和逻辑功能。
3. 能识读基本 RS 触发器和同步 RS 触发器的逻辑符号。
4. 能测试基本 RS 触发器逻辑功能。

相关知识

一、基本 RS 触发器

1．电路结构和逻辑符号

将两个与非门的输入端和输出端交叉连接，就构成了一个基本 RS 触发器，如图 10-1（a）所示。图中$\overline{\mathrm{R}}$、$\overline{\mathrm{S}}$是两个输入端（字母上加“非”号表示低电平有效），Q 和$\overline{\mathrm{Q}}$是一对互补输出端。

基本 RS 触发器的逻辑符号如图 10-1（b）所示，输入端的小圆圈表示低电平有效，这与 R、S 上的“非”号意义相同。

2．逻辑功能

通常规定触发器 Q 端的状态为触发器的状态，$Q=1$，$\overline{Q}=0$ 为触发器的 1 态；$Q=0$，$\overline{Q}=1$ 为触发器的 0 态。

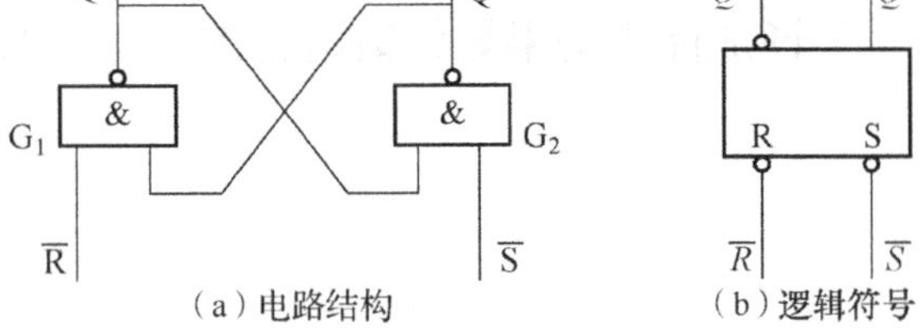

（a）电路结构　（b）逻辑符号

图 10-1　基本 RS 触发器

触发器在外加信号的作用下，输出状态转换的过程称为触发器翻转。这个外加信号称为触发脉冲。当$\overline{R}$为 0 时，触发器为 0 态，所以称$\overline{\mathrm{R}}$端为置 0 端（或复位端）；当$\overline{S}$为 0 时，触发器为 1 态，因此称$\overline{\mathrm{S}}$端为置 1 端（或置位端）。当$\overline{S}=1$，$\overline{R}=1$时，触发器保持触发前的状态不变；当$\overline{S}=0$，$\overline{R}=0$时，触发器的状态不确定，这种情况应当被禁止，否则会造成逻辑混乱或错误。

基本RS触发器的逻辑功能表如表10-1所示（表中Q^n表示原状态，Q^{n+1}表示次状态）。

表10-1　基本RS触发器的逻辑功能表

输入		输出	功能说明
$\overline{S}$	$\overline{R}$	Q^{n+1}	
0	0	不定	禁止
0	1	1	置1
1	0	0	置0
1	1	Q^n	保持

做中学

基本RS触发器逻辑功能测试

（1）根据图10-2所示电路在通用印制电路板上用四2输入与非门74LS00组成基本RS触发器，如图10-3所示。

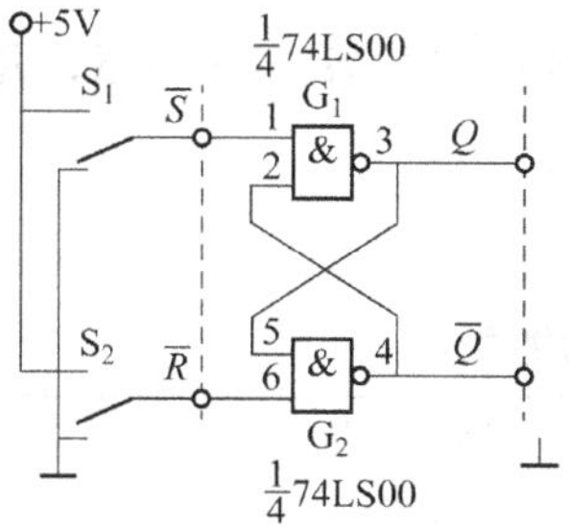

图10-2　基本RS触发器逻辑功能测试电路

图10-3　基本RS触发器逻辑功能测试电路的装接图

（2）按表10-2所示的操作顺序输入信号，用万用表的直流电压挡测量输出端电压，即3、4脚对地电压，输出高电平为1状态，输出低电平为0状态，将结果记录在表10-2中。

表10-2　基本RS触发器的逻辑功能测试表

操作	输入		输出		功能
	1脚$\overline{S}$	6脚$\overline{R}$	3脚Q	4脚$\overline{Q}$	
先将S_1、S_2扳向上，即$\overline{S}=1$，$\overline{R}=1$，再接通电源（可多次重复）	1	1			
将S_1扳向下，S_2仍向上，即$\overline{S}=0$，$\overline{R}=1$	0	1			
将S_1扳向上，即$\overline{S}=1$，$\overline{R}=1$	1	1			
将S_2扳向下，即$\overline{S}=1$，$\overline{R}=0$	1	0			
将S_2扳向上，即$\overline{S}=1$，$\overline{R}=1$	1	1			
将S_1、S_2都扳向下，即$\overline{S}=0$，$\overline{R}=0$	0	0			

由于基本RS触发器输出状态的改变直接受输入信号的控制，所以其应用受到限制。在实际应用数字系统中，常需要多个触发器在一个同步信号的控制下同步翻转，这样的触发器称为同步RS触发器，这个同步信号称为同步脉冲或CP脉冲。

二、同步 RS 触发器

1．电路结构和逻辑符号

同步 RS 触发器在基本 RS 触发器的基础上，增加了两个与非门 G_3、G_4 和一个时钟脉冲端 CP。其电路结构和逻辑符号如图 10-4 所示。同步 RS 触发器的两个输入端是 R 和 S，还设有直接置 1 端和置 0 端，用 $\overline{S_D}$、$\overline{R_D}$ 表示，只在 CP 脉冲工作前使用，在 CP 脉冲工作过程中将其悬空或接高电平。在逻辑符号中，C1、1S、1R 是关联标记，表示 1S、1R 受 C1 控制。

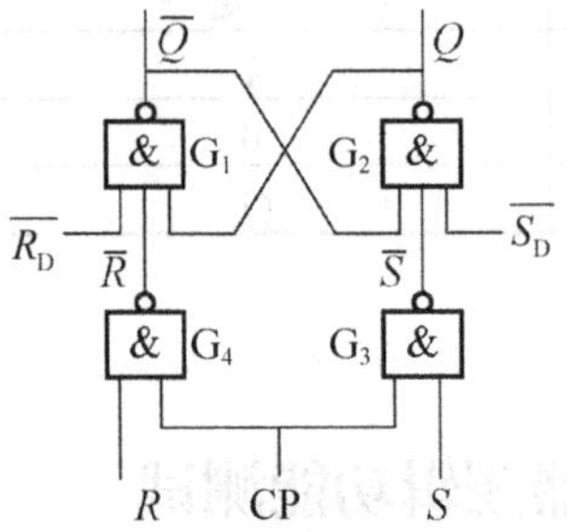

（a）电路结构

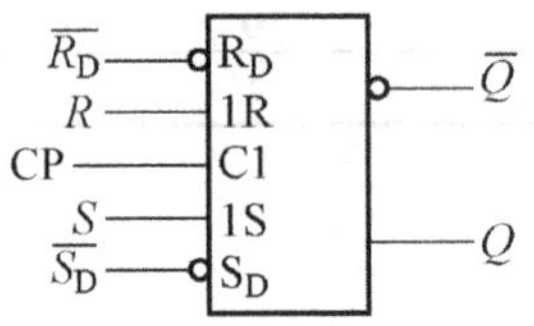

（b）逻辑符号

图 10-4　同步 RS 触发器

2．逻辑功能

在 CP = 0 期间，与非门 G_3、G_4 被 CP 端的低电平封锁，使基本 RS 触发器的 $\overline{S}=\overline{R}=1$，触发器保持原状态不变。

在 CP = 1 期间，G_3、G_4 组成的控制门开门，触发器的输出状态由信号 S、R 决定，S、R 为高电平时有效。触发器具有置 0、置 1、保持的逻辑功能。

同步 RS 触发器的逻辑功能表如表 10-3 所示。

表 10-3　同步 RS 触发器的逻辑功能表

输　入			输　出	功能说明
CP	S	R	Q^{n+1}	
0	×	×	Q^n	保持
1	0	0	Q^n	保持
1	0	1	0	置 0
1	1	0	1	置 1
1	1	1	不定	禁止

任务二　JK 触发器逻辑功能测试

任务引入

同步 RS 触发器在 CP = 0 期间，输出状态不受 R、S 控制，抗干扰能力强；在 CP = 1 期间，同步 RS 触发器的输出存在不确定状态，使其应用受到较大的限制。为克服这个缺点，需对电路进行改进。

任务目标

1. 能说明 JK 触发器的逻辑功能。
2. 能识读 JK 触发器的逻辑符号。

3. 能判别集成边沿 JK 触发器的引脚。
4. 能测试 JK 触发器的逻辑功能。

相关知识

一、JK 触发器

1. 电路结构和逻辑符号

JK 触发器是在同步 RS 触发器的基础上引入两条反馈线构成的，将 S、R 输入端分别改成 J、K 输入端，如图 10-5 所示。当 CP = 1，$S = R = 1$ 时，使 $\overline{S} = Q$，$\overline{R} = \overline{Q}$（$\overline{S}$、$\overline{R}$ 不能同时为 0），从根本上解决了当 $S = R = 1$ 时，触发器输出不定的问题。

2. 逻辑功能

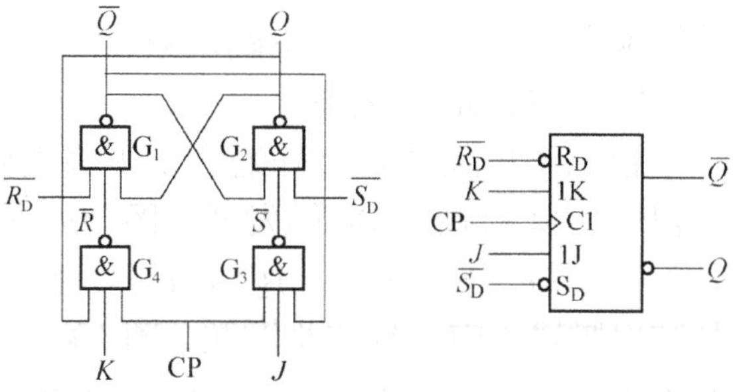

（a）电路结构　　（b）逻辑符号

图 10-5　JK 触发器

在 CP = 0 期间，与非门 G_3、G_4 被 CP 端的低电平封锁，使输入信号不起作用，$\overline{S} = \overline{R} = 1$，触发器保持原状态不变。

在 CP = 1 期间，G_3、G_4 开门，触发器输出状态由信号 J、K 决定，触发器具有保持、置 0、置 1 和翻转（计数）的逻辑功能。

（1）保持功能。当 $J = K = 0$ 时，G_3、G_4 的输出 $\overline{S} = 1$、$\overline{R} = 1$，触发器保持原状态不变，即 $Q^{n+1} = Q^n$。

（2）置 0 功能。当 $J = 0$，$K = 1$ 时，G_3 的输出 $\overline{S} = 1$，G_4 的输出 $\overline{R} = \overline{Q}$。若触发器原状态为 0，则 $\overline{R} = 1$，触发器输出保持原状态，即输出为 0；若触发器原状态为 1，则 $\overline{R} = 0$，触发器输出置 0。

（3）置 1 功能。当 $J = 1$，$K = 0$ 时，G_3 的输出 $\overline{S} = Q$，G_4 的输出 $\overline{R} = 1$。若触发器原状态为 0，则 $\overline{S} = 0$，触发器输出置 1；若触发器原状态为 1，则 $\overline{S} = 1$，触发器输出保持原状态，输出为 1。

（4）翻转（计数）功能。当 $J = 1$，$K = 1$ 时，G_3 的输出 $\overline{S} = Q$，G_4 的输出 $\overline{R} = \overline{Q}$。若触发器原状态为 0，则 $\overline{S} = 0$，$\overline{R} = 1$，触发器输出置 1；若触发器原状态为 1，则 $\overline{S} = 1$，$\overline{R} = 0$，触发器输出置 0，即触发器的输出总与原状态相反，$Q^{n+1} = \overline{Q^n}$。

可见，JK 触发器不仅可以避免不确定状态，而且增加了触发器的逻辑功能，其逻辑功能表如表 10-4 所示。

表 10-4　JK 触发器的逻辑功能表

输　入			输　出	功能说明
CP	J	K	Q^{n+1}	
0	×	×	Q^n	保持
1	0	0	Q^n	保持
1	0	1	0	置 0
1	1	0	1	置 1
1	1	1	$\overline{Q^n}$	翻转（计数）

由表 10-4 可知，JK 触发器的逻辑功能可概括为：当 $J = K = 0$ 时，$Q^{n+1} = Q^n$（保持）；当

$J=1$，$K=1$ 时，$Q^{n+1}=\overline{Q^n}$（翻转）；当 $J\neq K$ 时，$Q^{n+1}=J$。

JK 触发器在 CP = 1（高电平）期间接收输入信号，这种受 CP 脉冲控制的电平触发方式，在 CP = 1 期间不允许输入信号有变化，否则触发器的输出状态会随之改变，使输出状态在一个 CP 脉冲作用期间出现多次翻转的“空翻”现象，无法保证一个 CP 周期内只触发一次动作。多数 JK 触发器采用边沿触发方式来克服触发器的空翻。

二、集成边沿 JK 触发器

1．边沿触发方式

边沿触发方式利用与非门间的传输延迟时间来实现边沿控制，使触发器在 CP 脉冲下降沿（或上升沿）的瞬间，根据输入信号的状态产生新的输出状态；而在 CP = 1（或 CP = 0）期间，输入信号对触发器的状态无影响，保证触发器在一个 CP 脉冲作用期间只动作一次，有效地避免了触发器出现空翻现象。

2．集成 JK 触发器

根据 CP 脉冲是上升沿还是下降沿触发输出状态变化，JK 触发器分为上升沿触发 JK 触发器和下降沿触发 JK 触发器，图 10-6（a）所示为下降沿触发 JK 触发器的逻辑图，其逻辑符号如图 10-6（b）所示，逻辑符号中的“＞”表示 CP 脉冲输入，下降沿触发 JK 触发器在 CP 脉冲引脚输入端处标注小圆圈。图 10-6（c）所示为上升沿触发 JK 触发器的逻辑符号。R_D 和 S_D 分别为直接置 0 端和置 1 端，用来设置触发器初态，工作过程中应保持无效状态（$\overline{R_D}=\overline{S_D}=1$），以保证触发器正常工作。

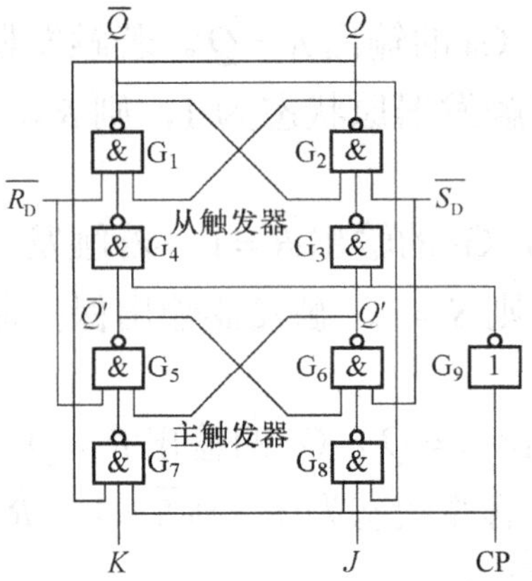

（a）下降沿触发JK触发器的逻辑图

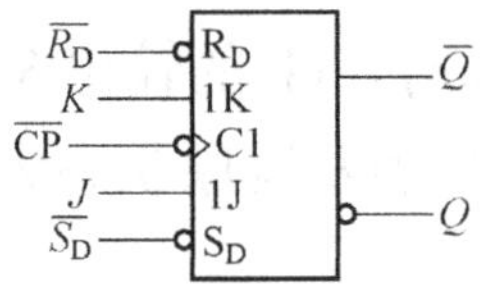

（b）下降沿触发JK触发器的逻辑符号

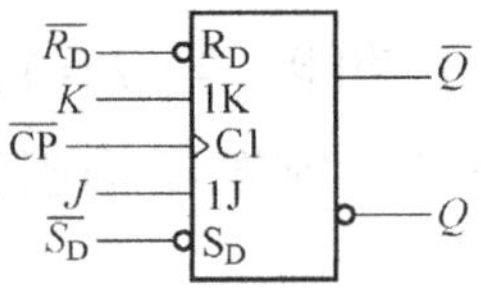

（c）上升沿触发JK触发器的逻辑符号

图 10-6　边沿触发 JK 触发器

实际应用中多采用集成边沿触发器，图 10-7 所示为集成边沿 JK 触发器 74LS112 的引脚排列图，它内含两个下降沿触发 JK 触发器，表 10-5 所示为其逻辑功能表，表中的↓表示下降沿触发。

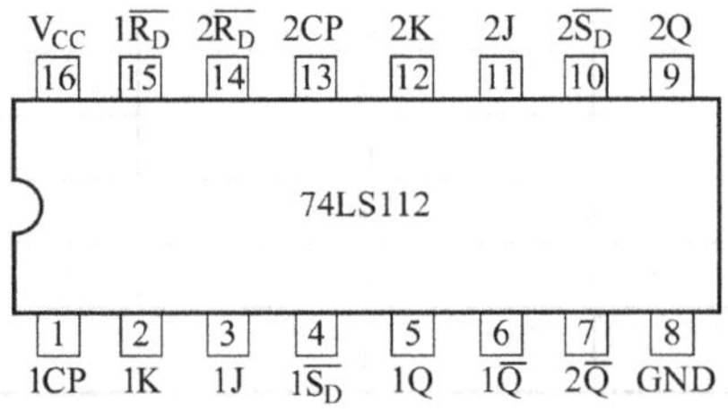

图 10-7　集成边沿 JK 触发器 74LS112 的引脚排列图

表 10-5 集成边沿 JK 触发器 74LS112 的逻辑功能表

输入					输出	功能说明
$\overline{R_D}$	$\overline{S_D}$	CP	J	K	Q^{n+1}	
0	1	×	×	×	0	设置初态
1	0	×	×	×	1	
1	1	↓	0	0	Q^n	保持
1	1	↓	0	1	0	置 0
1	1	↓	1	0	1	置 1
1	1	↓	1	1	$\overline{Q^n}$	翻转

任务操作

JK 触发器 72LS112 功能测试

一、器材

数字万用表一块，元器件若干，按钮开关五个，导线若干。

二、操作步骤

1. 测试电路

JK 触发器 74LS112 的功能测试电路如图 10-8 所示。

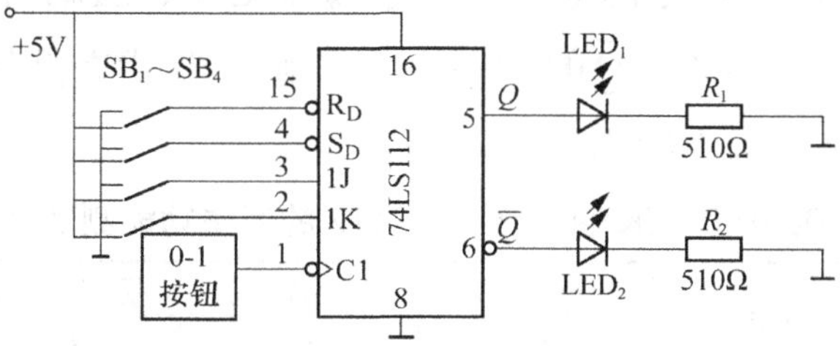

图 10-8 JK 触发器 74LS112 的功能测试电路

2. 元器件的识别与检测

图 10-8 所示电路的元器件识别与检测表如表 10-6 所示，对照电路图对元器件进行识别检测。

表 10-6 JK 触发器 74LS112 的功能测试电路的元器件识别与检测表

符号	名称	实物图	规格	检测结果
R_1、R_2	色环电阻		510Ω	实测值：
IC	JK 触发器		74LS112	引脚排列：
				引脚识别：
LED_1、LED_2	发光二极管	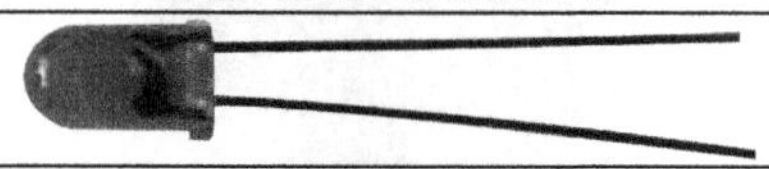	红色 ϕ10mm	正向电阻：
				反向电阻：
SB_1～SB_4	按钮开关		自锁	动合与动断端：
				质量：
	0-1 按钮	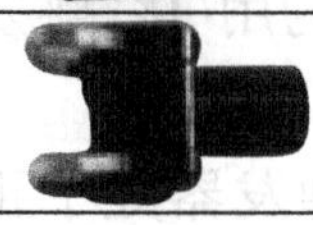	自锁	动合与动断端：
				质量：
U_{CC}	电源		+5V	

三、操作记录

图 10-9 JK 触发器 74LS112 的功能测试电路的装接图

1．测试

按图 10-8 所示电路在通用印制电路板上进行元器件布局，完成电路元器件的插装与焊接，接好测试电路，如图 10-9 所示。

（1）测试$\overline{R_D}$、$\overline{S_D}$端的复位和置位功能。

J、K、CP 处于任意状态，按表 10-7 所示数据操作 SB1、SB2，改变$\overline{R_D}$、$\overline{S_D}$，并在$\overline{R_D}=0$（$\overline{S_D}=1$）或$\overline{R_D}=1$（$\overline{S_D}=0$）作用期间，任意改变J、K、CP 的状态，观察Q、$\overline{Q}$的状态，将结果记录在表 10-7 中。

表 10-7 JK 触发器 74LS112 异步复位端和置位端的功能测试表

输入					输出
CP	J	K	$\overline{R_D}$	$\overline{S_D}$	Q^{n+1}
×	×	×	0	1	
×	×	×	1	0	

（2）测试逻辑功能。

在$\overline{R_D}=\overline{S_D}=1$的情况下，按表 10-8 所示要求操作 SB3、SB4，改变J、K及 CP（CP 脉冲由 0-1 按钮提供）的状态，观察Q、$\overline{Q}$的状态变化和触发器状态翻转是否发生在 CP 脉冲的下降沿（1→0），将结果记录在表 10-8 中。

表 10-8 JK 触发器 74LS112 的逻辑功能测试表

J	K	CP	初态为 0 时	输出情况	初态为 1 时	输出情况	功能说明
			Q^n	Q^{n+1}	Q^n	Q^{n+1}	
0	0	0→1	0		1		
		1→0	0		1		
0	1	0→1	0		1		
		1→0	0		1		
1	0	0→1	0		1		
		1→0	0		1		
1	1	0→1	0		1		
		1→0	0		1		

2．任务评价

任务评价表见附录 A。

知识拓展

二分频电路

数字电路中经常用到分频器，图 10-10 所示为用 JK 触发器 74LS112 中的一个单元构成的二分频电路，其工作原理如下。

在图 10-10（a）所示电路中，$\overline{R_D}=\overline{S_D}=1$，触发器处于正常工作状态。由于$J=K=1$满

足触发器的翻转条件，故随着 CP 脉冲的输入，触发器状态从 0→1→0→1 不断转换，每两个 CP 脉冲作用后，触发器又恢复到初始状态，波形如图 10-10（b）所示。

由波形图可知，$T_o = 2T_i$，即输出信号频率是输入信号频率的二分之一，实现了二分频。同理，若将两个触发器串联可构成四分频电路，将 n 个触发器串联可构成 2^n 分频电路。

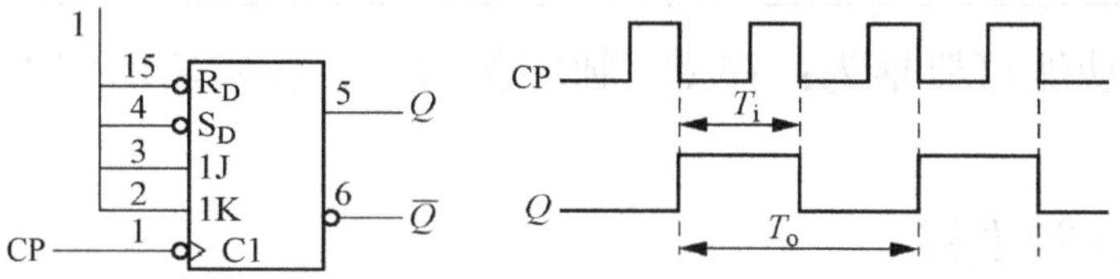

（a）逻辑图　（b）波形图

图 10-10　二分频电路

任务三　D 触发器逻辑功能测试

任务引入

JK 触发器功能齐全，具有保持、置 0、置 1 和翻转的功能，并且输入端 J、K 不受约束，使用方便。但在某些情况下不必使用如此复杂的逻辑功能，由 JK 触发器可构成功能更加简洁明了的触发器。

任务目标

1. 能说明 D 触发器的逻辑功能。
2. 能识读 D 触发器的逻辑符号。
3. 能判别集成边沿 D 触发器的引脚。
4. 会测试 D 触发器的逻辑功能。

相关知识

一、D 触发器

1. 电路结构和逻辑符号

在 JK 触发器的 K 端，串接一个非门，再接到 J 端，引出一个控制端 D，就构成了 D 触发器，如图 10-11 所示。

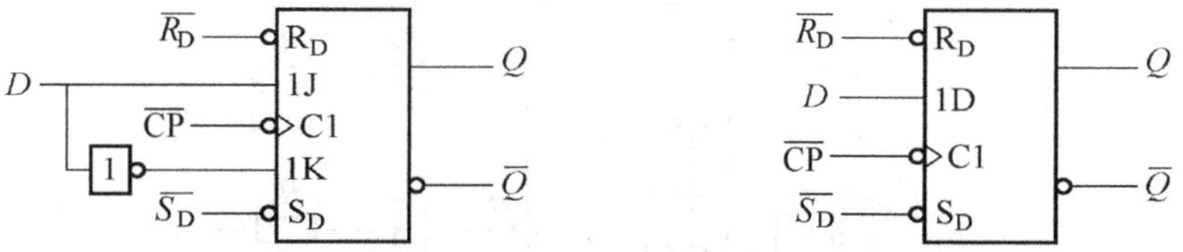

（a）电路结构　（b）逻辑符号

图 10-11　D 触发器

2. 逻辑功能

由图 10-11（a）可看出，D 触发器是 JK 触发器在 $J \neq K$ 情况下的电路。当 $D = 1$ 时，相当于 JK 触发器 $J = 1$，$K = 0$ 时的情况；当 $D = 0$ 时，相当于 JK 触发器 $J = 0$，$K = 1$ 时的情况，其逻辑功能表如表 10-9 所示。

表 10-9　D 触发器的逻辑功能表

输入		输出	功能说明
CP	D	Q^{n+1}	
↓	0	0	置 0
↓	1	1	置 1

D 触发器的逻辑功能可概括为：在 CP 脉冲作用后，触发器的状态与 D 端状态相同，即 $Q^{n+1}=D$。

二、集成边沿 D 触发器

集成边沿 D 触发器的规格、品类很多，图 10-12（a）所示为 D 触发器 74LS74 的引脚图，它内含两个上升沿触发的 D 触发器，逻辑符号如图 10-12（b）所示。逻辑功能表如表 10-10 所示，表中的↑表示上升沿触发。

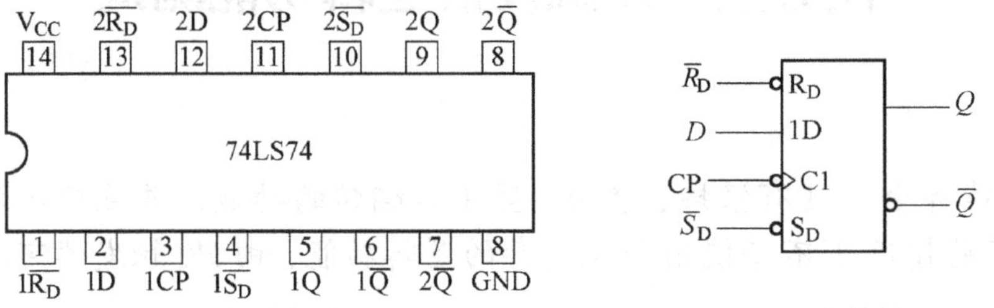

（a）引脚图　　（b）逻辑符号

图 10-12　D 触发器 74LS74 的引脚图和逻辑符号

表 10-10　D 触发器 74LS74 的逻辑功能表

输入				输出	功能说明
$\overline{R_D}$	$\overline{S_D}$	CP	D	Q^{n+1}	
0	1	×	×	0	设置初态
1	0	×	×	1	
1	1	↑	0	0	置 0
1	1	↑	1	1	置 1

做中学

D 触发器逻辑功能测试

根据图 10-13 所示电路，在通用印制电路板上接好 D 触发器功能测试电路。

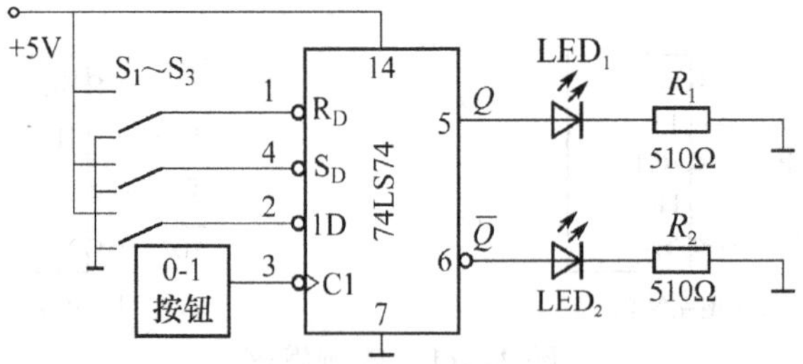

图 10-13　D 触发器功能测试电路

（1）测试 $\overline{R_D}$、$\overline{S_D}$ 端的复位和置位功能。

D 和 CP 处于任意状态，根据表 10-11 所示的要求拨动 S_1、S_2，改变 $\overline{R_D}$、$\overline{S_D}$，并

$\overline{R_D}=0$（$\overline{S_D}=1$）或$\overline{R_D}=1$（$\overline{S_D}=0$）作用期间，任意改变 D 和 CP 状态，观察 Q、$\overline{Q}$ 的状态，将结果记录在表 10-11 中。

表 10-11　D 触发器异步复位端和置位端的功能测试表

输入				输出
CP	D	$\overline{R_D}$	$\overline{S_D}$	Q^{n+1}
×	×	0	1	
×	×	1	0	

（2）测试逻辑功能。

在$\overline{R_D}=\overline{S_D}=1$的情况下，按表 10-12 所示要求拨动 S_3，改变 D 和 CP 状态，观察 Q、$\overline{Q}$ 的状态变化和触发器状态翻转是否发生在 CP 脉冲的上升沿（0→1），判断其是否与工作原理一致，将结果记录在表 10-12 中。

表 10-12　D 触发器的逻辑功能测试表

D	CP	初态为 0 时	输出情况	初态为 1 时	输出情况	功能说明
		Q^n	Q^{n+1}	Q^n	Q^{n+1}	
0	0→1	0		1		
	1→0	0		1		
1	0→1	0		1		
	1→0	0		1		

任务四　触发器应用电路制作与调试

任务引入

抢答器是一名公正的“裁判员”，在智力竞赛中，它能从若干名参赛者中确定出最先抢答者。它是智力竞赛的必备设备，即使选手的动作仅差几毫秒，抢答器也能分辨出抢答者的先后顺序。

任务目标

1. 能正确判断 JK 触发器 74LS112、六非门 74LS04 及双 4 输入与非门 74LS20 的引脚。
2. 能检测四人抢答器电路中的元器件，完成四人抢答器电路的装配与调试。

任务操作

触发器应用电路制作与调试

一、器材

数字万用表一块，按钮开关五个，元器件若干。

二、操作步骤

1．认识电路

图 10-14 所示为用触发器制作的四人抢答器电路。

由图 10-14 可知，当按下 SB_0 时，各 JK 触发器被清零，$\overline{Q_1}$、$\overline{Q_2}$、$\overline{Q_3}$、$\overline{Q_4}$ 均为 1，LED 均熄灭。输出信号经门电路反馈至 JK 触发器的输入端，$J=K=\overline{Q_1}\cdot\overline{Q_2}\cdot\overline{Q_3}\cdot\overline{Q_4}=1$，JK 触发器处于待翻转状态，这时抢答器进入工作状态。

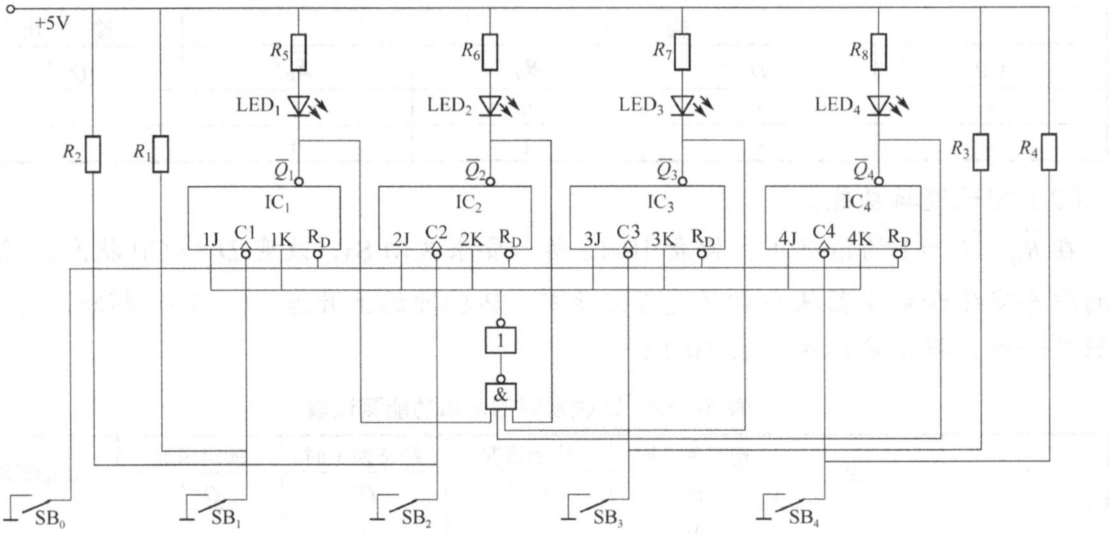

图 10-14　四人抢答器电路

若按下 SB_1，CP 脉冲下降沿触发 JK 触发器翻转，输出 $\overline{Q}=0$，LED_1 被点亮。这时，反馈到 JK 触发器输入端的信号 $J=K=\overline{Q_1}\cdot\overline{Q_2}\cdot\overline{Q_3}\cdot\overline{Q_4}=0$，各 JK 触发器处于保持状态，$LED_2$～$LED_4$ 均保持熄灭。若有其他抢答按钮被按下，JK 触发器因均处于保持状态不发生翻转，达到了抢答的目的。

再次按下 SB_0，各抢答器被清零，LED_1 熄灭，进入下一轮抢答。

2．元器件的识别与检测

图 10-14 所示四人抢答器电路的元器件识别与检测表如表 10-13 所示，对照电路图对元器件进行识别检测。

表 10-13　四人抢答器电路的元器件识别与检测表

符　号	名　称	实　物　图	规　格	检测结果
R_1～R_4	色环电阻		5.1kΩ	实测值：
R_5～R_8			510Ω	实测值：
IC_1、IC_2、IC_3、IC_4	JK 触发器		74LS112	引脚排列：
				引脚识别：
G_1	六非门	 HD74LS04P 0F26	74LS04	引脚排列：
				引脚识别：
G_2	双 4 输入与非门	 HD74LS20P 0F26	74LS20	引脚排列：
				引脚识别：
LED_1～LED_4	发光二极管	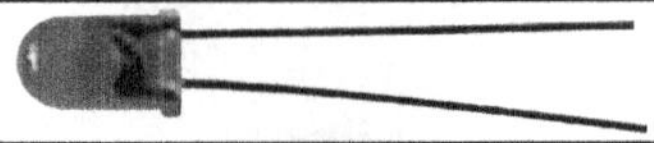	红色 ϕ10mm	正向电阻：
				反向电阻：
SB_0～SB_4	按钮开关		自锁	动合与动断端：
				质量：
U_{CC}	电源		+5V	

三、操作记录

1．测试

根据图 10-14 所示电路和元器件实物，在通用印制电路板上进行元器件布局，按电路信号流向布放好元器件，先大后小，先集成后分立，先主后次，相关元器件就近安放，注意避免导线交叉，必要时可用跨接线跨越连接，接好四人抢答器电路，如图 10-15 所示。

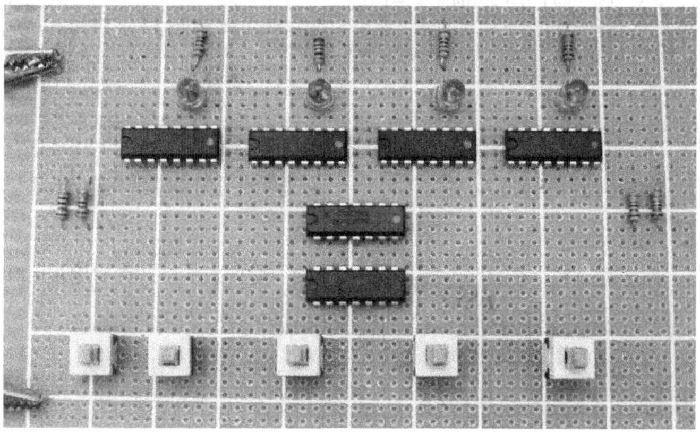

图 10-15　四人抢答器电路的装接图

电路装接完成并检查无误后，接通电源，先按下 SB_0，观察发光二极管的亮灭情况，再分别按下 SB_1～SB_4，进行电路测试，观察抢答效果。

2．分析

在调试过程中，有时发光二极管会无规则地亮，原因是什么？

3．任务评价

任务评价表见附录 A。

自我检测

1．判断题

（1）触发器互补输出 $\overline{Q}=0$，$Q=1$ 为触发器的 0 态。　　（　　）

（2）将 JK 触发器的 J、K 端连在一起作为输入，就构成了 D 触发器。　　（　　）

（3）边沿触发的 JK 触发器没有空翻现象。　　（　　）

（4）边沿触发的 D 触发器的输出状态始终与输入状态相同。　　（　　）

2．选择题（单选，将正确的选项填在括号内）

（1）基本 RS 触发器的输入端禁止使用（　　）。

A．$\overline{R_D}=0$，$\overline{S_D}=0$　　B．$R=1$，$S=1$

C．$\overline{R_D}=1$，$\overline{S_D}=1$　　D．$R=0$，$S=0$

（2）JK 触发器的 $\overline{S_D}$ 端称为（　　）。

A．直接置 0 端　　B．直接置 1 端

C．复位端　　D．置 0 端

（3）如图 10-16 所示，由 JK 触发器和非门构成了（　　）。

A．D 触发器　　B．基本 RS 触发器

C. T触发器　　　　　　　　　　D. 同步RS触发器

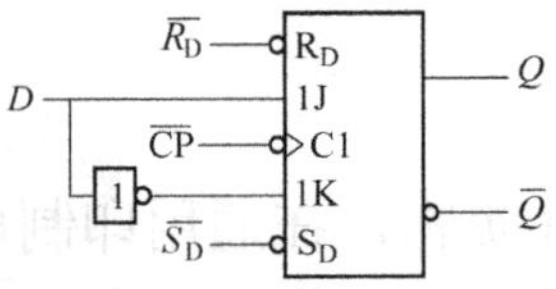

图10-16　选择题（3）图

（4）当JK触发器的J、K端同时输入高电平时，处于（　　）状态。

A. 保持　　　B. 置0　　　C. 翻转　　　D. 置1

3. 填空题

（1）RS触发器具有（　　）、（　　）和（　　）三种功能。

（2）通常把一个CP脉冲引起触发器（　　）翻转的现象称为（　　），这在数字电路中是（　　）的。

（3）JK触发器具有（　　）、（　　）、（　　）和（　　）四种功能。

（4）D触发器具有（　　）和（　　）两种功能。

项目十一　寄存器、计数器

任务一　寄存器逻辑功能测试

任务引入

在数字电路中，常需要将数据和运算结果暂时存储起来。能存储二进制代码的电路称为寄存器。它由具有记忆功能的触发器和门电路构成。一个触发器只有 0 和 1 两个状态，只能存储一位二进制代码，n 个触发器可以构成存储 n 位二进制代码的寄存器。在 CP 脉冲的控制下，寄存器接收输入的二进制数码并将其存储起来。按功能的不同，寄存器分为数码寄存器和移位寄存器。

任务目标

1. 能说明寄存器的功能、基本结构和常见类型。
2. 能识读寄存器电路。
3. 能判别集成移位寄存器的引脚。
4. 会测试集成移位寄存器的逻辑功能。

相关知识

一、数码寄存器

数码寄存器只具有接收数据、暂存数据和清除原数据的功能。

1. 电路组成

图 11-1 所示为由 4 个 D 触发器构成的四位数码寄存器的逻辑图。4 个 D 触发器的 CP 脉冲端连在一起，作为接收数码的控制端 CP；D_0～D_3 为寄存器的数据输入端，Q_0～Q_3 是数据输出端。各触发器的复位端连在一起作为寄存器的清零端 $\overline{CR}$。

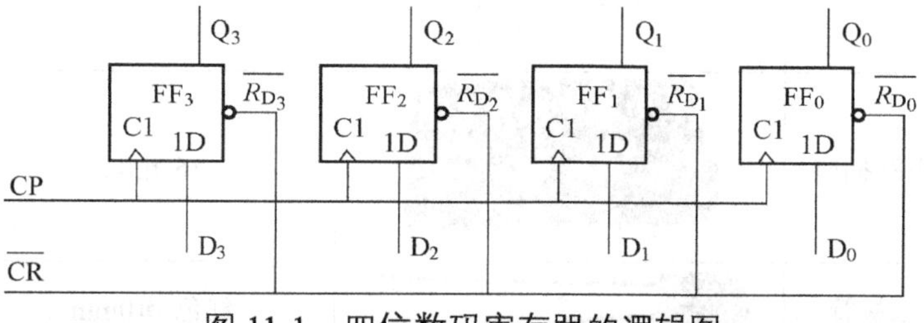

图 11-1　四位数码寄存器的逻辑图

2. 工作过程

寄存器的工作分两步进行。

（1）寄存前先清零。接收数据前在复位端加一负脉冲 $\overline{CR}=0$（清零脉冲），将所有触发器清零（$Q_3Q_2Q_1Q_0=0000$），清零脉冲恢复高电平（$\overline{CR}=1$）后，为接收数据做好准备。

（2）接收数据。若要将四位二进制代码 $D_3D_2D_1D_0$ 存入寄存器，则当 CP 脉冲上升沿出现时，$D_3D_2D_1D_0$ 的值被同时存入触发器，即 $Q_3Q_2Q_1Q_0 = D_3D_2D_1D_0$。

只要 $\overline{CR} = 1$，CP 脉冲没有上升沿，寄存器就处于保持状态。其功能如表 11-1 所示。

表 11-1　四位数码寄存器的功能表

输入						输出				功能说明
$\overline{CR}$	CP	D_0	D_1	D_2	D_3	Q_0	Q_1	Q_2	Q_3	
0	×	×	×	×	×	0	0	0	0	清零
1	↑	D_1	D_2	D_3	D_4	D_1	D_2	D_3	D_4	寄存
1	1	×	×	×	×	D_1	D_2	D_3	D_4	保持
1	0	×	×	×	×	D_1	D_2	D_3	D_4	保持

当外部电路需要这组数据时，可从 Q_3、Q_2、Q_1、Q_0 端读出。这种数码的输入、输出方式称为并行输入、并行输出方式。

做中学

寄存器 74LS175 逻辑功能测试

74LS175 是由 D 触发器组成的四位集成寄存器，其引脚如图 11-2 所示。

图 11-3 所示为寄存器 74LS175 功能测试电路，其元器件识别与检测表如表 11-2 所示，对照电路图对元器件进行识别检测。

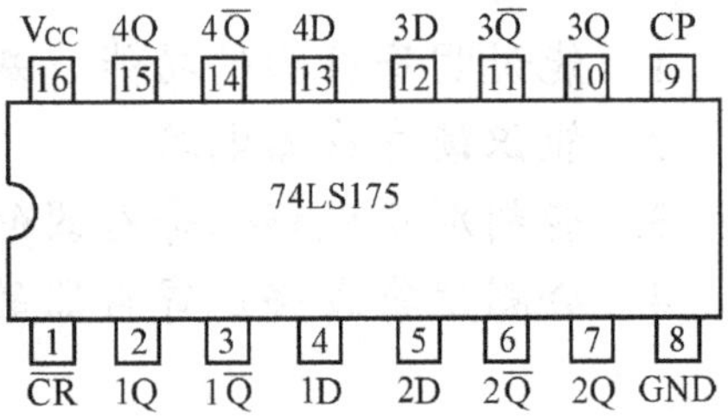

图 11-2　寄存器 74LS175 的引脚图

表 11-2　寄存器 74LS175 功能测试电路的元器件识别与检测表

符　号	名　称	实　物　图	规　格	检测结果
R_1～R_6	色环电阻		1kΩ	实测值：
R_7～R_{10}			100Ω	实测值：
IC	寄存器	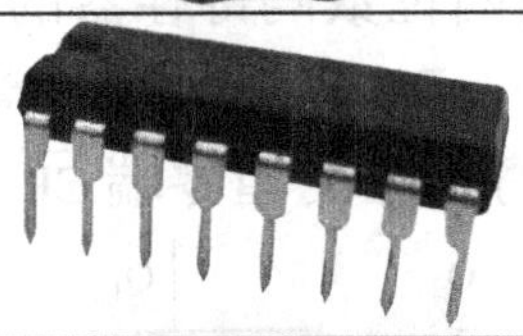	74LS175	引脚排列：
				引脚识别：
	集成电路插座	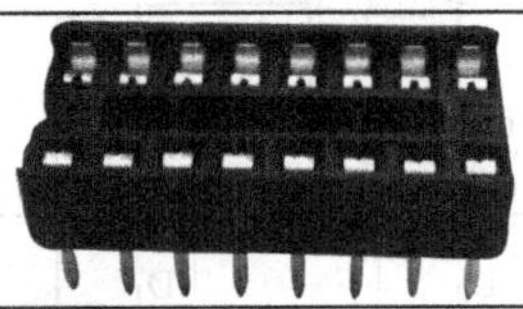	16 孔×2	
LED_1～LED_4	发光二极管	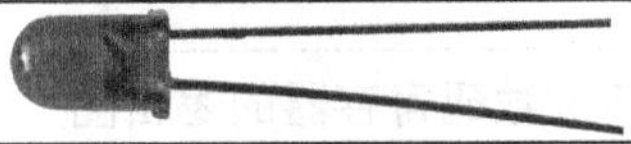	红色 ϕ10mm	正向电阻：
				反向电阻：
S_1～S_6	单刀双掷开关		轻触	质量：
U_{CC}	电源		+5V	

根据图 11-3 所示电路在通用印制电路板上进行元器件布局，完成电路元器件的插装与焊接，接好寄存器 74LS175 功能测试电路，如图 11-4 所示。

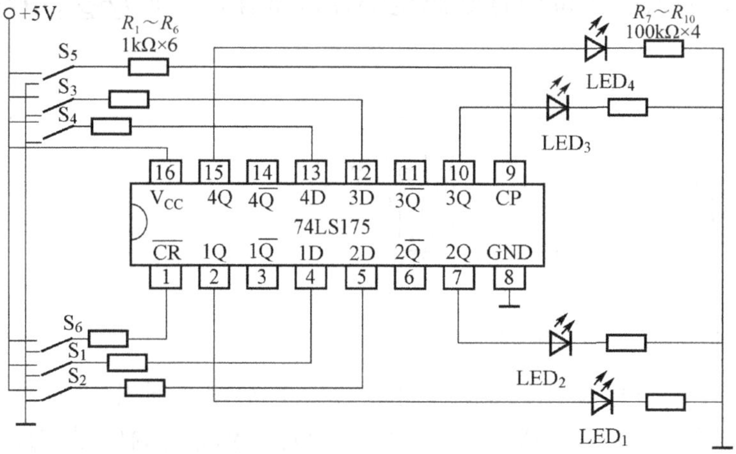

图 11-3　寄存器 74LS175 功能测试电路

图 11-4　寄存器 74LS175 功能测试电路的装接图

（1）测试 $\overline{CR}$ 端的复位功能。

1D、2D、3D、4D 和 CP 端处于任意状态，拨动 S_6 使 $\overline{CR}=0$，观察各发光二极管的亮灭情况，将 1Q、2Q、3Q、4Q 端的状态记录在表 11-3 中。

（2）测试数据存储功能。

在 $\overline{CR}=1$ 的情况下，通过开关 $S_1\sim S_4$ 设置 1D、2D、3D、4D 端的状态，再闭合 S_5，观察各发光二极管的亮灭情况，检查 1Q、2Q、3Q、4Q 端的状态是否与 1D、2D、3D、4D 端的状态一致，并观察 S_5 闭合或断开（CP 为 1 或 0）期间寄存器的状态，将结果记录在表 11-3 中。

表 11-3　寄存器 74LS175 的功能测试表

输　入						输　出				功能说明
$\overline{CR}$	CP	1D	2D	3D	4D	1Q	2Q	3Q	4Q	
0	×	×	×	×	×	0	0	0	0	
1	↑	D_1	D_2	D_3	D_4					
1	1	×	×	×	×					
1	0	×	×	×	×					

二、移位寄存器

移位寄存器不仅能存储数码，还具有数码移位的功能。移位是指在移位脉冲的控制下，触发器向左或右相邻位依次移动数码的方式。数字电路进行二进制加法、乘法和除法等运算时都需要这种移位功能。移位寄存器分为单向移位寄存器和双向移位寄存器两大类。

1. 单向右移寄存器

图 11-5 所示为由 4 个 D 触发器构成的四位单向右移寄存器。它由 4 个 D 触发器依次串联而成，每个触发器的输出端 Q 与下一个触发器的输入端 D 相接，最前面一个触发器的输入端 D 接收外部输入的数据。

寄存数码前，首先通过 $\overline{CR}=0$ 对寄存器清零，即 $Q_3Q_2Q_1Q_0=0000$。然后将待存数码 $D_3D_2D_1D_0$ 从高位到低位依次送到串行输入端，在第一个移位脉冲的上升沿，将待存数码

$D_3D_2D_1D_0$ 的 D_3 送到 Q_0 端，其他各触发器的状态与移位脉冲作用前一瞬间低一位触发器的状态相同，即触发器中的原有数码依次右移一位，Q_0、Q_1、Q_2 分别移到 Q_1、Q_2、Q_3 端，而 Q_3 移出寄存器。经过 4 个移位脉冲的作用，输入的 4 位串行数码全部存入寄存器，即 $Q_3Q_2Q_1Q_0=D_3D_2D_1D_0$。

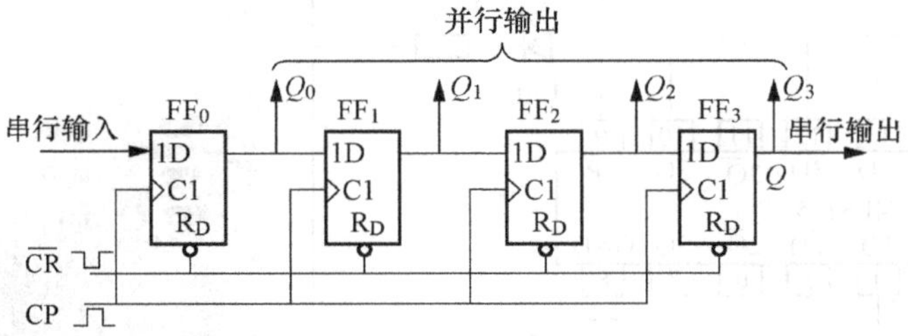

图 11-5　四位单向右移寄存器

移位寄存器中的数码可由 Q_3、Q_2、Q_1、Q_0 端并行输出，也可从 Q_3 端串行输出。串行输出时，要连续输入 4 个移位脉冲，才能将移位寄存器中存放的四位数码逐位从输出端 Q_3 输出。可见移位寄存器具有串行输入-并行输出和串行输入-串行输出两种工作方式。

做中学

四位单向右移寄存器逻辑功能测试

由 74LS175 构成的四位单向右移寄存器功能测试电路如图 11-6 所示。

根据图 11-6 所示电路对元器件进行检测，在通用印制电路板上进行元器件布局，完成电路元器件的插装与焊接，接好四位单向右移寄存器功能测试电路，如图 11-7 所示。

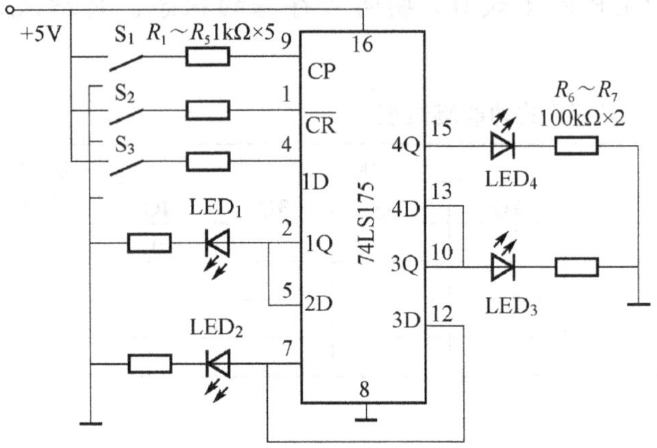

图 11-6　四位单向右移寄存器功能测试电路

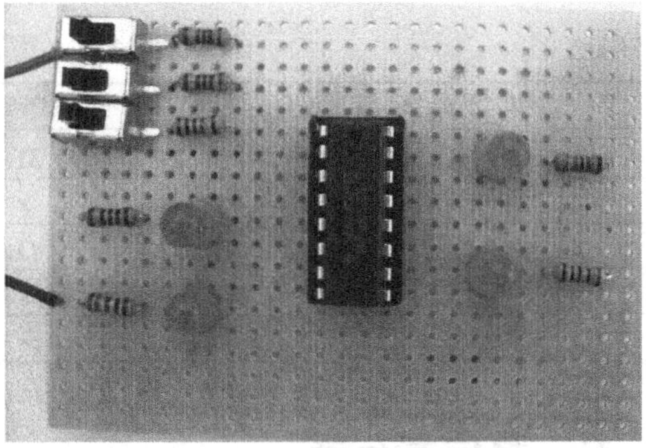
图 11-7　四位单向右移寄存器功能测试电路的装接图

（1）测试 $\overline{CR}$ 的复位功能。

拨动 S_2 使 $\overline{CR}=0$，观察各发光二极管的亮灭情况，将 1Q、2Q、3Q、4Q 端的状态记录在表 11-4 中。

（2）测试数据移位功能。

在 $\overline{CR}=1$ 的情况下，通过开关 S_3 设置待存储的数码 $D_3D_2D_1D_0$，每拨动一次 S_1，观察各发光二极管的亮灭情况，检查设置的数码是否被依次存入 1Q、2Q、3Q、4Q 端，将结果记录在表 11-4 中。

表 11-4　四位单向右移寄存器的功能测试表

输入						输出				功能说明
$\overline{CR}$	CP	1D	2D	3D	4D	1Q	2Q	3Q	4Q	
0	×	×	×	×	×	0	0	0	0	
1	↑	D_3								
1	↑	D_2								
1	↑	D_1								
1	↑	D_0								
1	↑									
1	↑									
1	↑									
1	↑									

2. 单向左移寄存器

图 11-8 所示的四位单向左移寄存器也是由 4 个 D 触发器组成的。它与四位单向右移寄存器的工作原理相同，只是该寄存器的数码输入顺序是自左向右，在 CP 脉冲的作用下依次左移，逐个输入寄存器中。

3. 双向移位寄存器

双向移位寄存器中的数码既可右移又可左移，图 11-9 所示为 74LS194 的引脚图。其中，D_{SR} 为右移串行数据输入端；D_{SL} 为左移串行数据输入端；M_1、M_0 为工作方式控制端，其不同取值决定寄存器的不同功能；D_0～D_3 是并行数据输入端；Q_0～Q_3 是寄存器并行数据输出端。74LS194 双向移位寄存器的逻辑功能表如表 11-5 所示。

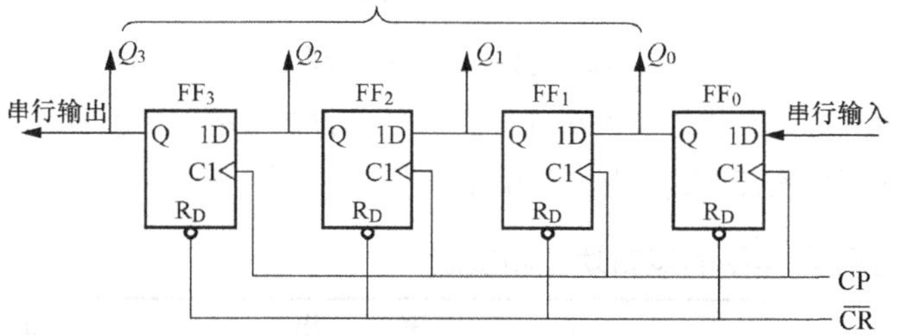

图 11-8　四位单向左移寄存器

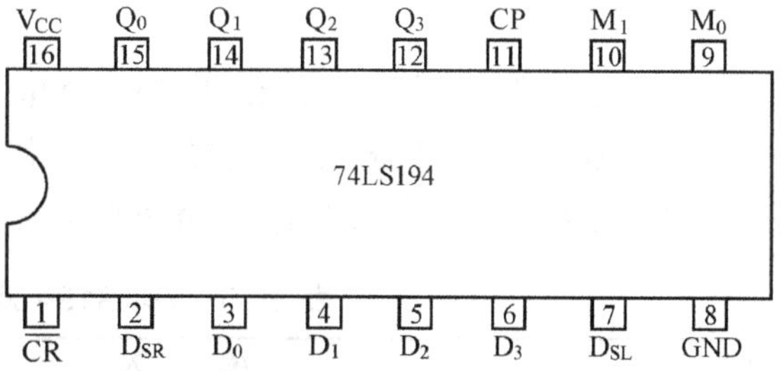

图 11-9　74LS194 双向移位寄存器的引脚图

表 11-5　74LS194 双向移位寄存器的逻辑功能表

输入				功能说明
$\overline{CR}$	M_1	M_0	CP	
0	×	×	×	清零
1	0	0	×	保持
1	0	1	↑	右移，串入并出
1	1	0	↑	左移，串入并出
1	1	1	↑	并入并出

当 $M_1M_0=00$ 时，寄存器中的数据保持不变。

当 $M_1M_0=01$ 时，$D_0=D_{SR}$，$D_1=Q_0$，$D_2=Q_1$，$D_3=Q_2$，在 CP 脉冲的上升沿出现时，D_{SR} 端输入的数据依次右移，寄存器为右移方式。

当 $M_1M_0=10$ 时，$D_0=Q_1$，$D_1=Q_2$，$D_2=Q_3$，$D_3=D_{SL}$，在 CP 脉冲的上升沿出现时，D_{SL} 端输入的数据依次左移，寄存器为左移方式。

当 $M_1M_0 = 11$，CP 脉冲的上升沿出现时，将 D_0～D_3 端的数据并行存入寄存器中，即 $Q_3Q_2Q_1Q_0 = D_3D_2D_1D_0$，寄存器处于并行输入-并行输出工作方式。

做中学

74LS194 双向移位寄存器逻辑功能测试

图 11-10 所示为 74LS194 双向移位寄存器逻辑功能测试电路。

根据图 11-10 所示电路对元器件进行检测，在通用印制电路板上进行元器件布局，完成电路元器件的插装与焊接，接好 74LS194 双向移位寄存器逻辑功能测试电路，如图 11-11 所示。

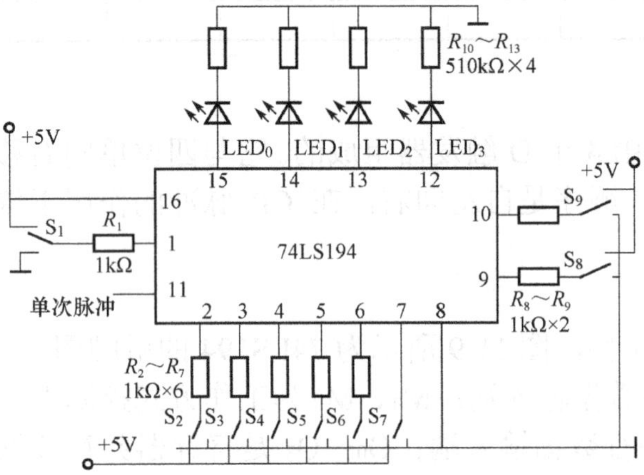

图 11-10　74LS194 双向移位寄存器逻辑功能测试电路

图 11-11　74LS194 双向移位寄存器逻辑功能测试电路的装接图

接通电源，通过开关设置 M_1、M_0、$\overline{CR}$、D_0～D_3、D_{SR}、D_{SL} 端的逻辑状态，CP 脉冲由单次脉冲信号源提供，观察发光二极管的亮灭情况，按表 11-6 所示的输入数据逐项测试 74LS194 双向移位寄存器的逻辑功能，将结果记录在表 11-6 中。

表 11-6　74LS194 双向移位寄存器的逻辑功能测试表

输入										输出				功能说明
$\overline{CR}$	M_1	M_0	CP	D_{SR}	D_{SL}	D_3	D_2	D_1	D_0	Q_0	Q_1	Q_2	Q_3	
0	×	×	×	×	×	×	×	×	×					
1	1	1	↑	×	×	1	0	1	1					
1	1	0	↑	×	0	×	×	×	×					
1	1	0	↑	×	1	×	×	×	×					
1	0	1	↑	0	×	×	×	×	×					
1	0	1	↑	1	×	×	×	×	×					
1	0	0	↑	×	×	×	×	×	×					

任务二　计数器逻辑功能测试

任务引入

能累计输入脉冲个数的数字电路称为计数器，计数器是数字电路中应用十分广泛的单元逻辑电路，除直接用于计数、分频、定时外，还被广泛应用于数字仪表、程序控制、计算机等领域。

计数器的种类很多，按计数的进制分为二进制计数器、十进制计数器和N进制计数器；按计数增减情况分为加法计数器、减法计数器和可逆（加/减）计数器；按触发方式分为同步计数器和异步计数器。

任务目标

1. 能说明计数器的功能和分类。
2. 能识读计数器电路。
3. 能判别集成计数器的引脚并会使用计数器。
4. 会测试集成计数器的逻辑功能。

相关知识

一、二进制计数器

触发器有两个稳态，两个稳态在计数脉冲作用下的变化次数等于输入的计数脉冲数，从而构成计数器。

在计数脉冲的作用下，各触发器状态的转换按二进制的编码规律进行计数的数字电路称为二进制计数器。

1．异步二进制加法计数器

图 11-12 所示为用 3 个 JK 触发器组成的异步 3 位二进制加法计数器的逻辑图。图中各位触发器的$\overline{R_D}$端连在一起作为计数器的直接复位端；计数脉冲加到最低位触发器的 CP 端，其他触发器的 CP 依次受低位触发器 Q 端的控制，当低位触发器由 1 态变为 0 态时，高位触发器 Q 端的状态就发生依次翻转。

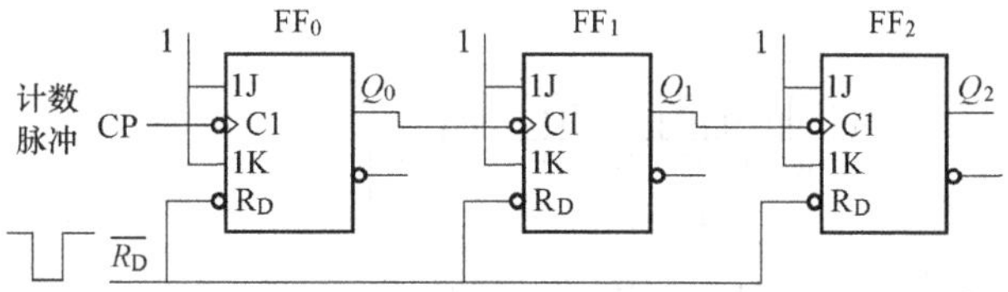

图 11-12　异步 3 位二进制加法计数器的逻辑图

计数前，通过复位端$\overline{R_D}$输入一个负脉冲清零，使$Q_2Q_1Q_0=000$。当计数脉冲输入后，异步 3 位二进制加法计数器的状态如表 11-7 所示。

表 11-7　异步 3 位二进制加法计数器的状态表

计数脉冲 CP	状态			十进制数
	Q_2	Q_1	Q_0	
0	0	0	0	0
1	0	0	1	1
2	0	1	0	2
3	0	1	1	3
4	1	0	0	4
5	1	0	1	5
6	1	1	0	6
7	1	1	1	7
8	0	0	0	0

由表 11-7 可知，当第 1 个脉冲输入后，FF_0的状态Q_0由 0 变为 1，Q_2、Q_1保持 0 态，计

数器状态为 $Q_2Q_1Q_0=001$；当第 2 个脉冲输入后，Q_0 由 1 变为 0，产生一个进位信号使 FF_1 状态翻转，Q_1 由 0 变为 1，Q_2 保持 0 态，计数器状态为 $Q_2Q_1Q_0=010$；以此类推，当第 7 个脉冲输入后，计数器状态为 $Q_2Q_1Q_0=111$；当第 8 个脉冲输入后，计数器又回到 000 状态，完成一次计数循环。

2．同步二进制加法计数器

图 11-13 所示为同步 3 位二进制加法计数器的逻辑图。由图 11-14 可知，各触发器的 CP 端连在一起，受同一个 CP 脉冲控制，显然各触发器状态的翻转与时钟同步，故称为同步计数器。

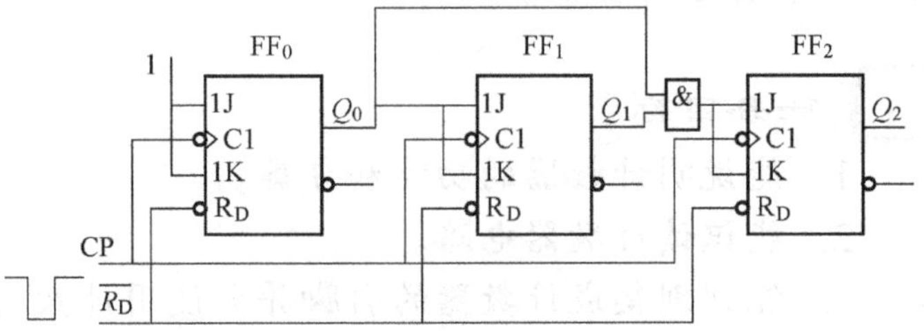

图 11-13　同步 3 位二进制加法计数器的逻辑图

由图可见，FF_0 的 $J_0=K_0=1$，每次 CP 脉冲的下降沿作用时，Q_0 都翻转；FF_1 的 $J_1=K_1=Q_0$，当 $Q_0=1$ 且 CP 脉冲的下降沿作用时，Q_1 翻转；FF_2 的 $J_2=K_2=Q_1Q_0$，当 $Q_1=Q_0=1$ 且 CP 脉冲的下降沿作用时，Q_2 翻转。若计数器初态 $Q_2Q_1Q_0=000$，则同步 3 位二进制加法计数器的计数情况与表 11-7 相同。

做中学

异步 3 位二进制加法计数器制作与功能测试

图 11-14 所示为由 2 块 74LS112 构成的异步 3 位二进制加法计数器。

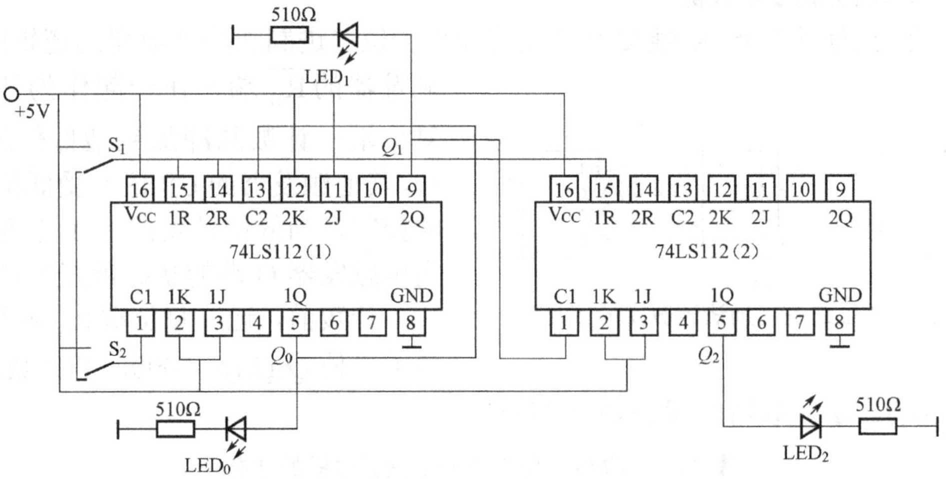

图 11-14　由 2 块 74LS112 构成的异步 3 位二进制加法计数器

根据图 11-14 所示电路对元器件进行检测，在通用印制电路板上进行元器件布局，完成电路元器件的插装与焊接，接好电路，如图 11-15 所示，通过 S_1 输入一个负脉冲使 $Q_2Q_1Q_0=000$，通过 S_2 输入计数脉冲，观察各发光二极管的亮灭情况，对照表 11-7 验证异步 3 位二进制加法计数器的功能。

图 11-15　由 2 块 74LS112 构成的异步 3 位二进制加法计数器的装接图

二、十进制计数器

虽然二进制计数器的结构简单，运算方便，但人们习惯采用十进制计数，因此需要把二进制计数器转换为十进制计数器。

十进制数有 0～9 共 10 个数码，至少要用 4 个二进制数码才能表示。而 4 个二进制数码可表示 16 种状态，表示十进制数的 10 个数码只需要 10 种状态，因此需要去掉其中 6 种状态。在十进制计数器中常采用 8421BCD 码的编码方式进行计数，十进制计数器计数状态如表 11-8 所示。

表 11-8　十进制计数器计数状态表

计数脉冲 CP 数	二进制代码				对应十进制数
	Q_3	Q_2	Q_1	Q_0	
0	0	0	0	0	0
1	0	0	0	1	1
2	0	0	1	0	2
3	0	0	1	1	3
4	0	1	0	0	4
5	0	1	0	1	5
6	0	1	1	0	6
7	0	1	1	1	7
8	1	0	0	0	8
9	1	0	0	1	9
	1	0	1	0	不用
	1	0	1	1	
	1	1	0	0	
	1	1	0	1	
	1	1	1	0	
	1	1	1	1	
10	0	0	0	0	0

图 11-16 所示为异步十进制加法计数器，它由一个 4 位二进制加法计数器和一个用于计数器清零的门电路组成，它与二进制加法计数器的主要差异是跳过了二进制数 1010～1111 的 6 种状态。

由图 11-16 可知，当计数器输入 0～9 个计数脉冲时，工作过程与 4 位二进制加法计数器完全相同，第 9 个计数脉冲输入后，$Q_3Q_2Q_1Q_0=1001$。当第 10 个计数脉冲到来后，计数器状态为 $Q_3Q_2Q_1Q_0=1010$，此时 $Q_3=Q_1=1$，与非门输入全 1，输出为 0，使各触发器复位，即 $Q_3Q_2Q_1Q_0=0000$，同时使与非门输出又变为 1，计数器重新开始计数，从而实现异步十进制加法计数器的功能。

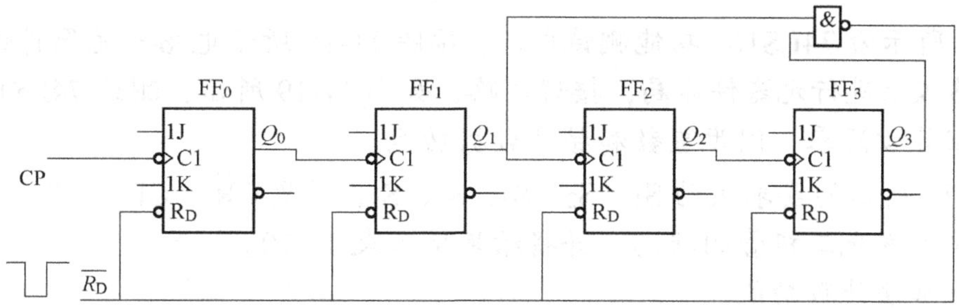

图 11-16　异步十进制加法计数器

三、集成计数器

目前集成计数器已有多种型号可供选择，常见的4位十进制同步计数器有74LS160、74LS162等，4位二进制同步计数器有74LS161、74LS163等。图11-17所示为4位二进制同步计数器74LS161的引脚图。其中，$\overline{LD}$为同步预置数控制端；$\overline{CR}$为异步置0控制端；CT_T、CT_P是计数控制端；D_0～D_3为置数输入端；CP为计数脉冲输入端；Q_0～Q_3为4位数码输出端；CO为进位输出端。74LS161的逻辑功能表如表11-9所示。

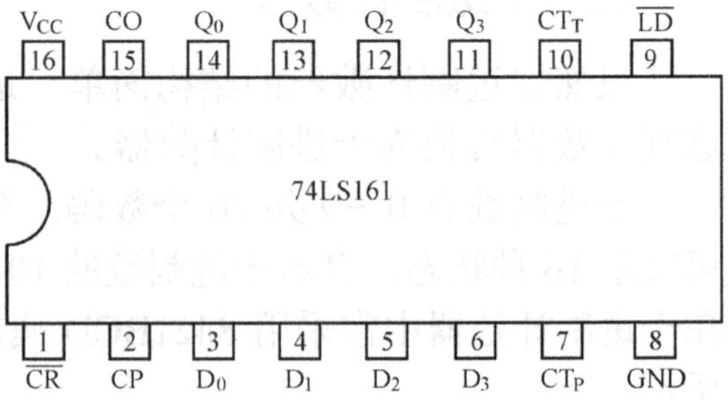

图11-17　4位二进制同步计数器74LS161的引脚图

表11-9　74LS161的逻辑功能表

输入					输出				功能说明
$\overline{CR}$	$\overline{LD}$	CT_P	CT_T	CP	Q_3	Q_2	Q_1	Q_0	
0	×	×	×	×	0	0	0	0	异步清零
1	0	×	×	↑	D_3	D_2	D_1	D_0	同步置数
1	1	0	×	×	保持				锁存数据
1	1	×	0	×					
1	1	1	1	↑	每输入一个CP脉冲，加1				加法计数

由表11-9可知，74LS161具有异步清零、同步置数、锁存数据及加法计数功能。

1．异步清零

当异步置0控制端$\overline{CR}=0$时，无论其他输入端状态如何、有无CP脉冲，计数器的输出都将直接置0（$Q_3Q_2Q_1Q_0=0000$），又称为异步清零。

2．同步置数

当$\overline{CR}=1$且在CP脉冲上升沿作用时，并行输入数据被置入计数器输出端，使$Q_3Q_2Q_1Q_0=D_3D_2D_1D_0$，由于这个操作要与CP脉冲同步，所以又称为同步置数。

3．锁存数据

当$\overline{CR}=\overline{LD}=1$，$CT_P \cdot CT_T=0$时，输出$Q_3Q_2Q_1Q_0$保持不变。这时若$CT_P=0$，$CT_T=1$，则进位输出信号CO保持不变；这时若$CT_P=1$，$CT_T=0$，则进位输出信号CO为低电平。

4．加法计数

当$\overline{CR}=\overline{LD}=CT_P=CT_T=1$，CP脉冲为上升沿有效时，实现加法计数功能。

做中学

74LS161功能测试

图11-18所示为74LS161功能测试电路。按图11-18所示电路对元器件进行检测，在通用印制电路板上进行元器件布局，接好电路，如图11-19所示，测试74LS161的功能。

（1）测试异步清零、同步置数和锁存数据功能。

按表11-10所示的要求拨动S_1、S_2、S_7、S_8、S_9，设置$\overline{CR}$、CP、CT_P、$\overline{LD}$、CT_T端的状态，观察各发光二极管的状态，并将结果填入表11-10。

（2）测试加法计数功能。

通过 S_1 向 $\overline{CR}$ 端输入负脉冲，将计数器清零，使 $\overline{LD}=CT_P=CT_T=1$，通过 S_2 输入计数脉冲 CP，对 74LS161 的加法计数功能进行测试，并将结果填入表 11-11。

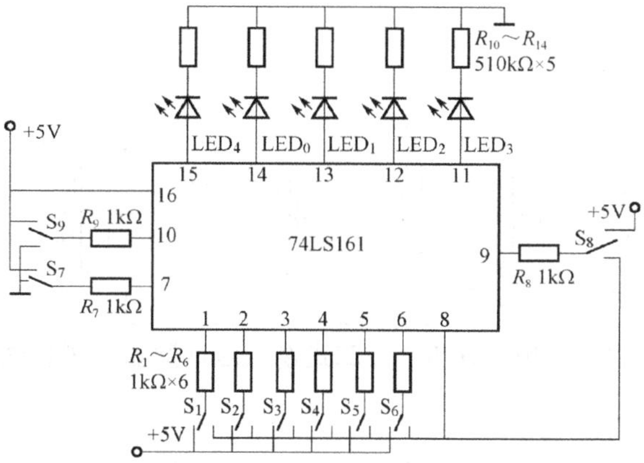

图 11-18　74LS161 功能测试电路

图 11-19　74LS161 功能测试电路的装接图

表 11-10　74LS161 的功能测试表（1）

输入					输出					功能说明
$\overline{CR}$	$\overline{LD}$	CT_P	CT_T	CP	Q_3	Q_2	Q_1	Q_0	CO	
0	×	×	×	×						
1	0	×	×	↑						
1	1	0	0	×						
1	1	0	1	×						
1	1	1	0	×						

表 11-11　74LS161 的功能测试表（2）

CP 个数	输出					CP 个数	输出				
	Q_3	Q_2	Q_1	Q_0	CO		Q_3	Q_2	Q_1	Q_0	CO

与 74LS161 的引脚排列和封装形式完全相同的集成计数器还有 74LS160、74LS162 和 74LS163。它们的主要功能基本相同，在实际应用中应特别注意它们的不同之处，其功能比较如表 11-12 所示。

表 11-12　74LS160、74LS161、74LS162、74LS163 的功能比较

型　号	同步/异步	加/减法	进　制	预置作用	清零作用	辅助功能
74LS160	同步	加法	4 位十进制	同步置数 $\overline{LD}=0$	异步清零 $\overline{CR}=0$	进位：CO 计数控制 $CT_P=CT_T=1$
74LS161			4 位二进制			
74LS162			4 位十进制		同步清零 $\overline{CR}=0$	
74LS163			4 位二进制			

由表 11-12 可知，这四种计数器除进制上的差异外，74LS162、74LS163 是依靠 CP 脉冲驱动实现清零的，故称为同步清零。

知识拓展

1. 异步二进制减法计数器

图 11-20 所示为异步 3 位二进制减法计数器的逻辑图，与图 11-12 所示的异步二进制加法计数器的区别是异步 3 位二进制减法计数器的高位触发器的 CP 端受低位触发器 $\overline{Q}$ 端的控制，当低位触发器的 $\overline{Q}$ 端由 1→0（Q 由 0→1）时，高位触发器发生翻转。

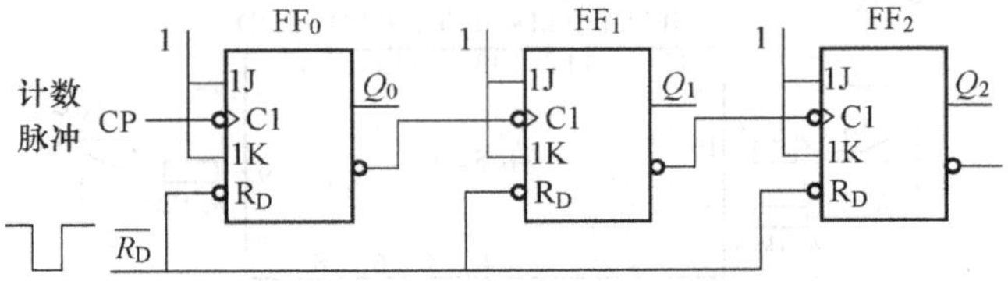

图 11-20 异步 3 位二进制减法计数器的逻辑图

若计数器初态 $Q_2Q_1Q_0=000$，则当第 1 个脉冲输入后，Q_0 从 0→1，而 $\overline{Q_0}$ 从 1→0 使 Q_1 从 0→1，$\overline{Q_1}$ 从 1→0 再使 Q_2 从 0→1，所以当第 1 个脉冲输入后，计数器的状态 $Q_2Q_1Q_0=111$；当第 2 个脉冲输入后，Q_0 从 1→0，Q_1、Q_2 保持不变，计数器的状态 $Q_2Q_1Q_0=110$。随着计数脉冲的输入，计数器的数码依次减 1。

2. 计数器 74LS161 的应用

利用 74LS161 的异步清零或同步置数功能可方便地构成十进制加法计数器。

（1）清零法构成十进制计数器。

如图 11-21(a)所示，74LS161 的同步预置数控制端状态 $\overline{LD}=1$（不需要置数），$CT_P=CT_T=1$（允许计数），$\overline{CR}=\overline{Q_1Q_3}$。当 $\overline{CR}=1$ 时，计数器为计数状态；当 $\overline{CR}=0$ 时，计数器清零。若计数器从 0000 开始计数，则当输入第 10 个计数脉冲时，计数器状态 $Q_3Q_2Q_1Q_0=1010$，$Q_3=Q_1=1$，与非门输出 0，$\overline{CR}=0$，计数器清零，计数器回到 0000 状态重新开始计数。

（2）置数法构成十进制计数器。

如图 11-21(b)所示，74LS161 的异步置 0 控制端状态 $\overline{CR}=1$（不需要清零），$CT_P=CT_T=1$（允许计数），置数输入端状态 $D_3D_2D_1D_0=0000$，$\overline{LD}=\overline{Q_0Q_3}$。若计数器从 0000 开始计数，则未记到 9 时，Q_3 和 Q_0 总有一个为 0，即 $\overline{LD}=1$，计数器处于计数状态；当记到 9 时，$Q_3Q_2Q_1Q_0=1001$，Q_3 和 Q_0 全为 1，与非门输出 0，则 $\overline{LD}=0$，计数器处于待置数状态。在下一个 CP 脉冲（第 10 个计数脉冲）上升沿作用下，将置数输入端数据 0000 置入计数器，计数器回到 0000 状态重新开始计数。

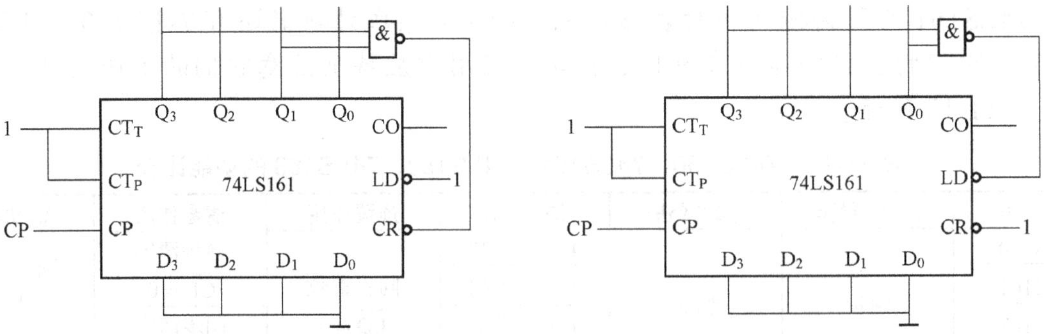

（a）清零法构成十进制计数器

（b）置数法构成十进制计数器

图 11-21 用 74LS161 构成的十进制计数器

（3）构成六十进制计数器。

74LS161 有 0000～1111 共 16 种状态，即 16 个脉冲，发生一次进位，所以可用置 0 法或置数法构成模≤16 的各种进制计数器。

若要求计数器的模超过 16，可通过将几块 74LS161 级联来实现。图 11-22 所示为两块 74LS161 级联构成的六十进制计数器，当高位片 74LS161（1）计数到 3（0011）时，低位片 74LS161（0）计数为 16×3＝48，之后低位片继续计数到 12（1100），与非门输出 0，将两块 74LS161 同时清零，计数器模为 60。

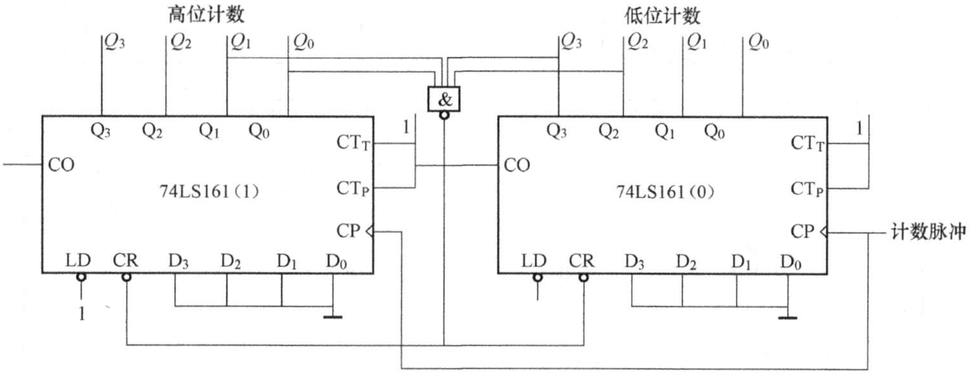

图 11-22　两块 74LS161 级联构成的六十进制计数器

任务三　60s 计数器制作与调试

任务引入

数字钟因其显示直观、走时准确稳定而深受人们的喜爱，它是一个将“时”“分”“秒”显示于人的视野的计时装置，其计时周期为 24h，显示满刻度为 23h59min59s，这需要二十四进制计数器、六十进制计数器、译码驱动显示电路等来共同实现。

任务目标

1. 能使用双 4 输入与非门 74LS20、显示译码器 74LS48、计数器 74LS160 及数码显示器 LG3611AH，能正确识别它们的引脚。
2. 能根据原理电路图完成 60s 计数器的装配。
3. 能对 60s 计数器进行调试。

任务操作

60s 计数器制作与调试

一、器材

常用电子组装工具一套，万用表一块，毫伏表一块，示波器一台，配套元器件若干。

二、操作步骤

1. 认识电路

60s 计数器原理电路如图 11-23 所示。

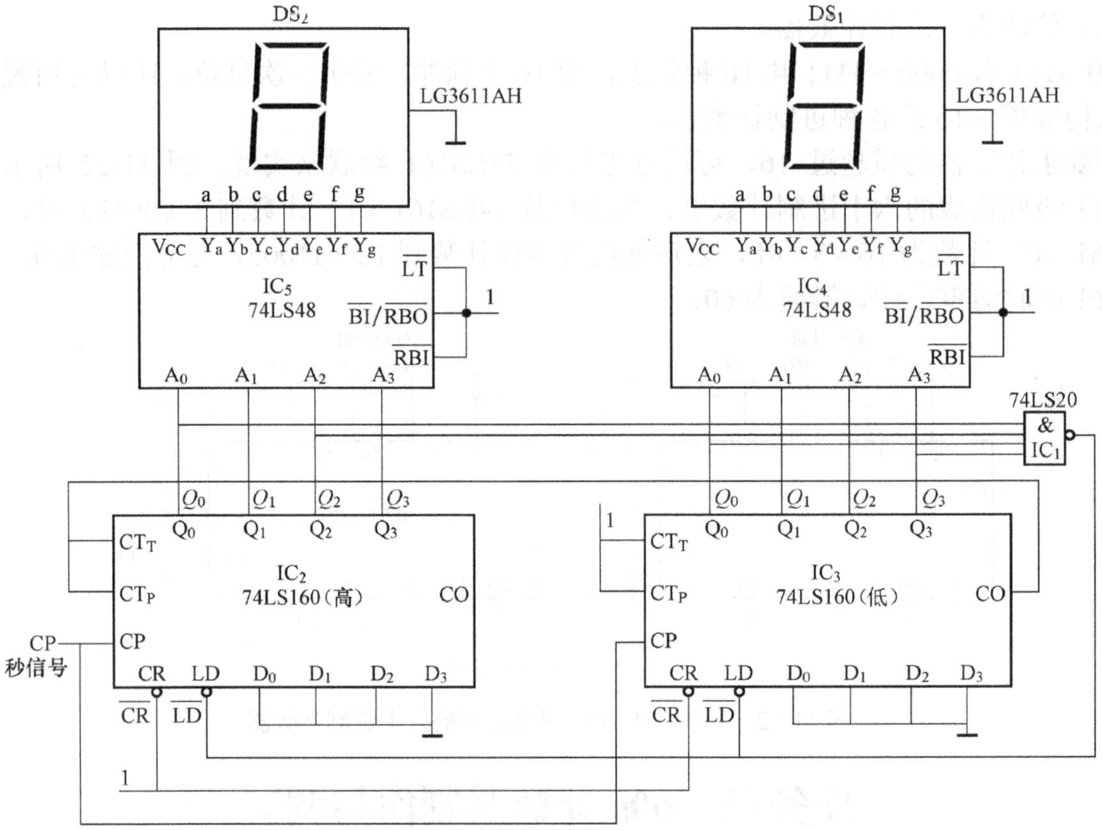

图 11-23　60s 计数器原理电路

计数器从全 0 状态开始计数，当低位片从 0（0000）计数到 9（1001）时，CO 端输出变为高电平，当下一个 CP 信号到达时，高位片处于计数工作状态，计入一个 1（0001），而低位片重新从 0 开始计数，计到 9 时高位片再计入一个 1，变为 2（0010），……，直到高位片计到 5（0101），低位片计到 9（1001）时，经与非门产生一个低电平信号将两块 74LS160 的 $\overline{LD}$ 端同时置 0，当第 60 个脉冲输入时，并行输入的数据 $D_3D_2D_1D_0=0000$ 被置入计数器低位和高位的 74LS160 中，实现计数器的置 0 功能，从而完成一次 60 进制计数。

2．元器件的识别与检测

1）元器件的识别

图 11-23 所示电路的元器件识别与检测表如表 11-13 所示，对照电路图对元器件逐一进行识别。

表 11-13　60s 计数器原理电路的元器件识别与检测表

符　号	名　称	实 物 图	规　格	检测结果
IC_1	双 4 输入与非门		74LS20	引脚排列：
				引脚识别：
IC_2、IC_3	计数器		74LS160	引脚排列：
				引脚识别：
IC_4、IC_5	显示译码器		74LS48	引脚排列：
				引脚识别：

续表

符　号	名　称	实 物 图	规　格	检测结果
DS_1、DS_2	数码显示器	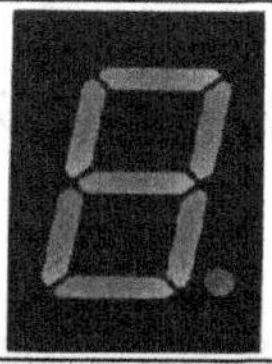	LG3611AH	正向电阻： 反向电阻；
	集成电路插座	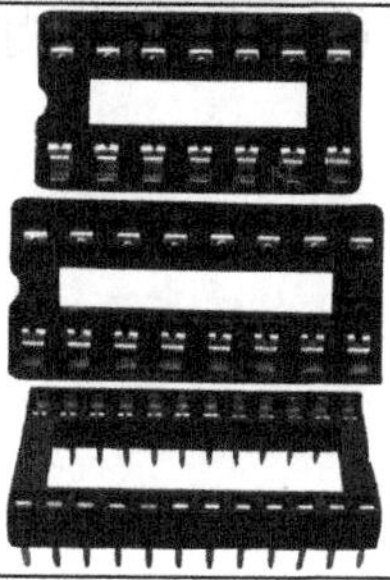	10 孔×2 14 孔×1 16 孔×4	
U_{CC}	电源		+5V	

2）元器件的检测

（1）数码显示器的检测。

数码显示器的引脚和质量检测方法与发光二极管相同。要使数码显示器能显示 0～9 一系列可变数字，只要点亮内部相应的笔段即可。LG3611AH 的引脚排列如图 11-24 所示。

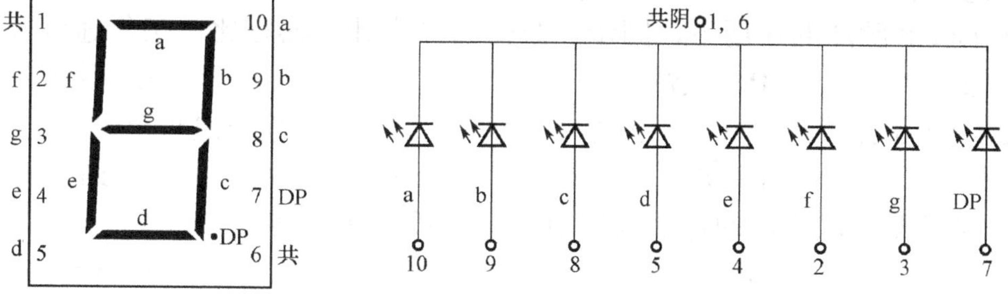

图 11-24　LG3611AH 的引脚排列

（2）计数器常见故障的检测。

① 计数不正常。第一步，检查工作电源是否正常；第二步，检查触发器的复位端是否被置成复位状态；第三步，用示波器检测计数脉冲是否加到触发器的 CP 端；第四步，更换计数器，以判断集成电路是否损坏。

图 11-25　60s 计数器的装接图

② 计数器进位不正常。第一步，检查低位触发器有无进位信号输出；第二步，检查高位触发器 J、K 输入端的接线有无错误或是否开路；第三步，检查门电路是否损坏或连线是否断开。

3．电路的制作与调试

根据图 11-23 所示电路和元器件实物，在通用印制电路板上进行元器件布局，完成电路元器件的插装与焊接，如图 11-25 所示。

电路装接完成，检查无误后，接通电源。调试时，观察电路有无异常现象，若有，则应立即切断电源，排除故障后再通电。

三、操作记录

1. 测试

电路装接无误，通电正常后，将 1Hz 的脉冲信号送入 CP 端，计数器开始计数，数码显示器显示计数，到 59 后全部回 0。

2. 分析

图 11-23 所示电路中的秒信号由外电路提供，如何获得 1Hz 的脉冲信号？

3. 任务评价

任务评价表见附录 A。

自我检测

1. 判断题

（1）十进制计数器由 10 个触发器组成。（　　）

（2）N 个触发器可组成存储 $2N$ 位二进制代码的寄存器。（　　）

（3）异步计数器中各触发器的状态不可能同时翻转。（　　）

（4）当四位单向右移寄存器用串行输入方式存储一个数码时，需要 4 个移位脉冲。（　　）

2. 选择题（单选，将正确的选项填在括号内）

（1）在相同 CP 脉冲的作用下，同步计数器与异步计数器相比，工作速度（　　）。

A. 较快　　B. 较慢　　C. 一样　　D. 不确定

（2）74LS160 在计数到第（　　）个 CP 脉冲时，CO 端输出进位脉冲。

A. 2　　B. 8　　C. 10　　D. 16

（3）N 个触发器可以构成的计数器的最大计数长度（进制数）为（　　）。

A. N　　B. $2N$　　C. 2^N　　D. N^2

（4）一位 8421BCD 码计数器至少需要（　　）个触发器。

A. 3　　B. 4　　C. 5　　D. 10

3. 填空题

（1）按功能的不同，寄存器分为（　　）寄存器和（　　）寄存器，数码寄存器具有（　　）数据、（　　）数据和（　　）原数据的功能；移位寄存器不仅能（　　）数码，还具有数码（　　）的功能。

（2）能累计输入脉冲个数的数字电路称为（　　），数值随输入脉冲的增加而增大的计数器为（　　）计数器，数值随输入脉冲的增加而减小的计数器为（　　）计数器。

（3）计数器按计数的进制分为（　　）计数器、（　　）计数器和（　　）计数器；按触发方式分为（　　）计数器和（　　）计数器。

（4）计数器除直接用于（　　）、（　　）、（　　）外，还被广泛应用于（　　）、（　　）、（　　）等领域。

项目十二 脉冲的产生与变换

任务一 多谐振荡器制作与测试

任务引入

一只可爱的小熊猫玩具，忽闪着两只灵动的大眼睛，你知道两只眼睛左右闪动是如何实现的吗。道理很简单，其采用了两只发光二极管构成的三极管多谐振荡器来实现这个功能。

任务目标

1. 能说明多谐振荡器的工作特点和基本功能。
2. 会用示波器观察多谐振荡器的振荡波形，能用频率计测试振荡频率。

相关知识

一、脉冲的基本概念

1. 脉冲的概念

瞬间突变、作用时间极短的电压或电流称为脉冲信号，简称脉冲。广义上讲，凡是不按正弦规律变化的电压或电流都可称为脉冲，它可以是周期性变化的，也可以是非周期性或单次的。常见的脉冲波形如图 12-1 所示。

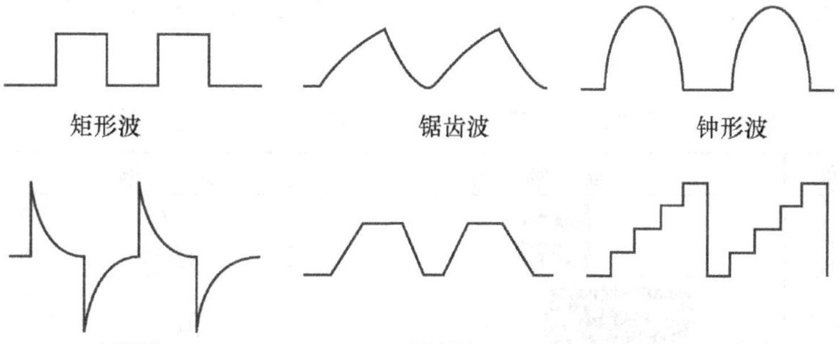

图 12-1 常见的脉冲波形

2. 矩形脉冲的参数

矩形脉冲是最常用的脉冲，其波形如图 12-2 所示，可用脉冲幅度 U_m、脉冲宽度 t_W 和脉冲周期 T 三个参数表示。

二、多谐振荡器

多谐振荡器是一种矩形脉冲的产生电路，这种电路不需外加触发信号，便能产生一定频率和一定宽度的矩形脉冲，常用作脉冲信号源，其图形符号如图 12-3 所示。由于矩形波中含有丰富的多次谐波，故称为多谐振荡器。多谐振荡器在工作时，电路的输出在高、低电平间不停地翻转，没有稳定的状态，所以又称为无稳态触发器。

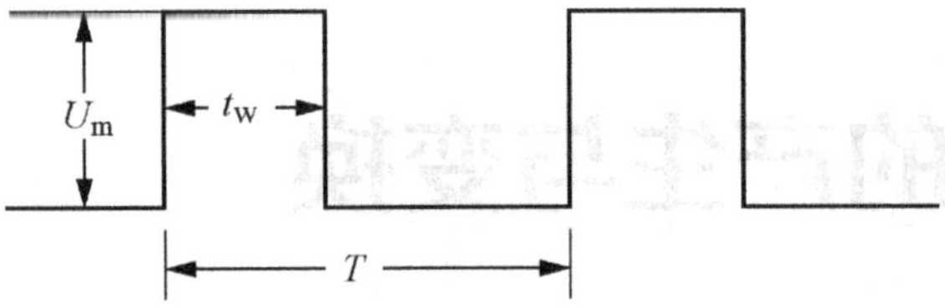

图 12-2　矩形脉冲的波形

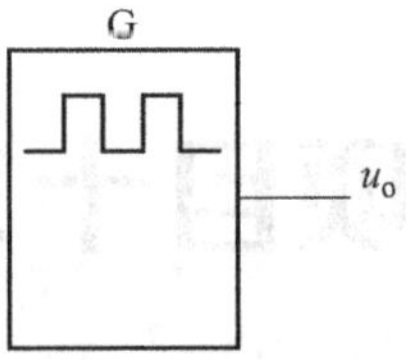

图 12-3　多谐振荡器的图形符号

在数字电路中，获得矩形脉冲的方法通常有两种：一种是用脉冲振荡器直接产生，数字电路中最常用的脉冲振荡器为多谐振荡器、石英晶体多谐振荡器；另一种是用整形电路把一种已有的、不理想的信号波形变换成所需要的脉冲波形，常用的整形电路有单稳态触发器、施密特触发器等。

1．三极管多谐振荡器制作与调试

1）电路组成及原理

图 12-4 所示为三极管多谐振荡器电路，该电路由完全对称的左、右两部分组成，即由 2 个三极管 VT_1 和 VT_2，2 个电解电容器 C_1 和 C_2，2 个磁片电容器 C_1' 和 C_2'，2 个发光二极管 LED_1 和 LED_2，4 个电阻 R_1、R_2、R_3、R_4 及单刀双掷开关 S_1 和 S_2 组成。

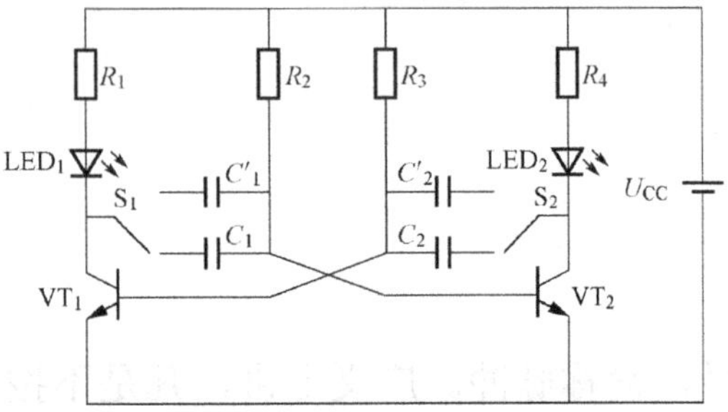

图 12-4　三极管多谐振荡器电路

拨动开关 S_1 和 S_2，使其一端分别与 C_1 和 C_2 或 C_1' 和 C_2' 相接，另一端接通电源。两个三极管中必有一个先导通，假设 VT_1 先导通，VT_2 截止，由于电解电容器 C_1、C_2 的充放电作用，经过一段时间后，VT_2 导通，VT_1 截止，再经过一段时间后，VT_1 导通，VT_2 截止，……，如此循环，电路发生振荡，电路中的两个三极管 VT_1 和 VT_2 轮流导通，可看到两个发光二极管轮流闪亮。

2）元器件的识别与检测

图 12-4 所示电路的元器件识别与检测表如表 12-1 所示，对照电路图逐一对元器件进行识别检测。

表 12-1　三极管多谐振荡器电路的元器件识别与检测表

符　号	名　称	实　物　图	规　格	检测结果
R_1、R_4	色环电阻	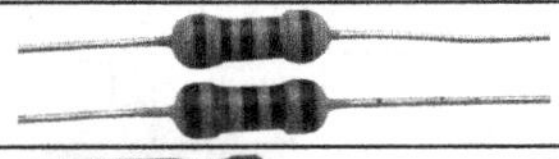	1kΩ	实测值：
R_2、R_3			82kΩ	实测值：
C_1、C_2	电解电容器	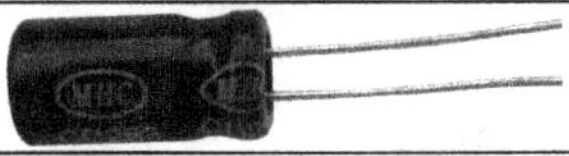	47μF/16V	正、负极性：
				质量：
C_1'、C_2'	磁片电容器	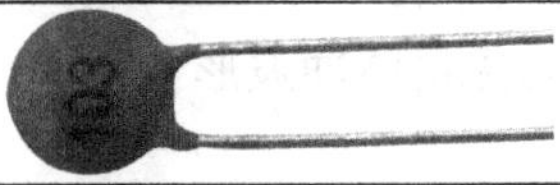	0.01μF	正、负极性：
				质量：
VT_1、VT_2	三极管	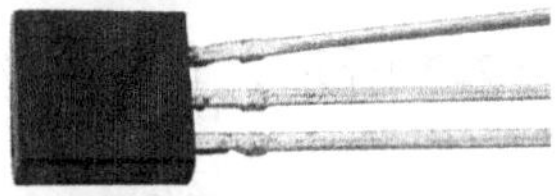	9013	类型：
				引脚排列：
				质量及放大倍数：
LED_1、LED_2	发光二极管		红色 ϕ10mm	正、负极性：
				质量：
S_1、S_2	单刀双掷开关		轻触	质量：
U_{CC}	直流电源		6V	

3）电路的制作与调试

（1）电路制作。

根据图 12-4 所示电路和元器件实物，按工艺要求在通用印制电路板上进行元器件布局，对元器件的引脚进行成形加工，完成电路元器件的插装与焊接，如图 12-5 所示。

图 12-5　多谐振荡器电路的装接图

（2）电路调试。

电路检查无误后，接通电源，进行调试。

若拨动开关 S_1 和 S_2 的一端，使其分别与 C_1 和 C_2 相接，则两个发光二极管交替闪亮；若拨动开关 S_1 和 S_2 的一端，使其分别与 C_1' 和 C_2' 相接，则两个发光二极管都亮。若电路工作不正常，可能出现的故障及原因如下。

① 两个发光二极管都不亮。故障原因：LED_1 和 LED_2 极性接错；R_2、R_3 脱焊或开路；电源接入处开路或虚焊。

② 只有一个发光二极管亮。故障原因：LED_1 和 LED_2 极性接错；R_2、R_3 脱焊或开路；C_1、C_2 开路或虚焊。

③ S_1 和 S_2 的一端分别与 C_1 和 C_2 相接时，两个发光二极管都亮。故障原因：C_1、C_2 开路或虚焊。

2. 集成门电路组成的多谐振荡器

（1）电路组成。

图 12-6 所示为常用的非门电路多谐振荡器，其中，两个非门连接成 RC 耦合正反馈电路，使之产生振荡；R、C 组成定时电路，决定多谐振荡器的振荡频率和脉冲宽度。

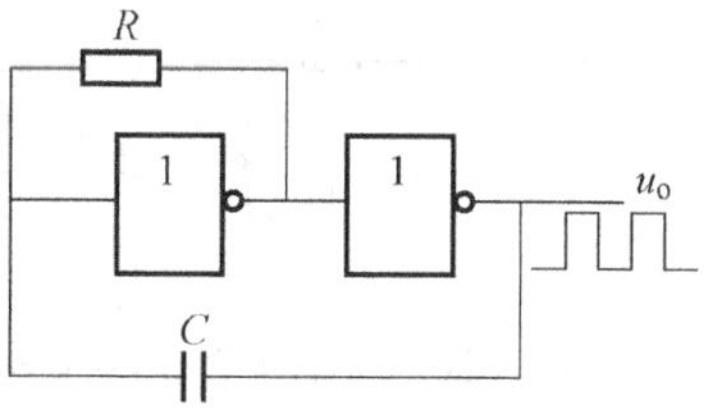

图 12-6　常用的非门电路多谐振荡器

做中学

观察由非门组成的多谐振荡器的波形

图 12-7 所示为由六反相器 74LS04 组成的多谐振荡器。$R_1 = 20\text{k}\Omega$，$R_P = 100\text{k}\Omega$，$C = 0.068\mu\text{F}$，$V_{CC} = 5\text{V}$。选择好元器件，在通用印制电路板上按图 12-7 接好电路，如图 12-8 所示（注意：将多余的输入端接地）。

电路装接完成并检查无误后，接通电源，调节 R_P 的阻值分别为 50kΩ、80kΩ，用双踪示波器观察 u_I 和 u_O 的波形。双踪示波器有关开关的参考位置如下。

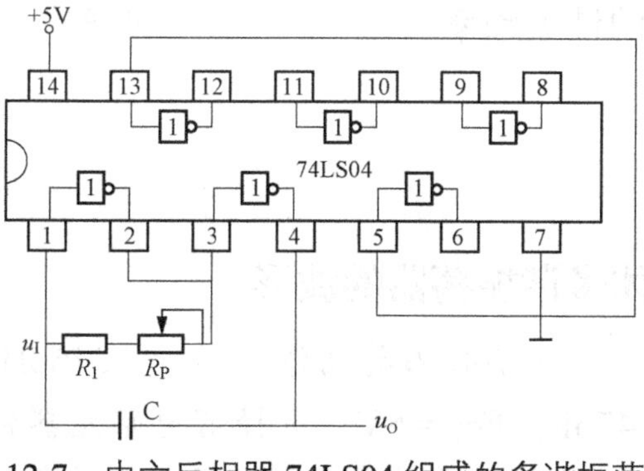

图 12-7　由六反相器 74LS04 组成的多谐振荡器

图 12-8　由六反相器 74LS04 组成的多谐振荡器的装接图

① 显示方式：双踪。
② 触发方式：自动、正极性触发。
③ Y_1 通道输入灵敏度 V/div：置于 2V。
④ Y_2 通道输入灵敏度 V/div：置于 2V。
⑤ 扫描时间 t/div：置于 0.5ms。
⑥ 耦合方式：AC、DC 均可。

（2）振荡周期的估算。

矩形脉冲的周期由电容器的充、放电时间决定，估算公式为

$$T = 1.4RC$$

在实际应用中，常通过调整电容器 C 的容量来粗调振荡周期，通过改变电阻 R 的阻值来细调振荡周期，使电路的振荡频率满足要求。

R、C 作为定时元件和非门电路组成的多谐振荡器有多种形式，图 12-9 所示为由两个非门和两个 RC 电路组成的多谐振荡器，图 12-10 所示为由三个非门和 R、C 元件组成的环形多谐振荡器，还可以用与非门或者或非门与 R、C 元件构成多谐振荡器。

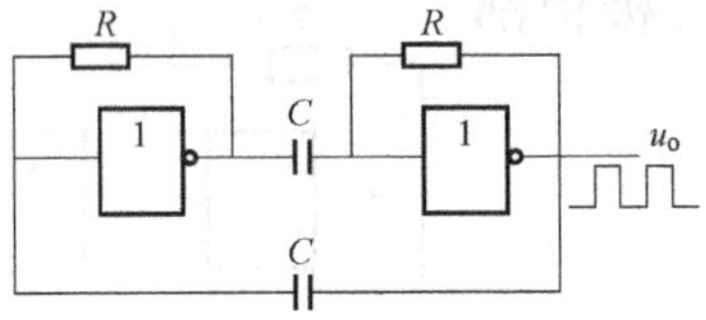

图 12-9 由两个非门和两个 RC 电路组成的多谐振荡器

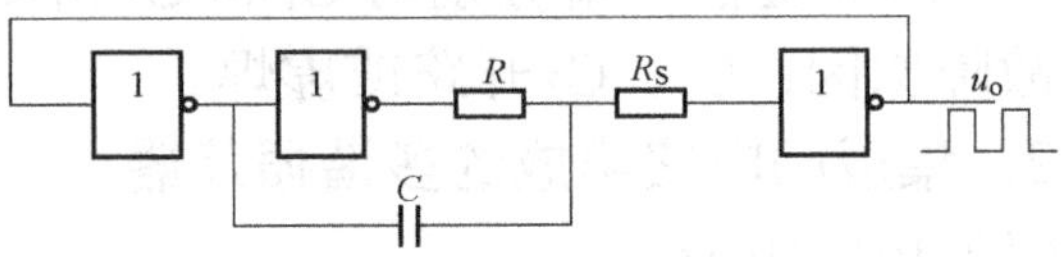

图 12-10 由三个非门和 R、C 元件组成的环形多谐振荡器

门电路和 R、C 元件构成的多谐振荡器的输出信号幅值稳定，但振荡频率易受温度、元件性能和电源波动等因素的影响，只能用在对振荡频率的稳定性要求不高的场合。若要求脉冲频率稳定，则要采用石英晶体多谐振荡器。

3. 石英晶体多谐振荡器

将图 12-6 所示电路中的电容器替换为石英晶体，即可构成石英晶体多谐振荡器，如图 12-11 所示。

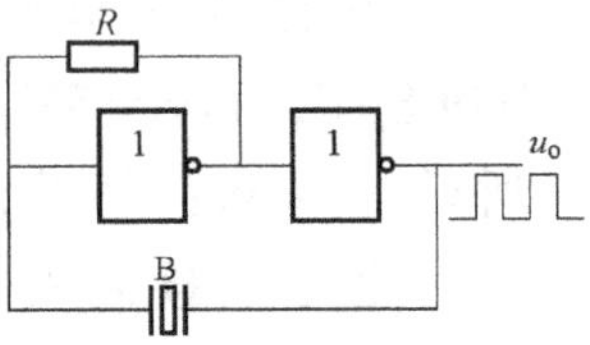

图 12-11 石英晶体多谐振荡器

当信号频率与石英晶体固有的谐振频率 f_0 相等时，其阻抗为零，该信号容易通过，形成正反馈，从而产生振荡。而对其他频率的信号，石英晶体呈现高阻抗，正反馈路径被切断，不能起振。因此，石英晶体多谐振荡器输出矩形脉冲的频率 f 就等于石英晶体的谐振频率 f_0，与电路中其他元器件的参数无关。

做中学

观察由 74LS00 构成的石英晶体多谐振荡器的波形

图 12-12 所示为由 74LS00（四 2 输入与非门）和 32768 石英晶体（f_0 = 32768Hz）构成的多谐振荡器。R_F = 10MΩ，C_1 = 62pF，C_2 = 47pF，V_{CC} = 5V。选择好电路元器件，在通用印制电路板上按图 12-12 接好电路，如图 12-13 所示（注意：将 74LS00 多余的输入端接固定的高电平）。

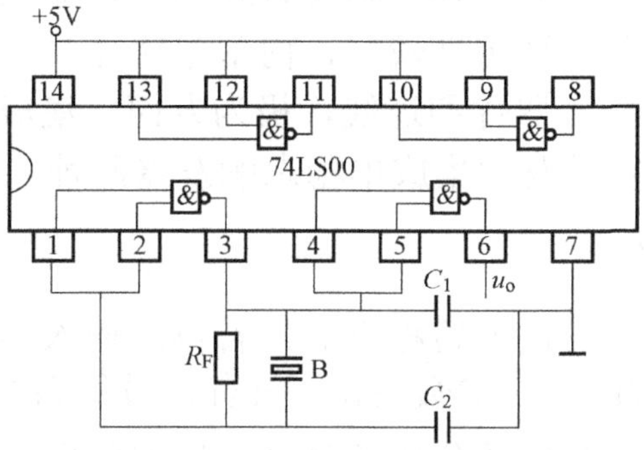

图 12-12　由 74LS00 和 32768 石英晶体构成的多谐振荡器

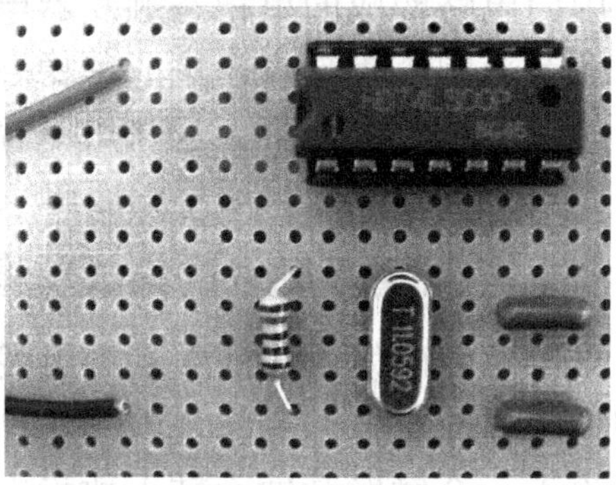

图 12-13　多谐振荡器的装接图

电路装接完毕并检查无误后，接通电源，用示波器观察石英晶体多谐振荡器的输出波形。示波器有关开关的参考位置如下。

① 显示方式：单踪 Y_1 通道。

② 触发方式：自动、正极性触发。

③ Y_1 通道输入灵敏度 V/div：置于 2V。

④ 扫描时间 t/div：置于 20μs。

⑤ 耦合方式：AC、DC 均可。

用频率计测量输出信号的频率，计算 $\Delta f = f - f_0$ 的值。

任务二　单稳态触发器功能测试

任务引入

单稳态触发器是指有一个稳态和一个暂稳态的波形变换电路。在外界触发脉冲的作用下，单稳态触发器能从稳态翻转到暂稳态，维持暂稳态一段时间后自动返回稳态，暂稳态的维持时间由 RC 电路的充、放电时间来决定。单稳态触发器常用于脉冲的整形和延时。

任务目标

1. 能说明单稳态触发器的工作特点和基本功能。
2. 能识别集成单稳态触发器的引脚。
3. 会测试集成单稳态触发器的功能。

相关知识

单稳态触发器可由普通门电路组成，根据 RC 电路的不同接法，单稳态触发器可分为微分型单稳态触发器和积分型单稳态触发器，如图 12-14 所示。

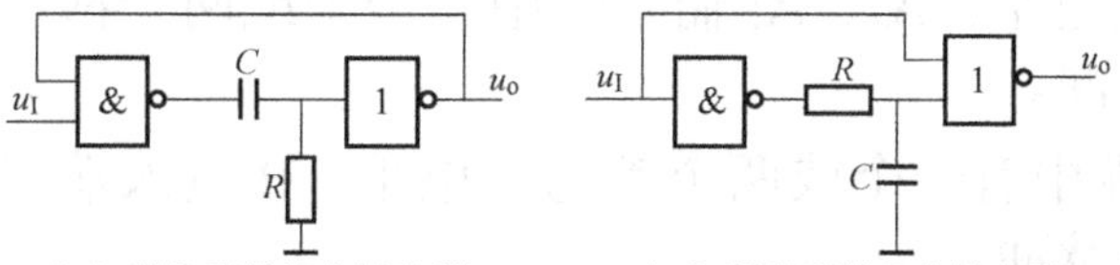

（a）微分型单稳态触发器　（b）积分型单稳态触发器

图 12-14　由门电路构成的单稳态触发器

由门电路构成的单稳态触发器电路结构简单，但它存在触发方式单一、输出脉冲稳定性差、调节范围小等缺点。集成单稳态触发器的温度稳定性较好，内部电路还具有上升沿与下降沿的控制和置 0 功能，使用时只需很少的外接元器件和连线，极为方便。集成单稳态触发器有不可重复触发的集成单稳态触发器和可重复触发的集成单稳态触发器两种。

一、不可重复触发的集成单稳态触发器

不可重复触发的集成单稳态触发器一旦被触发进入暂稳态后，若再次输入触发脉冲，电路的输出脉冲宽度 t_w 不受其影响，仍由电路中的 R、C 参数决定，只有在暂稳态结束后，它才能接收下一个触发脉冲而转入暂稳态。不可重复触发的集成单稳态触发器的图形符号和工作波形如图 12-15 所示。

74LS121 是一个不可重复触发的集成单稳态触发器，其引脚排列如图 12-16 所示。其中，A_1、A_2 是两个下降沿有效的触发输入端；B 是上升沿有效的触发输入端；Q 是正脉冲输出端；$\overline{Q}$ 是负脉冲输出端；C_{ext} 是外接定时电容端；R_{ext}/ C_{ext} 是外接电阻和电容公共端；R_{int} 是内部阻值为 2kΩ 的定时电阻引出端；NC 是空脚。其功能如表 12-2 所示。

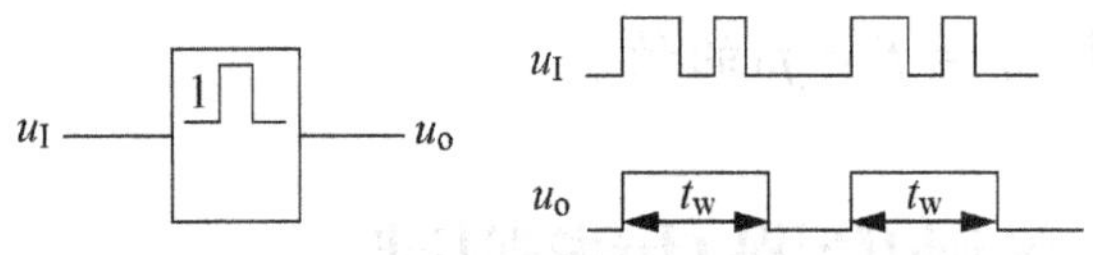

（a）图形符号　　（b）工作波形

图 12-15　不可重复触发的集成单稳态触发器的图形符号和工作波形

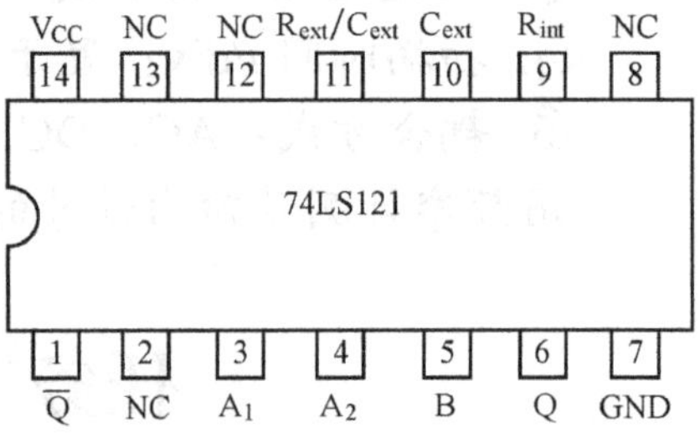

图 12-16　74LS121 的引脚排列图

表 12-2　74LS121 的功能表

输入			输出		工作特征
A_1	A_2	B	Q	$\overline{Q}$	
0	×	1	0	1	保持稳态
×	0	1	0	1	
×	×	0	0	1	
1	1	×	0	1	
1	↓	1	⊓	⊔	下降沿触发
↓	1	1	⊓	⊔	
↓	↓	1	⊓	⊔	
0	×	↑	⊓	⊔	上升沿触发
×	0	↑	⊓	⊔	

由 74LS121 的功能表可看出：

（1）当 A_1、A_2 和 B 三个输入端的电平无跳变时，输出端的状态不变（$Q=0$，$\overline{Q}=1$），电路处于稳态。

（2）当 B 输入端为高电平，A_1、A_2 输入端中有一个或两个都产生负跳变时，74LS121 被触发翻转，Q 端输出正脉冲。

（3）当 A_1、A_2 输入端中有一个或两个都为低电平，B 输入端产生正跳变时，74LS121 也被触发翻转，Q 端输出正脉冲。

做中学

74LS121 功能测试

图 12-17 所示为 74LS121 功能测试电路，按图 12-17 所示电路选择电路元器件，在通用印制电路板上接好 74LS121 功能测试电路，如图 12-18 所示。

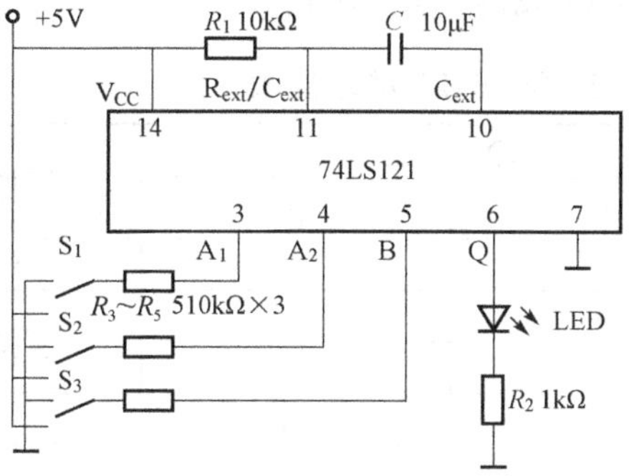

图 12-17 74LS121 功能测试电路

图 12-18 74LS121 功能测试电路的装接图

按表 12-3 所示的数据拨动 S_1、S_2、S_3，设置 A_1、A_2 和 B 输入端的状态，观察发光二极管的亮灭情况，用示波器观察 Q 端的波形，测试 74LS121 的功能，将结果填入表 12-3。

表 12-3 74LS121 的功能测试表

输入			输出		功能说明
A_1	A_2	B	Q	Q 端波形	
0	×	1			
×	0	1			
×	×	0			
1	1	×			
1	↓	1			
↓	1	1			
↓	↓	1			
0	×	↑			
×	0	↑			

二、可重复触发的集成单稳态触发器

可重复触发的集成单稳态触发器在电路被触发进入暂稳态后，若再次输入触发脉冲，电路将重新被触发，使输出脉冲继续维持一个脉冲宽度 t_w，如图 12-19 所示。其输出脉冲宽度可根据触发脉冲的输入情况来确定。

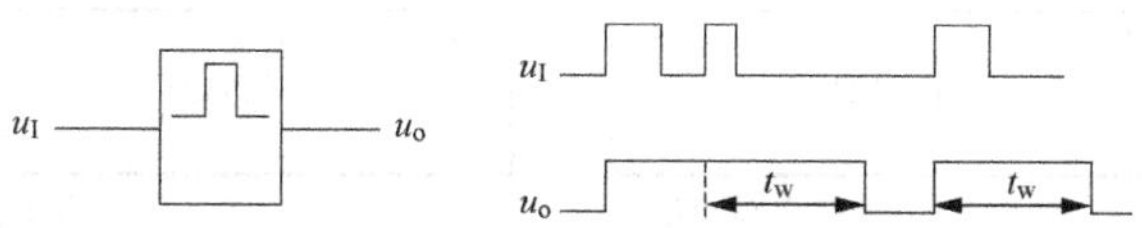

（a）图形符号 （b）工作波形

图 12-19 可重复触发的集成单稳态触发器的图形符号和工作波形

图 12-20 所示为可重复触发的集成单稳态触发器 74LS123 的引脚图。74LS123 内部包含两个独立的单稳态触发器，分别具有各自的正触发输入端 B、负触发输入端 $\overline{A}$、复位输入端 $\overline{R_D}$、外接电容端 C_{ext}、外接电阻和电容公共端 R_{ext}/C_{ext}、输出端 Q 和 $\overline{Q}$。表 12-4 所示为可重复触发的集成单稳态触发器 74LS123 的功能表。

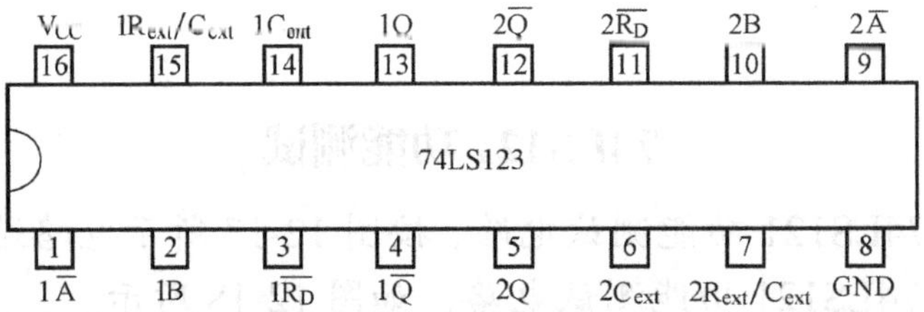

图 12-20　可重复触发的集成单稳态触发器 74LS123 的引脚图

表 12-4　可重复触发的集成单稳态触发器 74LS123 的功能表

输　　入			输　　出		工作特征
$\overline{R_D}$	$\overline{A}$	B	Q	$\overline{Q}$	
0	×	×	0	1	清零
×	1	×	0	1	保持稳态
×	×	0	0	1	
↑	0	1	⊓	⊔	上升沿触发
1	0	↑	⊓	⊔	
1	↓	1	⊓	⊔	下降沿触发

由表 12-4 可知：

（1）当 $\overline{R_D}=0$ 时，无论其他输入端的状态如何，输出端 Q 的状态都只能为 0。故 $\overline{R_D}$ 的清零功能具有最高优先级。使用其他输入端的功能时，$\overline{R_D}$ 端必须置 1。

（2）当 $\overline{A}=1$ 或 $B=0$ 时，74LS123 保持 $Q=0$、$\overline{Q}=1$ 的稳态。

（3）当 $\overline{R_D}$、B 端产生正跳变或 $\overline{A}$ 端产生负跳变时，Q 端输出正脉冲。

知识拓展

1. 74LS121 定时电阻和电容器的接法

使用 74LS121 时，定时元件 R、C 的接法如图 12-21 所示。在图 12-21（a）所示接法中，电阻 R 和电容器 C 都外接，电容器 C 接在 10、11 脚间，电阻 R 接在 11、14 脚间；在图 12-21（b）所示接法中，电容器 C 外接，而电阻 R 用内部的定时电阻，直接将 9 脚接至 14 脚。若电容器 C 采用电解电容器，则电容器正极接 10 脚。通常 R 的阻值取值在 2kΩ～30kΩ 之间，C 的容量取值在 10pF～10μF 之间，输出脉冲的宽度为

$$t_W \approx 0.7RC$$

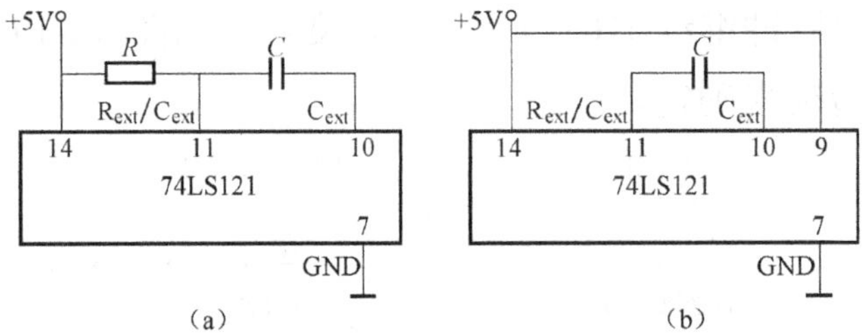

图 12-21　74LS121 定时电阻和电容器接法

2. 单稳态触发器的应用

（1）定时控制。

可利用单稳态触发器的暂稳态脉冲控制电子开关在规定的时间动作，达到定时的目的。图 12-22 所示为利用 74LS123 构成的相片曝光定时电路，按下按钮开关 S，触发器进入暂稳

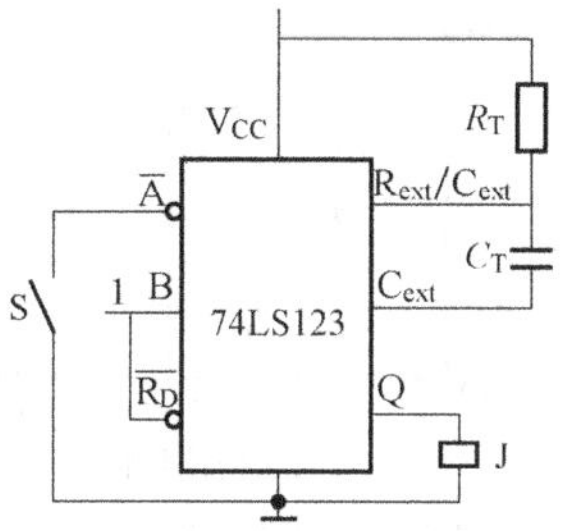

图 12-22　利用 74LS123 构成的相片曝光定时电路

态，继电器 J 吸合。曝光时间即为暂稳态的时间 t_w，设定 R_T、C_T 的参数即可调整曝光时间。

（2）延时脉冲信号。

单稳态触发器在输入信号的上升沿被触发，输出信号的下降沿比输入信号的上升沿延迟了 t_w，调节 RC 时间常数可改变延迟的时间。图 12-23（a）所示为由两块 74LS121 组成的脉冲延时电路，第一级单稳态触发器在输入信号 u_I 的上升沿触发下，产生脉冲宽度为 t_{w1} 的输出信号 u_{o1}，再利用 u_{o1} 的下降沿作为第二级单稳态触发器的触发信号，再产生脉冲宽度为 t_{w2} 的输出信号 u_o，波形如图 12-23（b）所示，这样输出信号 u_o 比输入信号 u_I 延迟了 t_{w1}。

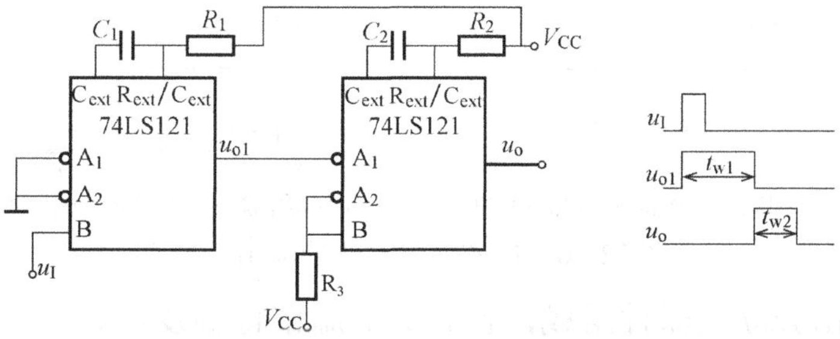

（a）电路　　（b）波形

图 12-23　由两块 74LS121 组成的脉冲延时电路

任务三　施密特触发器功能测试

任务引入

施密特触发器是一种靠输入触发信号维持的双稳态触发器。电路具有两个稳态，当输入触发信号的电压升高至上限触发电压 U_{T+} 时，电路由第一稳态翻转到第二稳态；当输入触发信号的电压降低至下限触发电压 U_{T-} 时，电路又由第二稳态翻回到第一稳态。两次翻转所需触发电压的差值称为回差电压，回差电压越大，施密特触发器的抗干扰性能越强。

任务目标

1. 能说明施密特触发器的工作特点和基本功能。
2. 能识别集成施密特触发器的引脚。
3. 会测试集成施密特触发器的功能。

相关知识

施密特触发器有同相输出和反相输出两种，其图形符号和电压传输特性分别如图 12-24 和图 12-25 所示。

如图 12-26 所示，当施密特触发器中输入三角波时，根据施密特触发器的电压传输特性可以得到对应的施密特触发器的输出波形。

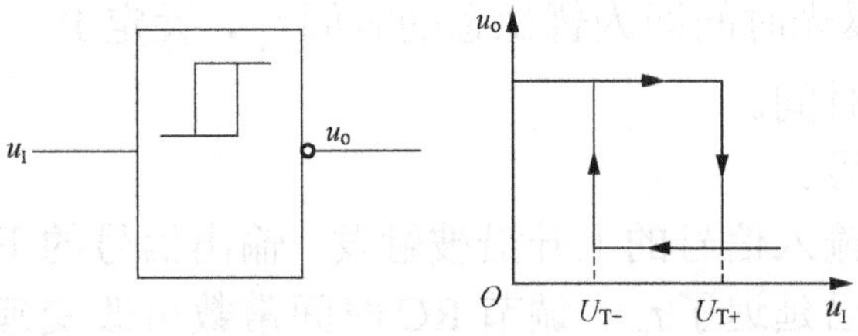

（a）符号　（b）电压传输特性

图 12-24　反相输出施密特触发器

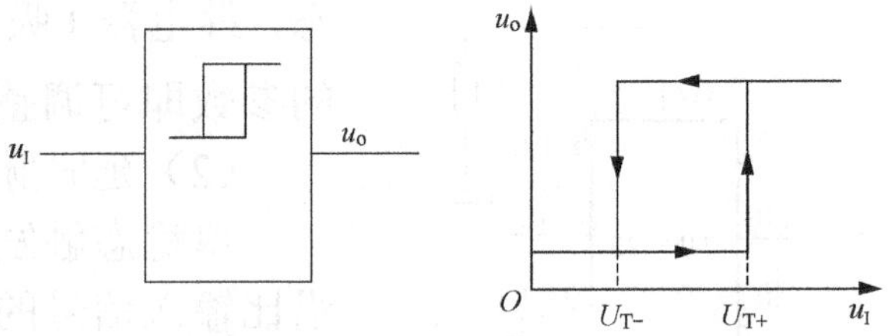

（a）符号　（b）电压传输特性

图 12-25　同相输出施密特触发器

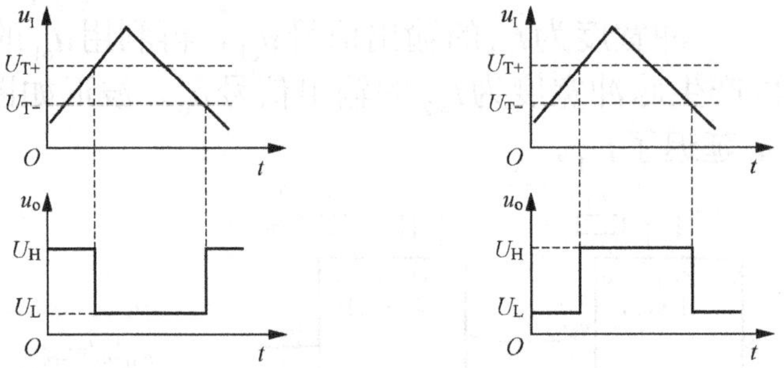

（a）反相输出施密特触发器的输出波形　（b）同相输出施密特触发器的输出波形

图 12-26　施密特触发器的输出波形

施密特触发器可由分立元器件组成，也有集成施密特触发器。

集成 TTL 施密特触发器有六施密特反相器 74LS14、74LS19，引脚与 74LS04 兼容；四 2 输入施密特与非门 74LS24、74LS32、74LS132，引脚与 74LS00 兼容；二 4 输入施密特与非门 74LS13、74LS18，引脚与 74LS20 兼容。

做中学

六施密特反相器 74LS14 功能测试

图 12-27 所示为六施密特反相器 74LS14 的功能测试电路，在通用印制电路板上按图 12-27 接好电路（注意：将 74LS14 多余的输入端接地）。用示波器观察输出 u_o 的波形，示波器有关开关的参考位置如下。

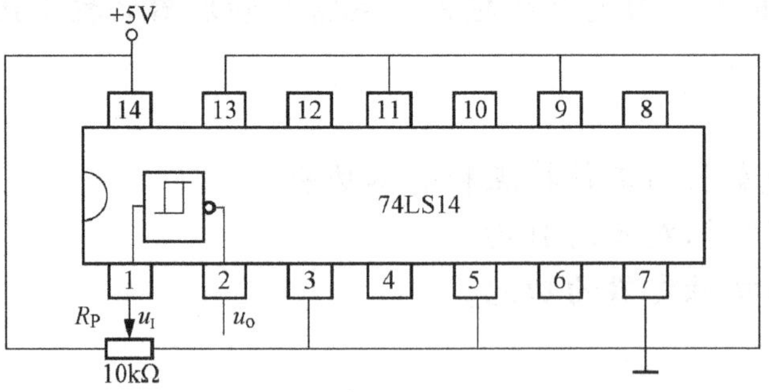

图 12-27　六施密特反相器 74LS14 的功能测试电路

① 显示方式：单踪 Y_1 通道。

② 触发方式：自动、正极性触发。

③ Y_1 通道输入灵敏度 V/div：置于 2V。

④ 扫描时间 t/div：置于 2ms。

⑤ 耦合方式：AC、DC 均可。

电路接好并检查无误后，接通电源，调节 R_P 的阻值使 u_I 从 0V 开始逐渐增加，当示波器显示 u_o 由高电平 5V 刚好转变为 0V 时，用万用表测得此时的 u_I 值，即为上限触发电压 U_{T+}；再次调节 R_P 的阻值使 u_I 从 V_{CC} 逐渐减小，当示波器显示 u_o 由低电平 0V 刚好转变为 5V 时，用万用表测得此时的 u_I 值，即为下限触发电压 U_{T-}。将测试结果填入表 12-5。

表 12-5　六施密特反相器 74LS14 的测试表

电源电压 V_{CC}	U_{T+}最小值	U_{T+}最大值	U_{T-}最小值	U_{T-}最大值	u_o 波形

知识拓展

施密特触发器的应用

1. 波形变换

用施密特触发器可将三角波、正弦波及其他不规则信号波形变换为矩形脉冲。图 12-28 所示为施密特触发器的波形变换，将正弦波变换成同周期的矩形脉冲。

2. 脉冲整形

当传输的信号受到干扰而发生畸变时，可利用施密特触发器的回差特性，将受到干扰的信号整形成较好的矩形脉冲，如图 12-29 所示。

3. 幅度鉴别

若输入信号为一组幅度不等的脉冲，则可用施密特触发器将幅度大于 U_{T+}的脉冲筛选出来，将幅度小于 U_{T+}的脉冲去掉，如图 12-30 所示。

施密特触发器还可以构成多谐振荡器和单稳态触发器等，应用范围很广。

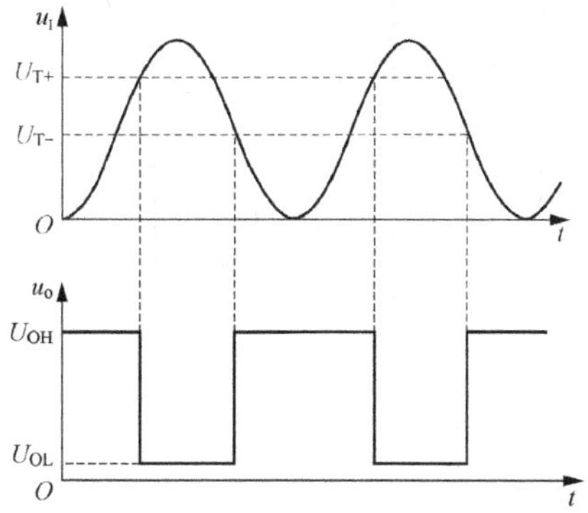

图 12-28　施密特触发器的波形变换

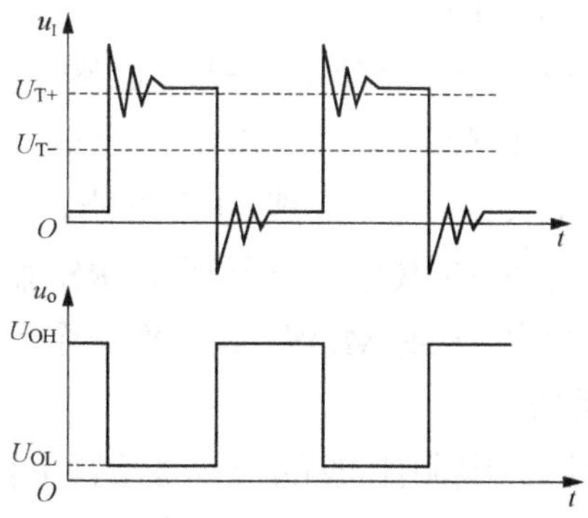

图 12-29　施密特触发器的脉冲整形

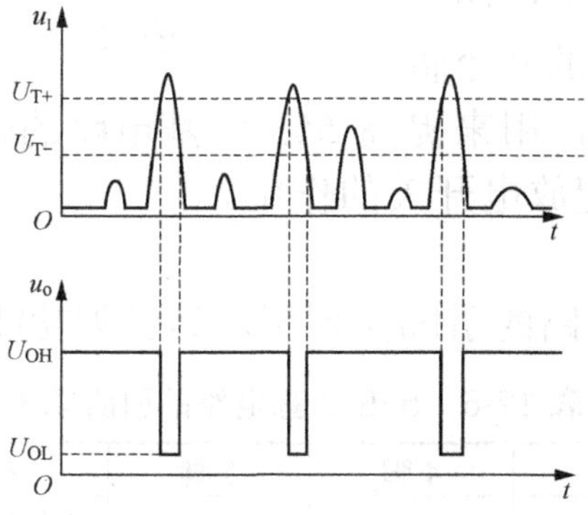

图 12-30　施密特触发器的幅度鉴别

任务四 555 时基电路的应用 1——叮咚门铃电路装配与调试

任务引入

叮咚门铃音色优美，目前很多家庭都已经安装了这种门铃。利用一块 555 集成电路可以逼真地模拟出“叮咚”声。

任务目标

1. 能说明 555 时基电路的逻辑功能。
2. 能识别 555 时基电路的引脚。
3. 会测试 555 时基电路的功能。
4. 会用 555 时基电路构成典型的应用电路。

相关知识

一、555 时基电路

1. 电路组成及引脚功能

555 时基电路采用 8 脚双列直插式封装，其产品型号很多，但它们的电路组成、功能及引脚排列基本相同。

（1）电路组成。

555时基电路的内部电路结构如图12-31所示，从结构上看，内部电路由三个阻值为5kΩ 的电阻 R_1、R_2、R_3 组成的分压器，两个电压比较器 IC_1 和 IC_2，一个基本 RS 触发器，一个三极管（或 MOS 管）及一个反相缓冲器 G 组成。

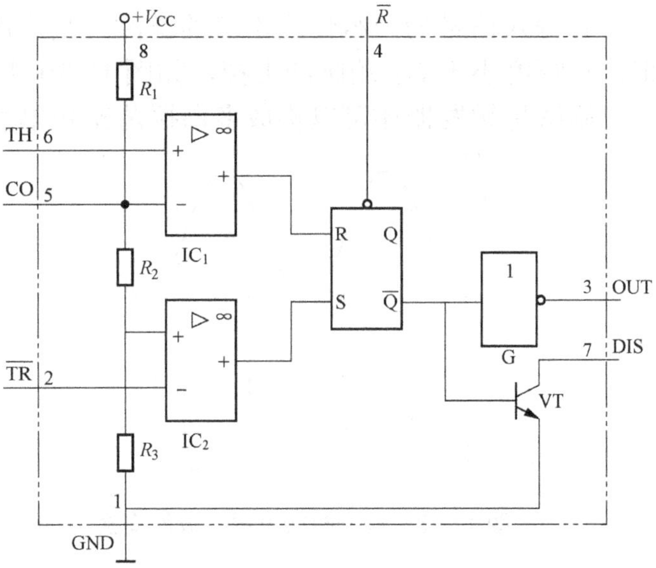

图 12-31　555 时基电路的内部电路结构

三个 5kΩ 电阻组成的分压器给两个电压比较器提供基准电压，IC_1 的触发电平为 $2V_{CC}/3$，IC_2 的触发电平为 $V_{CC}/3$，IC_1 和 IC_2 的输出端分别接基本 RS 触发器的两个输入端。反相缓冲器 G 构成驱动器，用来提高 555 时基电路的带负载能力，并隔离负载对 555 时基电路的影响。三极管 VT 起放电开关的作用。

（2）引脚功能。

图 12-32 所示为 555 时基电路的引脚排列图，其引脚功能如表 12-6 所示。

表 12-6　555 时基电路的引脚功能

1 脚	2 脚	3 脚	4 脚	5 脚	6 脚	7 脚	8 脚
接地端 GND	低触发端 $\overline{TR}$	输出端 OUT	复位端 $\overline{R}$	控制端 CO	高触发端 TH	放电端 DIS	正电源端 V_{CC}

2. 逻辑功能

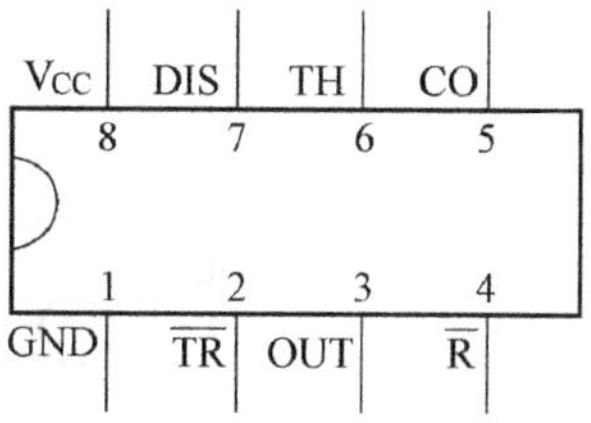

图 12-32　555 时基电路的引脚排列图

当低触发端$\overline{TR}$的电压低于$V_{CC}/3$时，触发器处于置位状态，即输出状态为高电平 1；当高触发端 TH 的电压高于$2V_{CC}/3$时，触发器复位，即输出状态为低电平 0；当 TH 端的电压低于$2V_{CC}/3$，并且$\overline{TR}$端的电压高于$V_{CC}/3$时，输出状态保持不变；当复位端$\overline{R}$的外加电压为低电平时，无论$\overline{TR}$、TH 端状态如何，电路输出都为低电平。555 时基电路的功能如表 12-7 所示。

表 12-7　555 时基电路的功能表

$\overline{R}$（4 脚）	u_{TH}（6 脚）	$u_{\overline{TR}}$（2 脚）	U_O（3 脚）	VT 的状态
0	×	×	0	导通
1	$>\frac{2}{3}V_{CC}$	$>\frac{1}{3}V_{CC}$	0	导通
1	$<\frac{2}{3}V_{CC}$	$>\frac{1}{3}V_{CC}$	保持	保持
1	$<\frac{2}{3}V_{CC}$	$<\frac{1}{3}V_{CC}$	1	截止

为便于记忆，把 TH 端输入电压$u_{TH}>2V_{CC}/3$作为“1”状态，$u_{TH}<2V_{CC}/3$作为“0”状态，而把$\overline{TR}$端输入电压$u_{\overline{TR}}>V_{CC}/3$作为“1”状态，$u_{\overline{TR}}<V_{CC}/3$作为“0”状态。这样在$\overline{R}=1$时，555 时基电路的高触发端 TH、低触发端$\overline{TR}$与输出端 OUT 的状态关系可归纳为：1、1 出 0；0、0 出 1；0、1 不变。

值得注意的是，当$u_{TH}>2V_{CC}/3$，$u_{\overline{TR}}<V_{CC}/3$时，电路状态不确定，在实际应用中不允许出现，应避免。

另外，控制端 CO 与$2V_{CC}/3$分压点相连，若在该端外接一个参考电压U_{CO}，则可以改变集成电路内部两个电压比较器的比较基准电压，从而控制电路的翻转门限，改变产生的脉冲的宽度或频率。不使用时，该端应通过 0.01μF 电容器接地。DIS 为放电端，该端与放电管相连，放电管为发射极接地开关控制器，用于定时电容器放电，当输出为低电平时，放电管为放电状态；正电源端V_{CC}外接 4.5～15V 电源。

做中学

NE555 的功能测试

图 12-33 所示为 NE555 功能测试电路，根据图 12-33 所示电路选择电路元器件，在通用印制电路板上完成电路元器件的插装与焊接，如图 12-34 所示。

分别拨动开关 S_1、S_2，设置$\overline{R}$端和 CO 端的状态，当 S_1、S_2 接到 2 端时，相当于$\overline{R}$、CO 端接高电平“1”，当 S_1、S_2 接到 1 端时，相当于$\overline{R}$、CO 端接低电平“0”。

通过调节可调电阻 R_{P1} 的阻值来调节低触发端$\overline{TR}$的电压，电压值由电压表 2 读出；通过调节可调电阻 R_{P2} 的阻值来调节高触发端 TH 的电压，电压值由电压表 3 读出。

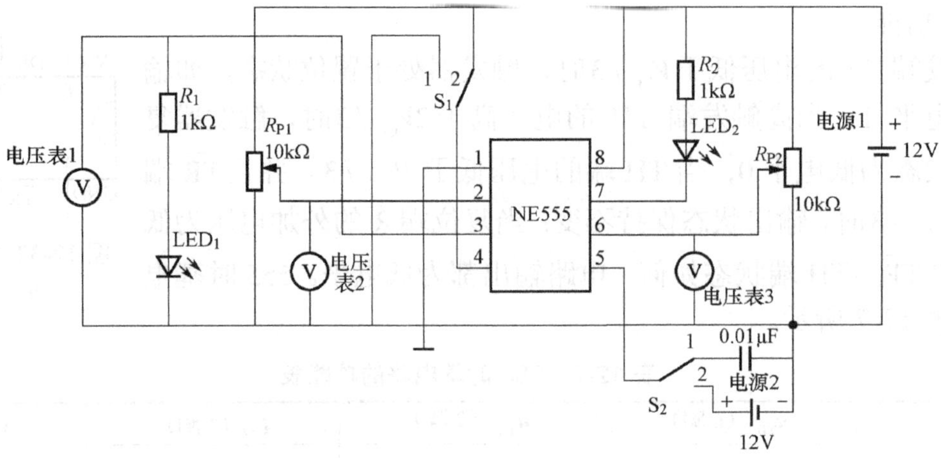

图 12-33　NE555 功能测试电路

图 12-34　NE555 功能测试电路的装接图

通过观察发光二极管 LED_1、LED_2 的状态，判断输出电平的高低及内部三极管的工作状态，测试 NE555 时基电路的功能。

当电源 1、电源 2 的电压均为 12V 时，将测试结果记录在表 12-8 中。

当电源 1 的电压为 9V，电源 2 的电压为 6V 时，将测试结果记录在表 12-9 中。

表 12-8　NE555 的功能测试表（1）

$\overline{R}$	CO	U_{TH}	$U_{\overline{TR}}$	U_O	VT 的状态
0					
1	0				
	1				

表 12-9　NE555 的功能测试表（2）

$\overline{R}$	CO	U_{TH}	$U_{\overline{TR}}$	U_O	VT 的状态
0					
1	0				
1	1				

二、555 时基电路的应用

1. 构成多谐振荡器

（1）电路组成。

图 12-35 所示为由 555 时基电路构成的典型多谐振荡器，外接 R_P、R_1、R_2和 C 作为多谐振荡器的定时元件。

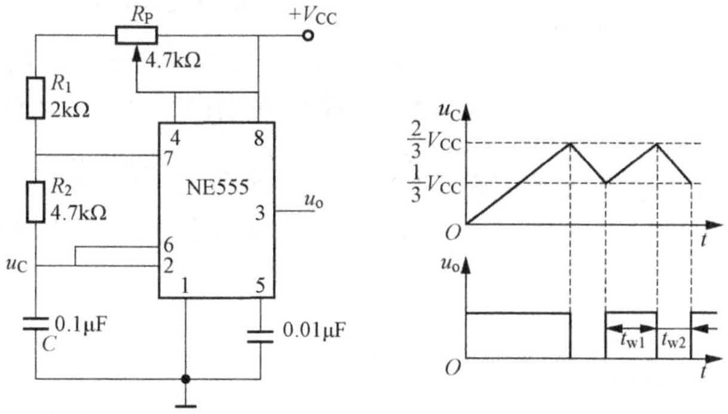

（a）电路组成　　（b）工作波形

图 12-35　由 555 时基电路构成的典型多谐振荡器

（2）工作过程。

当电源接通时，由于电容器两端的电压u_C不能突变，所以u_C= 0V，定时器的低触发端 2 脚为低电平，输出端 3 脚为高电平。电源经过 R_P、R_1、R_2 给电容器 C 充电，使u_C升高，当u_C上升到$2V_{CC}/3$时，电路状态翻转，输出为低电平。此时 VT 导通，C 通过 R_2、VT 放电，使u_C下降，当u_C下降到$V_{CC}/3$时，电路状态翻转，输出高电平，VT 截止，电源再次向电容器 C 充电，如此反复，形成振荡，输出电压为连续的矩形波。电路的工作波形如图 12-35（b）所示。

（3）输出脉冲周期。

电容器充电形成的第一暂稳态时间为$t_{w1}=0.7(R_1+R_2)C$（R_1包括 R_P 的一部分）。

电容器放电形成的第二暂稳态时间为$t_{w2}=0.7R_2C$。

输出脉冲的周期为$T=t_{w1}+t_{w2}=0.7(R_1+2R_2)C$。

2. 构成单稳态触发器

（1）电路组成。

图 12-36 所示为由 555 时基电路构成的单稳态触发器。

（2）工作过程。

电路接通后，电源通过 R 对电容器 C 充电，使$u_C>2V_{CC}/3$，而u_I的负触发脉冲未到，$u_I>V_{CC}/3$，定时器输出低电平，u_o=0V，电路处于稳定状态。这时 VT 导通，电容器 C 被旁路，电路仍处于原稳定状态，输出低电平。

当u_I的负触发脉冲到来时，$u_I<V_{CC}/3$，电路状态翻转，进入暂稳态，输出高电平，$u_o=V_{CC}$。这时 VT 截止，电源通过电阻 R 向电容器 C 充电，u_C逐渐升高。当$u_C>2V_{CC}/3$（负触发脉冲已结束，$u_I>V_{CC}/3$）时，电路状态翻转，u_o=0V，电路由暂稳态变为稳态。直到下一个触发脉冲到来时，电路重复上述过程。电路的工作波形如图 12-36（b）所示。

（3）输出脉冲宽度。

电容器 C 充电形成的暂稳态时间为$t_w=1.1RC$。

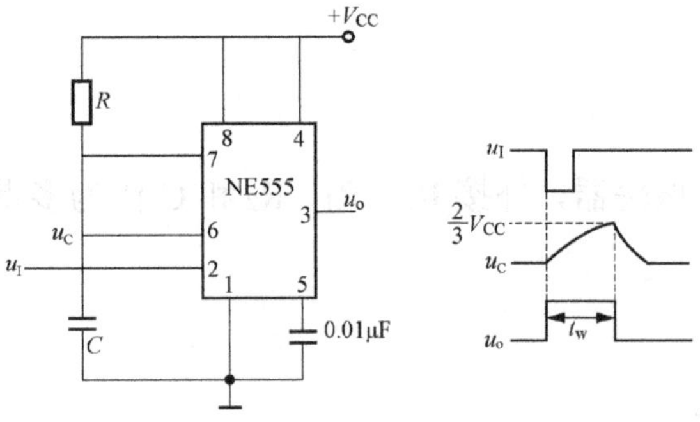

(a) 电路组成　　(b) 工作波形

图 12-36　由 555 时基电路构成的单稳态触发器

3. 构成施密特触发器

(1) 电路组成。

图 12-37 所示为由 555 时基电路构成的施密特触发器。

(2) 工作过程。

当输入信号 $u_I < V_{CC}/3$ 时，输出为高电平，$u_o = V_{CC}$。随着 u_I 的升高，当 $u_I > 2V_{CC}/3$ 时，电路状态翻转，输出低电平，$u_o = 0V$。u_I 继续升高，电路保持原状态。随着 u_I 的降低，当 $u_I < V_{CC}/3$ 时，电路状态又翻转，输出高电平。工作波形如图 12-37（b）所示。

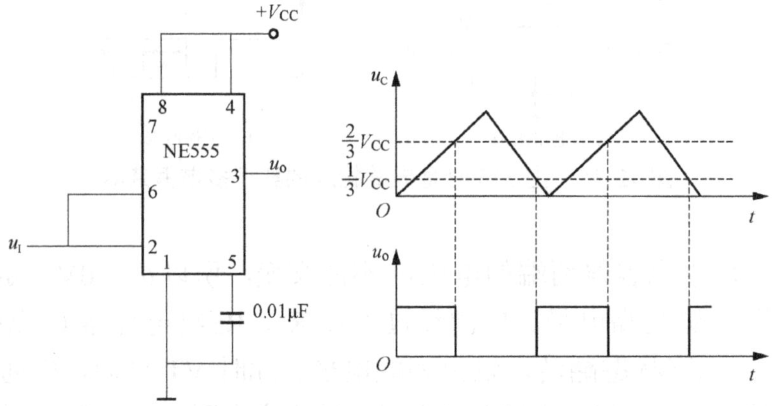

(a) 电路组成　　(b) 工作波形

图 12-37　由 555 时基电路构成的施密特触发器

任务操作

叮咚门铃电路装配与调试

一、器材

常用电子组装工具一套，万用表一块，配套元器件若干。

二、操作步骤

1. 认识电路

图 12-38 所示为叮咚门铃电路原理图。该电路由按钮开关 SB，NE555 时基电路，二极管 VD_1、VD_2，电容器 C_1、C_2、C_3、C_4，电阻 R_1、R_2、R_3、R_4 和扬声器 SP 组成。

按下按钮开关 SB，电源经 VD_1 对电容器 C_1 充电，当 4 脚（复位端）电压大于 1V 时，电路振荡，扬声器发出“叮”声。松开按钮开关 SB，C_1 储存的电能经 R_1 放电，但 4 脚继续维持高电平，从而维持振荡，这时因 R_2 也接入振荡电路，振荡频率变低，使扬声器发出“咚”声。当 C_1 上的电能释放一定时间后，4 脚的电压低于 1V，电路停止振荡。再次按下按钮开关，电路将重复上述过程。

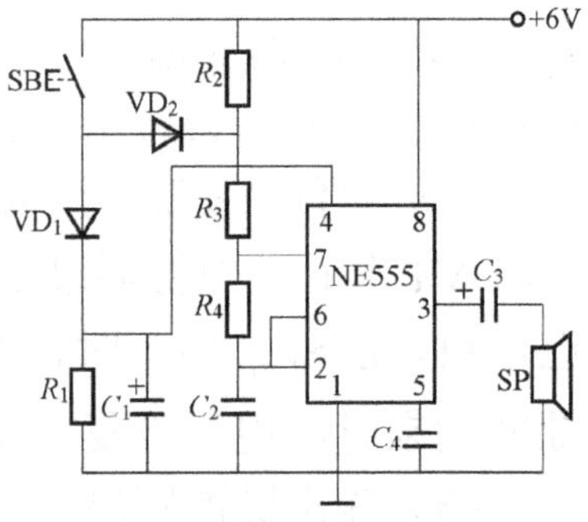

图 12-38　叮咚门铃电路原理图

2. 元器件的识别与检测

图 12-38 所示叮咚门铃电路的元器件识别与检测表如表 12-10 所示，对照电路图对元器件进行识别检测。

表 12-10　叮咚门铃电路的元器件识别与检测表

符　号	名　称	实 物 图	规　格	检测结果
R_1	色环电阻		3.9kΩ	实测值：
R_2、R_3			3kΩ	实测值：
R_4			4.7kΩ	实测值：
C_1	电解电容器	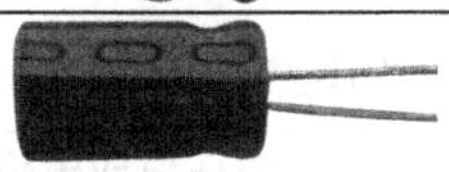	47μF/16V	正、负极性： 质量：
C_3		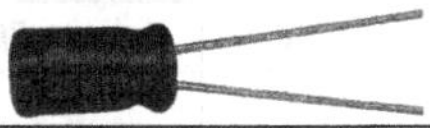	10μF/25V	正、负极性： 质量：
C_2	磁片电容器		0.1μF	标称值： 质量：
C_4			0.01μF	标称值： 质量：
VD_1、VD_2	二极管		IN4007	正、反向电阻： 质量：
SB	按钮开关		轻触	质量：
SP	扬声器	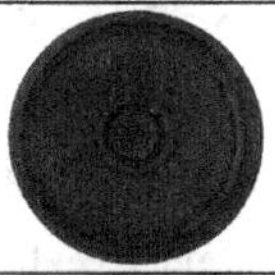	8Ω/0.5W	正、负极性： 质量：
IC	555 时基电路		NE555	引脚排列： 引脚识别：
	集成电路插座		8 孔	
U_{CC}	电源		+6V	

3. 电路的制作与调试

根据图 12-38 所示电路和元器件实物，在通用印制电路板上进行元器件布局，完成电路元器件的插装与焊接，如图 12-39 所示。

电路装接完成，检查无误后，接通电源。若电路工作正常，按下和松开按钮开关，扬声器发出悦耳的“叮咚”声。若电路工作不正常，可能出现的故障及对应检查内容如下。

(1) 当按下和松开按钮开关时，扬声器不发声：① 检查按钮开关是否损坏；② 检查 NE555 的引脚是否接错；③ 检查扬声器是否损坏；④ 检查电路是否有虚焊或脱焊等现象。

图 12-39 叮咚门铃电路的装接图

（2）当按下和松开按钮开关时，扬声器一直发出“叮”或“咚”声：① 检查按钮开关是否失灵；② 检查 NE555 的 4 脚是否接错。

三、操作记录

1．测试

用万用表分别测试按下和松开按钮开关时，电容器 C_1 两端的电压（4 脚电位）、2 脚或 6 脚、3 脚、1 脚及 8 脚的电位变化情况。将测试结果记录在表 12-11 中。

表 12-11 叮咚门铃电路的测试表

测试任务		电压值或电位变化情况				
NE555 引脚		4 脚	2 脚或 6 脚	3 脚	1 脚	8 脚
扬声器鸣叫	按下按钮开关 SB 时					
	松开按钮开关 SB 时					
扬声器不鸣叫						

2．分析

（1）为什么按下按钮开关时扬声器发出“叮”声，而松开按钮开关时发出“咚”声？

该振荡电路的振荡频率实际上是由电容器 C_2 的充、放电时间决定的。当按下按钮开关 SB 时，电源经 VD_2、R_3、R_4 对 C_2 充电，充电的时间只跟 R_3、R_4 和 C_2 的参数有关。当松开按钮开关 SB 时，电源经 R_2、R_3 和 R_4 对 C_2 充电，充电的时间与 R_2、R_3、R_4 和 C_2 的参数有关。

按下按钮开关时的充电时间要比松开按钮开关时的充电时间短，而频率与时间成反比，所以按下按钮开关时的振荡频率比松开按钮开关时的振荡频率高，即按下按钮开关时发出“叮”声，松开按钮开关时发出“咚”声。调整 R_2、R_3、R_4 和 C_2 的参数可改变声音的频率，C_2 的容量越小，振荡频率越高。

（2）当松开按钮开关时，扬声器发出“咚”声的长短与哪些参数有关？

松开按钮开关 SB，C_1 储存的电能经 R_1 放电，当 C_1 上的电能释放一定时间后，4 脚电位低于 1V 或为 0V，电路停止振荡，因此扬声器发出“咚”声的长短与 C_1 的放电时间有关，即与 R_1 和 C_1 的参数有关。

3．任务评价

任务评价表见附录 A。

知识拓展

555 时基电路的应用

1．60s 定时电路

60s 定时电路如图 12-40 所示。当按下定时按钮开关 S 时，低触发端 2 脚就输入了一个小于 $V_{CC}/3$ 的负脉冲，输出端 3 脚输出高电平，发光二极管 LED 亮；同时，定时器中的 VT 截止，电源通过 R_1 和 R_P 对电容器 C 充电。当电容器两端的电压升高到 $2V_{CC}/3$ 时，电路状态翻转，3 脚输出低电平，LED 灭，定时结束。调节 R_P 的阻值可使电路定时 60s 一个周期。这里发光二极管 LED 的亮灭表示定时过程的开始和结束。

2．路灯光控电路

路灯光控电路如图 12-41 所示。当自然光线减弱，光敏电阻的阻值增大至 200kΩ 以上时，2、6 脚电位大于 $2V_{CC}/3$，输出端 3 脚输出低电平，继电器 J 吸合，灯亮。灯亮后只要光敏电阻的阻值不小于 50kΩ，电路输出就保持不变。而当自然光线增强，光敏电阻的阻值减小为 50kΩ 时，2、6 脚电位小于 $V_{CC}/3$，电路输出高电平，继电器 J 释放，灯灭。只要光敏电阻的阻值低于 200kΩ，继电器 J 就不会吸合。

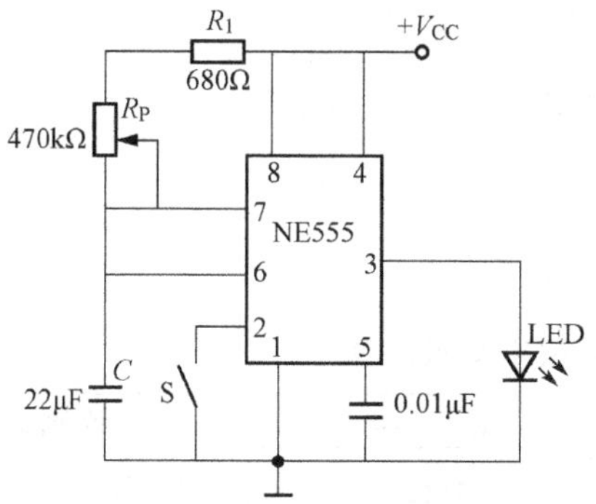

图 12-40　60s 定时电路

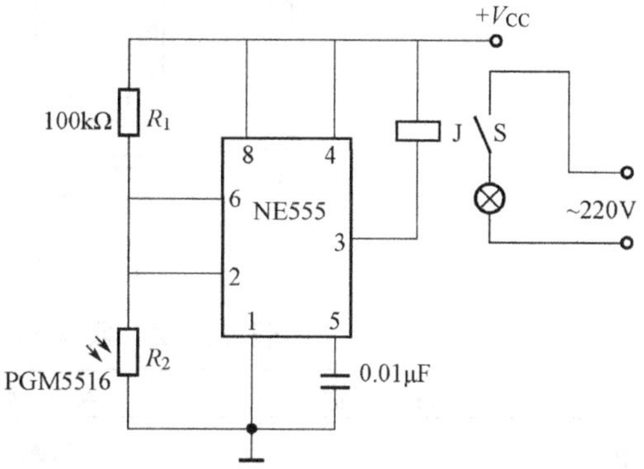

图 12-41　路灯光控电路

任务五　555 时基电路的应用 2——双音报警器电路装配与调试

任务引入

555 集成电路最初作为定时器使用，故称为 555 时基电路（或 555 定时器）。经过开发后，可用于调光、调温、调压、调速等多种控制，也可组成脉冲振荡、单稳态、双稳态和脉冲调制电路等。其工作可靠、使用灵活方便、价格低廉，两个 555 时基电路可制成双音报警器。

任务目标

同项目十二任务四。

任务操作

一、器材

常用电子组装工具一套，指针式万用表一块，示波器一台，配套元器件若干。

二、操作步骤

1．认识电路

图 12-42 所示为双音报警器电路原理图。该电路是由 IC_1 和 IC_2 两个 555 时基电路构成的多谐振荡器。IC_2 的控制端受 IC_1 输出的振荡电压控制。当 IC_1 的输出为高电平时，IC_2 控制端电位高于 $2V_{CC}/3$，此时电容器 C_3 的充放电时间变长，振荡周期增大，频率降低。当 IC_1 的输出为低电平时，IC_2 控制端电位低于 $2V_{CC}/3$，此时电容器 C_3 的充放电时间变短，振荡周期减小，频率升高。这样在 IC_1 的一个振荡周期内，扬声器就会发出一次交替的双音报警声。

2．元器件的识别与检测

图 12-42 所示双音报警器电路的元器件识别与检测表如表 12-12 所示，对照电路图对元器件进行识别检测。

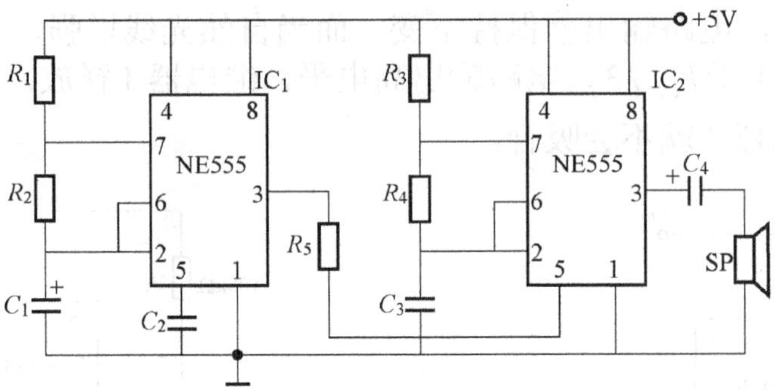

图 12-42　双音报警器电路原理图

表 12-12　双音报警器电路的元器件识别与检测表

符　号	名　称	实 物 图	规　格	检测结果
R_1	色环电阻		1kΩ	实测值：
R_2			15kΩ	实测值：
R_3			4.7kΩ	实测值：
R_4			6.8kΩ	实测值：
R_5			5.1kΩ	实测值：
C_1	电解电容器	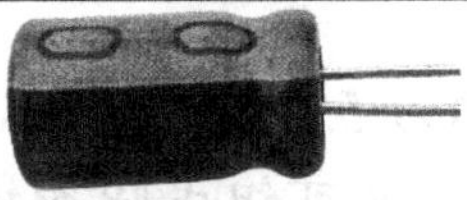	47μF/16V	正、负极性：
				质量：
C_4		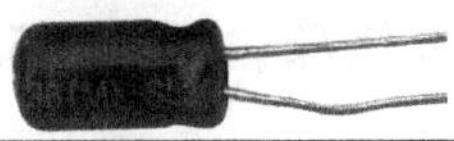	10μF/25V	正、负极性：
				质量：
C_2	磁片电容器	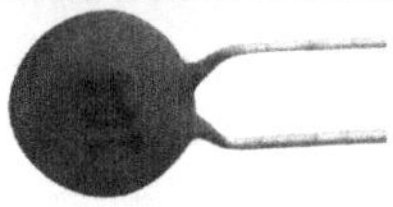	0.01μF	标称值：
				质量：
C_3			0.1μF	标称值：
				质量：
SP	扬声器		16Ω/0.5W	正、负极性：
				质量：
IC_1、IC_2	555 时基电路		NE555	引脚排列：
				引脚识别：
	集成电路插座		8 孔×2	
U_{CC}	电源		+5V	

3．电路的制作与调试

根据图 12-42 所示电路和元器件实物，在通用印制电路板上进行元器件布局，完成电路元器件的插装与焊接，如图 12-43 所示。

图 12-43　双音报警器电路的装接图

电路装接完成，检查无误后，接通电源。若电路工作正常，扬声器就会发出双音交替的报警声。若扬声器不发声，则①检查 NE555 的引脚是否接错；②检查扬声器是否损坏；③检查电路是否有虚焊或脱焊等现象。

三、操作记录

1．测试

电路装接正确后，接通电源，用指针式万用表测量 NE555 各引脚的电压，并观察万用表指针的变化情况，用示波器观察 IC_2 的 2、3 脚电压波形。将测试结果记录在表 12-13 中。

表 12-13　双音报警器电路的测试表

IC_1 各引脚的电压	1 脚	2 脚	3 脚	4 脚	5 脚	6 脚	7 脚	8 脚
IC_2 各引脚的电压	1 脚	2 脚	3 脚	4 脚	5 脚	6 脚	7 脚	8 脚
IC_2 的 2、3 脚电压波形	2 脚				3 脚			
	u_2 (纵轴)，O，t (横轴)				u_3 (纵轴)，O，t (横轴)			

2．任务评价

任务评价表见附录 A。

自我检测

1．判断题

（1）多谐振荡器在触发信号的作用下产生脉冲。　（　　）

（2）石英晶体多谐振荡器的振荡频率与电路中阻容元件的参数成正比。　（　　）

（3）单稳态触发器只有一个稳态，没有暂稳态。　（　　）

（4）施密特触发器的状态转换及维持取决于外加触发信号。　（　　）

（5）改变 555 时基电路 5 脚的控制电压，可改变触发端的比较电平。　（　　）

2．选择题（单选，将正确的选项填在括号内）

（1）多谐振荡器是一种自激振荡器，能产生（　　）。

A．矩形脉冲　　B．三角波　　C．正弦波　　D．尖脉冲

（2）单稳态触发器的输出脉冲宽度取决于（　　）。

A．触发信号的周期　　B．触发信号的幅度

C．电路的 RC 时间常数　　D．不确定

（3）555 时基电路是（　　）。

A．计数器　　B．定时器　　C．存储器　　D．数码选择器

（4）当施密特触发器输入触发信号的电压（　　）时，电路由第一稳态翻转到第二稳态。

A．升高到上限触发电压 U_{T+}　　B．升高到下限触发电压 U_{T-}

C．降低到上限触发电压 U_{T+}　　D．降低到下限触发电压 U_{T-}

（5）当 555 时基电路的触发信号（　　）时，输出高电平。

A． $u_{TH}<2V_{CC}/3$，$u_{\overline{TR}}<V_{CC}/3$　　B． $u_{TH}>2V_{CC}/3$，$u_{\overline{TR}}>V_{CC}/3$

C． $u_{TH}<2V_{CC}/3$，$u_{\overline{TR}}>V_{CC}/3$　　D． $u_{TH}>2V_{CC}/3$，$u_{\overline{TR}}<V_{CC}/3$

2．填空题

（1）多谐振荡器能输出（　　），该电路的输出在（　　）间不停地翻转，没有（　　）的状态，所以又称为（　　）触发器。

（2）单稳态触发器在外界触发脉冲的作用下，从（　　）翻转到（　　），维持（　　）一段时间后自动返回到稳态。

（3）可重复触发的集成单稳态触发器 74LS123 的引脚 $\overline{A}$ 为（　　）输入端，B 为（　　）输入端，$\overline{R_D}$ 为（　　）输入端，C_{ext} 为（　　）端。

（4）施密特触发器具有（　　）稳态，当输入触发信号的电压升高至（　　）触发电压时，电路由（　　）翻转到（　　）；当输入触发信号的电压降低到（　　）触发电压时，电路由（　　）翻转到（　　）。

（5）施密特触发器是一种波形变换电路，用途十分广泛，除可以进行（　　）、（　　）和（　　）外，还可构成（　　）和（　　）触发器等。

附录A　任务评价表

附表 A　电路安装、布线图设计评价表

<table>
<tr><td>班级</td><td></td><td>姓名</td><td></td><td>学号</td><td></td><td>得分</td><td></td></tr>
<tr><td>考核时间</td><td></td><td colspan="6">实际时间：自　　时　　分至　　时　　分</td></tr>
<tr><td>评价任务</td><td colspan="3">评价内容</td><td>配分</td><td colspan="2">评分标准</td><td>扣分</td></tr>
<tr><td>设计布局</td><td colspan="3">1.元器件应按电路信号流向布放，输入、输出部分不交叉；
2.相关电路部分不走远路、不绕弯路、不交叉；
3.元器件布局合理、排列整齐、疏密得当</td><td>50</td><td colspan="2">1.不符合评价内容 1，扣 3～20 分；
2.不符合评价内容 2，扣 3～15 分；
3.不符合评价内容 3，扣 3～15 分</td><td></td></tr>
<tr><td>布线</td><td colspan="3">1.在通用印制电路板上单面走线；
2.接线正确；
3.走线排列整齐，有规则</td><td>50</td><td colspan="2">1.不符合评价内容 1，扣 3～15 分；
2.不符合评价内容 2，扣 3～20 分；
3.不符合评价内容 3，扣 3～15 分</td><td></td></tr>
<tr><td>合计</td><td colspan="3"></td><td>100</td><td colspan="2"></td><td></td></tr>
</table>

附表 B　电路装接、调试评价表

<table>
<tr><td>班级</td><td></td><td>姓名</td><td></td><td>学号</td><td></td><td>得分</td><td></td></tr>
<tr><td>考核时间</td><td></td><td colspan="6">实际时间：自　　时　　分至　　时　　分</td></tr>
<tr><td>评价任务</td><td colspan="3">评价内容</td><td>配分</td><td colspan="2">评分标准</td><td>扣分</td></tr>
<tr><td>元器件的识别与检测</td><td colspan="3">按电路要求对元器件进行识别与检测</td><td>20</td><td colspan="2">1.识别错一个元器件，扣 1 分；
2.检测错一个元器件，扣 2 分</td><td></td></tr>
<tr><td>元器件的引脚成形与插装</td><td colspan="3">1.元器件的引脚按工艺要求成形；
2.元器件的插装符合工艺要求；
3.元器件排列整齐、标志方向一致</td><td>20</td><td colspan="2">1.元器件的引脚成形不符合工艺要求，每处扣 1 分；
2.插装位置、极性错误，每处扣 1 分；
3.排列不整齐、标志方向不一致，每处扣 1 分</td><td></td></tr>
<tr><td>焊接</td><td colspan="3">1.焊点表面光滑、大小均匀、无针孔、起泡、溅锡等；
2.无虚焊、漏焊、桥焊等现象；
3.印制电路板的导线和焊盘无断裂、翘起、脱落等现象；
4.工具、图纸、元器件的放置有规律，符合安全文明生产要求</td><td>30</td><td colspan="2">1.不符合评价内容 1，每点扣 1 分；
2.不符合评价内容 2，每处扣 3 分；
3.不符合评价内容 3，每处扣 5 分；
4.不符合评价内容 4，扣 2～10 分</td><td></td></tr>
<tr><td>测量</td><td colspan="3">1 能正确使用测量仪表；
2.会正确读数；
3.能正确做好记录</td><td>15</td><td colspan="2">1.操作方法不正确，扣 2～6 分；
2.不能正确读数，扣 2～6 分；
3.不能正确做记录，扣 3 分；
4.损坏测量仪表，扣 10 分</td><td></td></tr>
<tr><td>调试</td><td colspan="3">能正确按操作指导对电路进行调试</td><td>15</td><td colspan="2">1.调试失败，扣 15 分；
2.调试方法不正确，扣 2～10 分</td><td></td></tr>
<tr><td>合计</td><td colspan="3"></td><td>100</td><td colspan="2"></td><td></td></tr>
</table>

参考文献

张金华. 电子技术基础与技能[M]. 北京：高等教育出版社，2010.
陈雅萍. 电子技能与实训：项目式教学（基础版）[M]. 北京：高等教育出版社，2007.
陈其纯. 电子线路[M]. 北京：高等教育出版社，2001.
杜德昌，许传清. 电工电子技术及应用[M]. 北京：高等教育出版社，2002.
刘海燕. 数字电路制作与调试[M]. 北京：电子工业出版社，2008.